Pricing management

定價管理

○────行銷企劃大師

戴國良 著

第五版

ISBN：978-957-11-5858-8　NT$668

五南圖書出版公司 印行

動機與緣起

「定價」（Pricing）是行銷策略4P（Product、Pricing、Place、Promotion）組合中的一環。過去，定價策略或價格策略或定價管理等進一步與深一層的中英文教科書是比較少見的，我曾經看了少數的幾本，我覺得都還有本土化的精進空間，我希望能寫出一本比較實用的，而且大學生們都能看得懂的普及化教科書。能真正理解到定價策略與定價管理對廠商的重要性、應用性、了解性及簡單性。這是本書撰寫的動機與緣起。

過去一、二年來，筆者陸續完成有關《促銷管理》、《產品管理》及《通路管理》等三本本土化中文教科書，如今能夠接著完成《定價管理》，整個行銷4P的細部教科書，終於告一段落。壓力及辛苦，也終於得到解除，這是我感到最快樂的事。

本書的3項特色

本書有以下幾點特色：

第一：是讀者能看得懂，且知道如何應用與實用導向型的一本教科書。

本書編寫的原則之一，就是希望能脫離傳統英文教科書比較艱深、比較複雜與比較外國化的閱讀學習感覺。相反的，在編寫過程中，我也是身為一個學習者。我希望寫出的是一本大家都能很容易看得懂的，而且知道如何應用，以及以實用型為導向的一本有關定價策略與管理的教科書。

第二：加入數十個本土案例及數十張照片，是一本以本土化為導向的教科書。

本書含括了有關定價或價格領域的數十個本土案例及69張實際案例的照片，閱讀及討論起來，都會有比較熟悉、親切與了解的感受。其目的，就是希望能達成最容易理解的學習目的，並且真的能夠在讀完後，學習到一些資訊。

第三：本書含括了4大篇及14個章節的內容，其完整性尚稱周全、縝密，從精華的理論、到本土化案例及本土化圖片，具有一貫性的邏輯及串連，可對整個定價策略、決策及管理等面向，得到一個完整化與全方位的學習輪廓。

雖然有如上的3項特色，但我相信新知和實務上的變化，仍是有的。因此，未來的版本修正時，能夠再做增修與更新，期待能使本書益臻完美。

感謝與祝福

　　衷心感謝各位同學及讀者購買，並且閱讀本書。本書如果能使各位讀完後得到一些價值的話，這是我感到最欣慰的。因為，我把所學轉化為知識訊息，傳達給各位後進有為的同學們及讀者們。能為年輕大眾種下這一塊福田，是我最大的快樂來源。感謝各位，並祝福各位。

作者

戴國良

敬上

taikuo@mail.shu.edu.tw

目 錄 # Contents

第三篇　定價方法與定價策略篇

第一篇
....
定價概念入門
基礎知識篇

PART
1

價格的定義、呈現方式、本質及其與需求的關係

一 價格是行銷4P系統的一環

行銷「4P組合」（4P mix），其實也可以把它們視為一個「行銷4P系統」，如次頁圖1-1-1所示：

1.產品系統

涉及到產品的研究開發、生產製造、產品的定位及既有產品的檢討改善。

2.推廣系統

涉及到產品的宣傳與廣告、促銷及公關報導等。

3.通路系統

涉及到產品的庫存管理、產品的物流配送、產品的通路開發及流通後勤作業等。

4.價格系統

涉及到產品的價格戰略與價格管理等。

此外，行銷決策與行銷計畫還涉及到：

5.行銷情報資訊系統

包括：如何蒐集行銷情報、如何做情報加工分及分析，以及如何提供正確的行銷資訊情報。

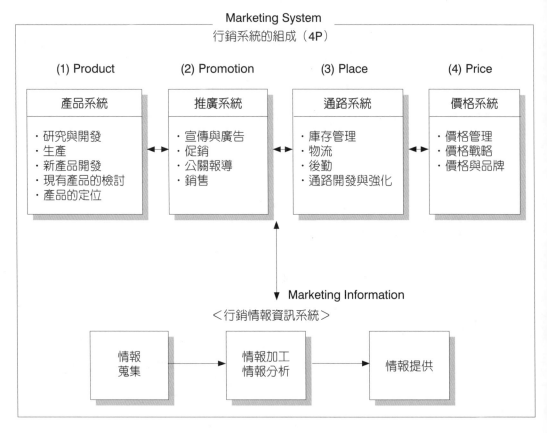

圖 1-1-1　行銷系統4P架構

二　價格的定義、呈現方式及意涵

（一）價格（Price）的定義與呈現方式

1.價格的定義

　　古典經濟學大師亞當史密斯曾提出市場上具有一隻「無形的手」（Invisible Hand），他所指的就是「市場機能」（Market Function），也可視為「價格機能」（Price Function）。他認為在自由市場經濟中，「價格」可以調整一切，政

府不必干涉過多。而美國行銷協會（AMA）對「價格」（Price）的簡單定義：價格，即是「**每單位商品或服務所收付的價款**」。

2.價格的呈現方式

我們暫時脫離經濟學深奧的學問，價格是每天呈現在我們的生活中，不管是我們付出去或是收進來，都是價格的呈現方式。因此，價格是供需雙方交易的結果。

在我們每個人日常生活中，價格的呈現，包括了：

⑴買菜錢（菜的售價）；

⑵買水果錢（水果的售價）；

⑶買日用品錢（日用品的售價）；

⑷搭捷運或公車的錢（票價）；

⑸房租；

⑹看電影票價；買一套漂亮服飾的錢；

⑺拿到公司每月支付的薪水；或是打工賺的計時薪水；

⑻繳交水電費、瓦斯費、有線電視費、手機費、電話費用；

⑼收到稿費或收到版稅收入；

⑽其他等。

3.「價格」即是買方與賣方的利益均衡點

在經濟學上，第一門課即談到供給曲線與需求曲線，如下圖1-1-2：

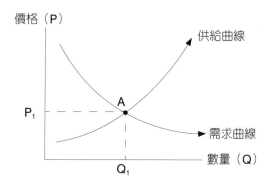

圖 1-1-2　供給曲線與需求曲線

在需求曲線與供給曲線相交會的那一點（A點），即為均衡點。亦可簡單的說，即是買方與賣方的利益均衡點。此時，賣方願意賣出Q_1的數量，而買方願意付出P_1的價格。故價格是消費者在邊際上願意付出的最高代價，也是供給中在邊際上願意接受的最低收入。不過，這只是純經濟理論而已，在實際生活及消費上，也不見得即是如此。例如：颱風天蔬果上漲很多，心裡雖覺得太貴了，但仍不得不買一些，此時，即不是合理的均衡點了。再如：有時候在百貨公司買某些產品，覺得價格貴了些，但最後仍可能會買，因為其他地方可能不易買到。但不管如何，最後仍是成交了，廠商賺到一點錢，而消費者也得到一些滿足的物質利益或心理利益。

（二）從五個面向看待價格的意義

美國邁阿密大學行銷學教授Minet Schindehutte（2005），提出我們可以從五個面向去看待價格的意義為何：

1.價格代表「價值」

廠商所訂產品或服務價格的最終意義，即是代表了顧客願意支付的金額；也是代表了顧客他自身所認定的值多少錢，或是說其價值多少。例如：某人認為到威秀電影院看一場《哈利波特》，320元的電影票價算是合理的，即代表此片電影價值為320元。

2.價格是一個「變數」

當消費者在實際支付這個產品或服務的價格時，會涉及多個變數的應用，包括付款方式、付款地點、付款時間、支付總價、付款條件、付款人等，並非穩固不變化的。當上述這些條件變化時，價格也可能跟著改變了。例如：消費者一次多買一些數量時，店老闆可能會算便宜一點。或是如果以現金支付時，供貨廠商也可能會算便宜一點。

3.價格是「多元化的」

廠商經常運用價格的改變來達成其不同的目標。例如：週年慶或促銷活動

時，價格會有折扣價、特惠價，或不同產品組合的不同價格，或是區分新產品或舊產品，或是區分正暢銷的產品或不太暢銷時的產品，其定價都是不太一致的；有高、有低，故價格是多元化的、多樣化的。另外，在不同通路地點，其價格可能也因而不同；例如：同樣一雙鞋，在百貨公司或大賣場連鎖店，其價格必然不同。

4.價格是公開「看得到的」

價格在任何買賣場所，大致而言，均會標上價格，故價格在零售據點是公開、看得到的，也是讓您覺得貴、或便宜、或合理的感受。尤其，在網路發達的時代，查價及詢價也是非常方便的。

5.價格是「彈性應變的」

在行銷4P的價格決策中，它是立即可以改變及調整的一個項目。例如：新產品上市，消費者普遍覺得太貴了些，故銷售量進展得很慢，廠商考慮評估後，過一、二天，即可調降價格了。因此，價格此P是高度可以彈性應變的，而其他3P就必須花些時間，才能改變與調整的。例如：近幾年來，智慧型手機、數位相機、液晶電視或筆記型電腦及平板電腦等資訊3C產品，其實價格趨勢走向都是往下的，愈來愈便宜。

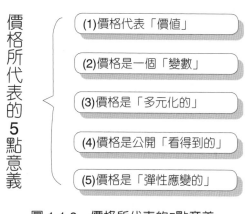

價格所代表的5點意義

(1)價格代表「價值」

(2)價格是一個「變數」

(3)價格是「多元化的」

(4)價格是公開「看得到的」

(5)價格是「彈性應變的」

圖 1-1-3　價格所代表的5點意義

6.〔案例〕定價

(1)MP3

品牌	記憶體	定價
創見	8G	$1,690
無敵	8G	$1,490
方吐司	8G	$1,799
宇博	8G	$1,490

比較：每一種功能性、耐用性與保固性都差不多，方吐司品牌外型獨特耐看，故價錢偏高。

(2)啤酒

品牌	內容量	定價
台灣啤酒	355ml	$38
海尼根	355ml	$44
青島	355ml	$33

比較：因為海尼根成本比較貴而且是全麥釀造，形象包裝也比其他啤酒更為高貴，故價錢較高。

三　價格的本質及價格與需求關係

（一）「價格」的本質

價格（Price）的本質是什麼呢？

如果以公式化來呈現的話，即是：

1.價格

$$價格 = \frac{廠商或零售商所收到的貨幣數量}{消費者所收到的商品或服務性商品的數量}$$

2.例舉

消費者某天走進高級品牌LV精品店，花$36,000元買了一個手提包，或說得到

一個手提包。故，價格$= \dfrac{\text{廠商收到\$36,000}}{\text{消費者得到一個LV手提包及其滿足感}}$

3.小結

廠商可以藉由上述公式的分母（下項）或分子（上項），做一些行銷策略性
的變動，即可以調整價格了。例如：廠商可以透過調降分子（上項），故而增加
了分母（下項）的銷售數量。

（二）需求與價格兩者間的關係

需求（Demand）與價格（Price）兩者間的關係，是經常性的互動而改變的。
有兩種狀況：

1.在正常狀況下

當價格愈高，需求量就會減少；當價格愈便宜，需求量就會上升增加。如下
圖所示：A點到B點或B點到A點的變動性。

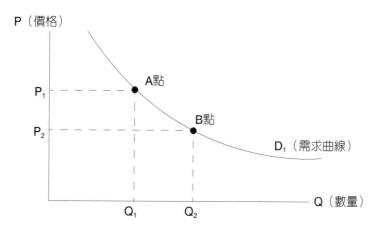

B點：代表價格下降，而使
　　　需求數量增加到Q_2。
A點：代表價格上升，而使
　　　需求減少到Q_1。

圖 1-1-4　需求與價格兩者間的關係

此時的需求曲線斜率為負的。

2.在特殊狀況下

有時候，在特殊狀況下，需求曲線成為「向後凹」的需求曲線，其斜率為正的。例如：LV、Chanel、Cartier、Dior、Hermes、Gucci等歐洲名牌精品，有可能價格愈高，其需求量或銷售量可能反而會增加的狀況。此乃此類產品具有象徵某種高級、奢華、享受、代表身分地位等特質時，即會出現。如下圖所示：

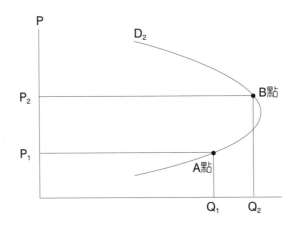

圖 1-1-5　需求與價格兩者在特殊狀況下的需求曲線

如圖所示，從A點到B點，即代表價格上升後，其需求量或銷售量反而上升增加到Q_2的數量了。

3.廠商在考慮定價時，應考量到消費者對這個產品的需求性程度及其與價格間的關係

在正常狀況下，當廠商把價格下降時，消費者當然會搶著去買或多買些。例如：百貨公司或大賣場週年慶、年終慶或有折扣優惠時，經常看到擠滿了消費的人潮來買東西。反之，如果有速食業宣布漢堡漲價，有可能會減少一些人去購買，而改吃其他較便宜的東西。

4.因此，廠商須密切觀察⑴市場的買氣及⑵消費者的需求變化等狀況，做出最好的「價格決策」。

（三）需求的2種價格彈性

1.「需求的價格彈性」的定義

　　所謂需求的價格彈性，如以公式來看的話，可以表示如下：

$$需求的價格彈性 = \frac{需求量變動百分比}{價格變動百分比}$$

　　此係指會有高或低的需求彈性，或是說當價格上升或下降變化時，對消費者心中需求量所引起增加或減少的狀況、程度或彈性如何。

2.高彈性價格需求

　　⑴意指當價格有些微變化時，即會引起需求量較大的變動。

　　⑵例如：當歐洲名牌包包有降價促銷活動時，可能會引起女性上班族的搶購熱潮。

3.低需求價格彈性

　　⑴意指當價格有些微變化時，對需求量的改變並不敏感。

　　⑵例如：稻米降價時，很少有家庭主婦會買十多包米放在家裡，故米是一種低需求彈性的商品。與上述知名品牌包包是高需求彈性的商品恰好相反。

（四）不同經濟市場的4種型態定價

　　如果按照經濟學理論來看的話，其市場可區分為4種，如下：

1.完全競爭市場

(1)狀況：廠商很多，購買者也很多，產品同質性高，市場進入門檻低。

(2)例如：早餐店、麵包店、泡麵產品、衛生紙產品、餅乾產品、茶飲產品、
稻米產品、洗髮精、沐浴乳等均屬之。

(3)價格狀況：廠商不容易定太高價格，因為競爭太多。

2.獨占性競爭市場

(1)狀況：廠商也不少，產品同質性有些高，但也有若干異質性。

(2)例如：比較特殊的中餐廳或西餐廳，業者可以依自身的餐飲特色而訂定價格。
但此價格也不太可能定得很高，只能比上述第一種狀況稍微高一些。

(3)價格狀況：廠商定價有些會高些，因為競爭者狀況比第1種狀況緩和些。

3.寡占競爭市場

(1)狀況：廠商很少，整個市場大概只有2家～4家之間而已。此時定價可能會
比前述二種狀況更高些。

(2)例如：臺灣石油只有中油及台塑2家，為2家寡占石油市場。鋼鐵廠也不太
多，故中鋼每年獲利均不少。水泥廠大概亦屬寡占市場。另外，行動電信
公司，現只有中華電信、台灣大哥大及遠傳及亞太電信及台灣之星等5家比
較具規模。

(3)定價狀況：廠商定價通常會更高些，獲利會更好。

4.獨占市場

(1)狀況：廠商只有一家獨占，此時定價可能最高。但是，如果是國營事業，
則會受到價格上限的管制，以利民生。

(2)例如：台電公司、臺北市自來水公司、臺灣自來水公司等均屬之。不過，
在民主時代裡，廠商或國營事業獨占的狀況已愈來愈少了。

（五）工廠出貨價到最終零售價的倍數範圍：2～4倍間

1.為何高出如此倍數？

　　各通路商均要賺上一手，在企業實務操作上，我們可以發現工廠的原來發貨成本，到最終零售店上的價格標示，往往是這個出貨價格的2倍到4倍之間，當然也有少數狀況是超過4倍的，甚至達5倍或6倍之高。

　　為什麼最終零售價格會數倍於出廠的出貨價呢？主要是各個通路商，凡是經過他們手上，自然也要賺上一手才行。當通路商的階層愈多，被賺一手的狀況就愈多，因此，到消費者手上時，正是原來工廠出貨成本的2倍～4倍之間。

　　至於是2倍、3倍或4倍，這要看下述5種狀況而定：

　　⑴不同的行業別／產業別；

　　⑵不同的產品別或品牌別；

　　⑶不同的市場別；

　　⑷不同的公司別；

　　⑸不同的國家流通產業結構別（例如：日本就是比較長且複雜的流通結構）。

　　如下圖所示：在狀況(二)中，臺灣工廠出口到美國的產品，其所經過的通路商，可能包括了：臺灣工廠→臺灣出口貿易商→美國進口代理商→美國各州總經銷商→各州各地經銷商→各州各地零售店等很冗長的通路過程。

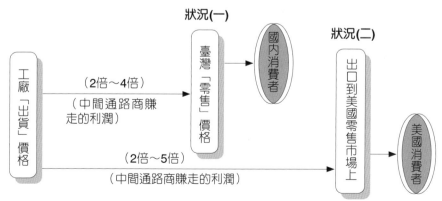

圖 1-1-6　工廠出貨價到最終零售價的倍數範圍在2～4倍間

2.舉例

(1)化妝保養品業（4倍）

· 化妝保養品的倍數通常比較高些，一般名牌大概都有4倍以上。例如：某項名牌化妝品的一瓶保養品出貨成本只有500元而已，但乘上4倍，到百貨公司專櫃上的最終零售定價，即成為500元×4倍=2,000元之高。

(2)茶飲料業（2倍）

· 夏天一瓶茶飲料在便利商店貨架上假設只賣20元，其工廠出貨價格，可能在10元左右，故為2倍。

(3)外銷出口產品到美國市場（3～4倍）

· 例如：某鞋子工廠外銷產品，「FOB」的工廠出貨價格，假設每一件為30美元，到了美國鞋子零售店內的賣價，可能會高達3倍的90美元，甚或4倍的120美元之高。

（註：FOB為Free On Board之意，意指臺灣外銷廠商從臺灣港口或飛機場出貨之計價。）

3.通路商的階層

可能包括了：進口商、代理商、總經銷商、大盤商、中盤商、經銷商、交易商、連鎖店、零售店、百貨公司、大賣場、超市、便利商店等。

（六）擺脫價格戰的法寶，就是差異化

差異化的方向有二：

一是採取非價格競爭往往比價格戰更有力。例如增加產品的功能或特性，強調服務，設計促銷計畫，提供保證或贈品，銷售通路升級等。

二是創建品牌。品牌價值往往高出產品功能價值數倍甚至數百倍，那是臺灣企業的弱點，但也是永續經營關鍵機會與策略轉折點。

（七）以「定價」作為市場區隔變數

國內第一大連鎖餐飲集團王品公司，即是以「定價」的不同，作為市場區隔的重要變數。如下圖示，在11個旗下品牌中，其價格分布從65元到1,300元均有。

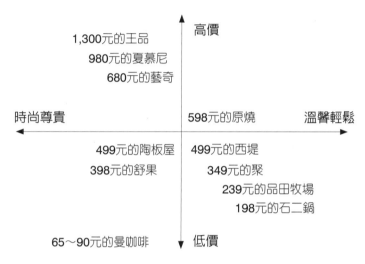

圖 1-1-7　王品餐飲旗下品牌的策略價格定位圖

本章習題

1. 試說明「價格」之定義為何？

2. 為何說「價格」即是買方與賣方的利益均衡點？

3. 試說明從五個面向去看待價格之意義為何？

4. 試說明「價格」的本質為何？

5. 試說明「需求」與「價格」兩者間的關係為何？

6. 試說明「需求的價格彈性」之定義為何？「高需求」及「低需求」彈性之意為何？

7. 試說明不同經濟市場的4種型態為何？

8.試說明為何工廠出貨價到最終零售價格的倍數範圍，通常在2倍～4倍之間？

9.試舉例說明臺灣工廠出貨到美國零售市場的售價為何會出現4倍、5倍的狀況？其間經過哪些通路商？

2 價格的重要性、行銷策略的角色及定價的基礎概念模式

一 價格的重要性及在行銷策略上的角色

（一）「價格」重要性6要點

「價格」（Price）對企業到底有哪些重要性呢？從企業實務角度來看，「價格」對企業的經營及行銷，都帶來以下的正面重要性：

1.對企業「營收」與「獲利」的影響，是行銷4P中最直接性的第1個P

「價格」是行銷4P中，對企業營收（Revenue）及獲利（Profit）具有直接反映影響力的第一個P。因為，企業營收額的形成，就是營業量多少乘上營業價格多少。然後，企業要賺取多少毛利率，再扣除公司的營業費用（或稱管銷費用），即形成公司的利潤。如果營收額及毛利額不足，就形成公司的虧損了。

2.「價格」可快速做出因應對策，是有效的市場反應與行銷對策工具

企業實務上，面對每天快速變化的激烈行銷競爭中，「價格」這個P，是可以快速反應或改變的。例如：當情勢迫不得已時，Price（價格）可以在明天（一夕之間）立即降價或上升改變。它不像其他3P（產品Product、通路Place，及推廣Promotion），都必須要有一段時間去規劃及協調、準備，才能執行完成。故「價格」是快速反映市場需求變化及競爭對手快速變化的因應工具。

3.「價格」，對消費者而言是在購買決策時重要的外部參考與敏感線索

在面對臺灣大環境不景氣、物價上漲與M型社會所得兩極化的時代之下，消費者變得消費心態保守且更加精打細算。換言之，消費者對產品的價格或賣場的價格，顯得更加敏感與關心。因此，唯有在低價或做促銷活動時，才會有購買行為。是故，價格亦是消費者的一個重要外部參考與敏感的購買決策線索。因此，「價格=消費者線索」的等式就成立了。

4.價格須與其他行銷3P做同步搭配作業，才會產生更大與整體性的效益

行銷4P，強調的是操作面的「一氣呵成」與「配套作業」（Package Operation），價格不能單獨來看待及操作。如果定價策略或價格的調整改變，能夠同時搭配其他行銷3P（產品、通路及推廣）操作時，其發生的效果就會比較大。

例如：萬不得已要調降價格時，要思考到產品面（Product）的事宜，包括調降哪些品類、品牌、品項的價格？或是推出另一個低價位的副品牌來因應就好？在通路面（Place），也要考慮到是哪些通路可以調降？或是全面通路調降呢？在推廣面（Promotion），應做哪些公關、媒體及廣告宣傳活動以告知消費者，而引起消費者的有效搶購呢？

因此，一定要思考上述的其他3P是否也同步做好了配套措施。

5.價格，對企業的上游供應商而言，亦具有重要性連動指標

那就是當廠商的價格要往下降時，他們也可能要求上游原物料、零組件、半成品、包材、包裝等供應商也能同步做配合，共體時艱。例如：液晶電視要降價，則上游的面板供應商也要降低價格才行。

6.價格，對消費者有心理上的影響性

例如：高價、名牌、奢華品對消費者有心理上的尊榮、虛榮心理感受及快樂；或是感受到好品質。另外，訂定低的價格時，也會讓另一群低所得的人獲得產品便宜及物超所值的心理感受。例如：全聯福利中心的定價，就比一般零售店

及大賣場更加便宜些，故能如黑馬般竄起。

　　茲圖示如下：

價
格
的
重
要
性

- (1)價格對企業的營收具有直接影響性，是行銷4P中最直接的第一個
- (2)價格可快速做出因應對策，是一個有效的反應與行銷對策工具
- (3)價格，對消費者而言，是購買決策時重要的外部參考與敏感線索
- (4)價格，須與其他行銷3P做同步配套作業，才會有更大的整體效益
- (5)價格，對上游原物料供應商而言，亦具有連動的影響性
- (6)價格，對消費者的心理帶來不同面向（高價或低價）的感受與知覺

圖 1-2-1　價格重要性的6要點

（二）定價若不合理偏高，會如何？

1.消費者不易接受。

2.賣出去的量會很少。

3.業績不佳。

（三）定價若不合理偏低，會如何？

1.公司可能不敷成本而虧錢。

2.公司可能會少賺錢，獲利偏低。

3.產品有可能被定位為廉價品，品牌形象不易拉高。

4.有可能會陷入低價格戰的不利狀況。

　　所以，定價要：

1.合理、合宜。

2.消費者有物超所值感。

3.公司獲利適中，既沒暴利，也不會沒錢賺。

4.要有長期生存的競爭力。

5.要與產品定位相契合。

（四）定價對獲利影響的重要性3個面向分析

定價對任何廠商當然是非常重要的。因為這牽涉到3個面向，值得深思。

1.從競爭者看

當您被其他競爭對手用低價割喉攻擊時，如果應對不當或不夠及時，可能會喪失市場領導地位。可是，如果您也跟著降低，也會產生不小的損失。

舉二個例子來看看：

例(1)：《蘋果日報》從香港到臺灣，進軍臺灣報業市場，幾年來，由於當初的10元低價策略成功，再加上該報的編輯手法與內容的差異化，使該報的閱讀率在短短二、三年內即已追過《中國時報》、《聯合報》、《自由時報》，成為AC尼爾森閱報率調查中的第一大報。《蘋果日報》初期的10元定價，其實是虧錢在經營的。但是，此舉也迫使《中國時報》及《聯合報》，不得不將原來的15元定價同時下調到10元。這樣一來，該二大報的淨損失，如下計算：

一份損失5元收入×30天×50萬份

每月損失額×12個月＝－9億（一年的損失）。從上述來看，不要小看一份報紙降5元，一年實損失高達9億元。難怪最近幾年來，國內幾乎各大報業都不賺錢。後來，《蘋果日報》將定價調升為15元，可是《聯合報》、《中時》及《自由時報》等三大報卻不敢調升，仍為10元。

（註：除了專業報外，例如《經濟日報》、《工商時報》仍有小賺。）

例(2)：幾年前，味全公司自中國大陸引進康師傅速食麵的品牌（但仍在臺灣生產），以16元賞味價，攻進臺灣市場。此亦迫使臺灣的統一、維力等泡麵廠商，不得不以降價或促銷方式應戰。其結果是損失了一些市場占有率及賺的錢也更少了。

2.從消費者看

當廠商推出一個新商品或改良式商品上市時，它所定的價位，對消費者而言，是否可以接受，與競爭品牌比較，是否具有競爭力。如果定價太高或太低得不適當，使其無法被消費認同或接受時，商品可能會滯銷而失敗下市，或是無法成為知名品牌商品。

3.從公司自身損益來看

公司定多少價格，當然基本上還是首先要考量到有沒有錢賺或是不能虧錢賣。但到底要賺多少毛利才是最恰當的，這必須依賴很多因素來決定，包括：(1)商品的特色；(2)獨特性；(3)流行性；(4)生命週期；(5)競爭環境；(6)公司基本政策；(7)公司當前的策略行動原則；(8)消費者的需求性；(9)其他等因素。

當然，也有少數狀況下，公司為了某種大戰略、大政策及大目標下，會以虧錢方式來訂定價格策略，也是曾有的例子。不過，這畢竟是不多，而且也不是常態。

（五）價格，是企業最有效的利潤管理工具
——價格只要提高1%，獲利就能增加7.1%

根據標準普爾500平均經濟（S&P 500 Average Economics）的研究，企業改善獲利可以從「價格」、「變動成本」、「產品數量」、「固定成本」這四大面向著手，其中又以「價格」能發揮的效果最大。「價格」是最能擴大企業營收，但也是最容易被忽略的關鍵要素。

根據統計，對於標準普爾500指數的上市公司來說，只要他們的產品與服務價格提高1%，就可以讓利潤一舉增加7.1%。相對的，如果是變動成本降低1%，利

潤只能改善4.6%；假設固定成本降低1%，也頂多增加1.5%的利潤。

換句話說，只要企業能將平均單位價格為 100元的產品漲價1元，這個101元的產品就可以讓公司的獲利增加7.1%，這其中的槓桿效應有多驚人。因此，企業千萬別忽略定價的重要性，價格可說是最有效的利潤管理工具，而且這是適用於所有產業。

價格只要提高1%，獲利就能增加7.1%

假設某個100元的產品，利潤為14%，當這個產品漲價1元時，利潤將增加至14.9%。如果該企業原本每年可賺1億美元，漲價後將可多賺710萬美元

圖 1-2-2　價格與利潤的互動關係

（六）「價格」在行銷策略中的六大角色

行銷4P中的「價格」，其實可以在行銷策略中扮演「策略性」（Strategic）角色，而並非只是一個靜態的角色而已。這些包括：

1.作為「品牌定位」的角色

價格可以作為這個產品的品牌定位角色。例如：極高價位的汽車，像賓士、BMW、Lexus都被視為高品質、高級豪華型的品牌形象與定位所在。再如，全聯福利中心是所有超市同業中產品定價最低的，是「實在真便宜的所在」，蠻符合全聯超市的品牌定位。另外，像LV、Dior、Gucci、Chanel、Hermes、Prada等歐洲頂級名牌精品的價格，不論皮包、服飾、配件、圍巾、珠寶、鑽錶等都是非常

高價的，也顯示其高級精品的品牌定位所在。

2.作為「競爭工具」的角色

價格的調整及改變，可以提供一個快速或可能有效攻擊競爭對手的不錯工具及方法。例如：採取長期性低價策略或短期性降價促銷策略，來攻擊第一品牌的市占率或超越第一品牌。例如：家樂福就以「天天都便宜」的口號為號召，作為在量販店或零售流通業的競爭手段。甚至開發出低價系列的家樂福自有品牌產品以取代全國性品牌。統一超商也有很多平價自有品牌的產品出現，作為與同業競爭的工具。

3.作為「差異化特色」的工具

例如：像壹咖啡、丹堤咖啡、85度C咖啡，均屬平價或低價咖啡，一杯只在35元～45元，遠比星巴克咖啡的逾100元低廉很多。因此，像85度C咖啡蛋糕加盟店發展就很迅速，成為國內低價咖啡的領導品牌，與星巴克形成不一樣的特色。

4.作為「行銷方案」考量因素

價格的調降（全面八折、全面對折），可以取代昂貴電視廣告支出少一點及活動少辦一點，而以直接的降價或折扣措施回饋給消費者，反而是臺灣當前不景氣時期中，常見且頻頻被操作的廠商對策做法，而且效果也不錯。

5.作為「改善財務績效」的工具角色

價格亦可以在財務績效上發揮功能。當公司發覺經營虧損時，除了「控制成本」之外，不可避免的會想到如果能夠順利調高一些價格，是否可以轉虧為盈？是否過去價格定低了一些？是否顧客可以接受我們稍微調升一些價格？當價格調升後，而對銷售量並無改變或減少時，則此時公司的利潤即可增加或虧損減少了。例如：臺灣或全球均見到石油、麵粉、黃豆、紙漿、咖啡豆……等價格上漲，故相關的產品也被迫要調漲價格，才不會虧損經營。

6.作為「市場環境變化因應」的工具角色

　　最後，價格還可以作為行銷人員在行銷市場與外部大環境中不斷變化的因應對策的工具角色。

　　例如：當市場需求大於供給時，即可能向上調升價格，以多獲利潤。或是市場供給大於需求時，價格可能就會被打下來，大家相互低價競爭廝殺。這也是市場自由經營與市場機制自然運作下的必然現象。

　　茲圖示如下：

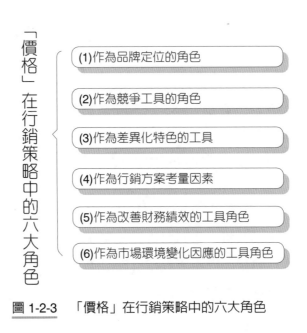

「價格」在行銷策略中的六大角色

(1)作為品牌定位的角色

(2)作為競爭工具的角色

(3)作為差異化特色的工具

(4)作為行銷方案考量因素

(5)作為改善財務績效的工具角色

(6)作為市場環境變化因應的工具角色

圖 1-2-3　「價格」在行銷策略中的六大角色

二 定價的基礎概念模式及定價的金字塔過程

（一）定價的基礎概念模式

1.價格的「上限」、「下限」及「價格帶」

有關「定價」的第一個基礎概念模式，就是價格的「上限」、「下限」及「價格帶」（Price Zone）之意義為何。茲圖示如下：

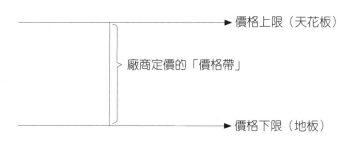

圖 1-2-4　廠商定價的價格帶

廠商的「價格帶」，會在天花板的上限及地板的下限兩者間遊走。有可能向上遊走，即調漲價格；亦有可能向下遊走，即調降價格。調漲或調降是經常看到的，也是廠商在各種影響因素下，經常採取的主動或被動的對策因應。

2.廠商「向下限移動」（降價）的因素

廠商有可能向下限移動，例如：我們看到的液晶電視、智慧手機、筆記型電腦、數位相機等，市場價格是長期性向下限移動的趨勢。

各廠商降價，有各行各業不同的因素，但總結來說，大概有以下幾點原因：

(1)市場競爭對手激烈廝殺，降價競爭。

(2)上游原物料或上游零組件的供應商成本獲得下降，因此下游廠商產品當然也會跟著降價。

(3)市場長期性不景氣、買氣低迷、消費者保守心態，故要降價刺激買氣。

⑷落後的競爭對手企圖爭奪更大的市占率排名或市場地位，故也會降價，採取低價攻擊行銷策略。

⑸政府行政單位依法指示廠商調降價格，例如NCC委員會，依法調降電信公司上網及電話費率。

3.廠商「向上限移動」（漲價）的因素

比較常見的廠商漲價因素，主要有以下幾點：

⑴廠商的原物料來源或零組件來源，或國外原產品來源的漲價，均迫使國內廠商的產品價格不得不調漲。

⑵匯率變化促使貿易商或代理商從國外進口的產品必須漲價。

⑶廠商為彰顯高品質的新產品，或獨特性、差異化的新產品，也會採取價格向上攻的狀況。例如：統一企業的**Dr. Milker**玻璃瓶裝鮮奶一瓶35元，即是向高價衝的產品。

⑷國外歐洲名牌精品，採取全球限量銷售或客製化產品措施，亦會使價格向上升。

⑸市場需求大增，也可能使廠商藉機向上調漲，以賺取更多利潤。

4.小結

總結來看，如下圖所示：

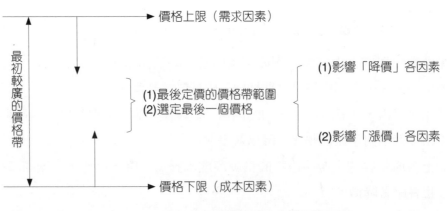

圖 1-2-5　定價上下限與價格帶的基礎概念模式

廠商定價的：

(1)最初價格帶落在：價格上限與價格下限之間的範圍。

(2)實際最後定價的價格範圍及選定最後一個價格：則端視影響降價各因素與
影響漲價各因素的綜合性分析及判斷而定。

（二）價格下限、上限、價格帶及知覺價格帶之區別

有幾個名詞，我們應該加以區別說明，如下圖所示：

圖 1-2-6　價格下限、上限、價格帶及知覺價格帶

1.價格下限

係指廠商所定的價格數字，不能再低於此目標了，因為此價格下限即是其最
基本的製造成本加上基本微薄利潤。若再低，就是減少利潤了。長期而言，廠商
當然不可能以微利或超低毛利率經營。當然，在臺灣市場上，由於臺灣市場高度
成熟、競爭者過多、加上市場規模只有2,300萬人口，故不少內需行業經常是處在
微利經營的困境中，但這也是沒有辦法的事。

2.價格上限

係指廠商所定的價格數字（建議售價），不能再高於此目標，此價格已為消

費者所可感受到的最高價格了。若定再高，就可能沒有消費者購買了。

3.價格帶（Price Zone）

所謂「價格帶」，即是指廠商對價格下限與價格上限二者之間的任何可能一個最後確定的價格。

例如：以泡麵為例，現在市面上最高價的是每包50元，此為泡麵的價格上限，若超過此價格，消費者就難以接受，而寧願去買一個超商的國民便當來吃。另一方面，一包泡麵的最低價可能為20元，此為泡麵的價格下限，若低於此價格，這包泡麵就會少賺，無法達成原定賺錢目標。因此，我們可以假設說，一包泡麵的價格帶，可能在20元～50元之間的任何一個定價；例如：20元、23元、25元、30元、35元、39元、40元、45元、49元或50元等均有可能。

4.消費者「知覺價格帶」（Perceived Price Zone）

如圖1-2-5所示，它與廠商價格帶的區別，是它可能還低於廠商的價格下限，亦即消費者知覺到此產品定價仍偏高些，其品質、質感及設計又不怎麼好。例如：也許有人認為，某一種泡麵一包應該再低於20元才對。例如：18元或16元。這是從消費者知覺價格來看的。但這16元最低價的一包泡麵已不能再低了，因為它已等於製造成本了，再低廠商就是虧本賣了，這當然是不可能的。除非是在特定的促銷活動、大拍賣活動，或促銷快過期品或快報廢品的時候，才可能出現的。

（三）不同顧客對價格「敏感度」（Price Sensitivity）會不一樣

1.「價格敏感度」，對每一個人都不太相同

(1)的確，不同的顧客群會對廠商所定的同一個價格感受不同。例如：名媛貴婦覺得一個LV包包要價3.6萬元並不算貴，但對一般基層女性上班族而言，她們一定會覺得貴了些，雖然她們仍然有可能一生會買一個來用。

(2)因此，我們可以這樣下結論：

「有些顧客對價格比較敏感，另有些顧客則不會」。

(3)或者說：

「有些顧客專門找便宜貨，另有些顧客則不會太在乎價格」。

(4)一般來說，比較高所得者或極為富有者，是相對不太在乎價格變化的。而M型社會左端的低所得者，則會四處尋找便宜貨或促銷品。

2.顧客在乎什麼？7個項目

基本上來說，顧客在乎什麼或敏感什麼，主要看不同的顧客群而定。他們大概在乎7個項目，這些項目在他們心中，可能會有不一樣的權重比例，這7個在乎項目，如下：

(1)有些顧客在乎「價格」；

(2)有些顧客在乎「品質」；

(3)有些顧客在乎「品牌」；

(4)有些顧客在乎「設計」；

(5)有些顧客在乎「便利」；

(6)有些顧客在乎「實用」；

(7)有些顧客在乎「功能」。

（四）定價的金字塔5層過程

國外知名的學者專家Thomas T.Nagle及John E. Hogan（那格與霍岡）二人在2006年的著作《定價策略與戰術》（*The Strategy and Tactics of Pricing*）一書中，指出「定價」就像在造一座金字塔一樣，它是有一個較複雜但完整的4種過程。

首先，最底層的「產品價值」，是決定「價格結構」最重要的基礎。價格決定之後，行銷部門才能發展與顧客溝通的方法與策略，最後確立健全的價格政策，確保不論遇到如何難纏的顧客或對手，產品價格都不會輕易變動。經過一層一層扎實的規劃。最後出現在金字塔頂端的那個數字，才能帶來獲利。

如次頁圖1-2-7所示，並簡述如下：

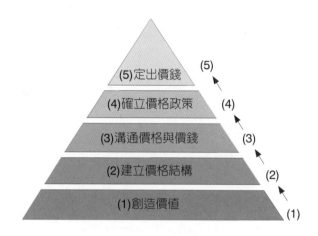

圖 1-2-7　定價的金字塔過程

資料來源：拉斐‧穆罕默德（2007）。

1.第一層「價值創造」：您產品的藍海在哪裡

　　很多經理人都想訂出一個能反映產品價值的價格。問題是，很多人卻不知道自己的產品在消費者心中，到底具有什麼樣的價值？定價時，要找出與競爭對手最大的差別。接下來，就要藉由市場調查，找出這個「差異」在消費者心中到底值多少錢？

　　例如：蘋果最早第一個出了iPod數位音樂隨身聽，第二個五年後又出了iPhone手機及iPad平板電腦。三星手機與亞曼尼精品；LG手機與Prada精品；以及LV名牌精品，Intel的10核心CPU等，這些產品都為消費者創造出功能、效用、心理尊榮、美的享受等價值出來。

2.第二層「價格結構」：價格應該有一組且要富有彈性變化

　　但顧客這麼多，怎麼知道他們每個人對「值得」的定義？

　　許多經理人把「定價」想成「尋找一個獨一無二的完美價格」。而這個價格就會讓獲利極大化。這會讓定價陷入兩難：定得太高，損失低價端的潛在顧客；定得太低，則損失利潤。最後，不得不選一個看起來「剛剛好」的價錢，結果賠了市占率，又折損了獲利。

　　因此，價錢不該只有一個，而該有「一組」且具彈性化，依照消費時間、消

費者特性、消費數量、產品生命週期、市場供需變化、產業結構等各種價值，來差別定價。

至於什麼時候該漲價？哪些上架後一下子就被搬光的產品，應該立刻漲價？

其實，不少新商品，由於它的獨特性、唯一性、創新性及吸引力，像iPod、iPhone、iPad、LV名牌精品的全球限量銷售新型款，或是SONY、Panasonic液晶電視、智慧手機等剛上市的前3個月或前半年時候，其實際銷售定價都非常高，過一陣子後，有競爭對手出現，這些極高定價的產品，也會逐步下滑，這都是事實。

3.第三層「溝通價格與價錢」：會賣，也還要會定價

創造出溝通的價值，此即行銷力量，最好的例子就是iPod。一開始，因為品牌和風格等「心理價值」，iPod初期上市時，在美國定價299美元（當時約臺幣1萬元），是一般MP3的2～3倍；加上音樂必須從專屬網站上下載，讓許多消費者都對這個新產品態度觀望。

於是，蘋果電腦（Apple）找了些具有潮流引導作用的名人拍廣告，強調iPod的下載功能，傳遞「iPod不但流行，也很實用」的訊息。接著又在公關活動上砸錢，提高一般消費者對新技術的評價。這個行銷溝通策略，讓iPod在3年半內賣出1,000萬臺，並使蘋果公司獲利大增及股價大漲，全面大翻身。

4.第四層「價格政策」：集思廣益，讓客觀事實說話，使獲利最大化

達成定價的最終目的與目標；定價的最頂級目的只有一個，就是「獲利最大化」。但每個部門都對價格有不同見解：(1)業務部門相信，降價可以提高產品競爭力，提高銷售量，進而提高利潤；(2)財務部門認為，嚴格控制邊際獲利，才能創造利潤，所以偏好成本定價；(3)行銷部門則認為，為了提高價值感，維持市場占有率以建立長期獲利，要謹慎操作促銷折扣；最後(4)就會出現財務部門要求高定價、行銷部門定價居中、業務部門則希望低價的歧異。

5.第五層：定價決策要「相當慎重」且「充分討論」

定價的問題相當複雜，最好的定價法。就是讓客觀事實說話。日本農產合作

社COOP札幌專務理事（相當於臺灣的資深執行理事）大見英明，非常相信數據的蒐集與分析。他認為，「如果不研究昨天POS系統資料，就無法解決今日的價格問題。」

（註：POS系統，指在各零售店面的銷售記錄資訊系統，可以每天、每分鐘即時統計及反映出來）

（五）小結

COOP札幌每年要開4～6次「價格研究會」，找來製造商、大盤商、採購人員等公司內外部人員共800多人，一起檢討產品價格。如果有兩方對價格有很大的落差，就先挑幾個店面測試消費者反應，成功後再推行到所有門市。

經過了前面5層的調查與分析，才能攀上定價金字塔頂端，訂出最後那個讓獲利最大化的魔術數字。學會定價金字塔後，現在，你就能用比較有結構的方式，判斷產品的所有特點，究竟值不值得花這麼多錢購買。

本章習題

1. 試說明「價格」重要性的6要點為何？
2. 試從競爭者、消費者及公司自身損益去看待定價重要性的分析為何？
3. 試說明「價格」在行銷策略中的六大角色為何？
4. 試說明定價的基礎概念模式為何？
5. 試說明廠商向價格下限移動（降價）的因素有哪些？
6. 試說明廠商向價格上限移動（漲價）的因素有哪些？
7. 試說明何謂「價格帶」？
8. 試說明不同顧客對價格的敏感度是否會不一樣？
9. 試圖示Nagle及Hogan國外二位學者對定價金字塔4層過程的意涵為何？

3 產品價值才是定價基礎與平價奢華時代來臨

一 「產品價值」才是定價基礎

（一）產品認知價值與定價的關聯性

　　廠商應儘量創造出正面與好的「產品認知價值」。

　　第一：廠商最重要的就是如何創造我們在消費者心目中的顧客「認知價值」（Perceived Value）。一旦認知價值被評得很低，那產品定價就很難翻身；反之亦然。例如：在液晶電視領域裡，SONY及松下Panasonic品牌的認知價值比國內大同、奇美、東元、歌林、聲寶等都還高。因此，其產品定價似乎就可以高出幾千元到上萬元。此種顧客認知價值，亦可視為顧客願意支付的「最高」價格。

　　第二：如次頁圖1-3-1所示，廠商經由區隔目標客層，力求創造出與競爭對手的差異化，並定位出自己公司產品或服務的特色。然後，採取一系列行銷4P的行銷策略組合與計畫，推動產品的高知名度、好形象度、好口碑、喜愛度及忠誠習慣度，最後，就能不斷提升產品在顧客心目中的認知價值，與願意支付的較高或較合理之價格，最後，即能為公司創造出較好的獲利預算。

　　第三：另外，在次頁圖1-3-1的虛線部分，代表著本公司的價格操作也會影響著競爭對手的行銷互動策略，而對手廠商的競爭行為，當然也會讓顧客對我們的認知價值產生若干一定的影響，可能是有利或不利的影響。例如：對手廠商的品質功能及設計若與本公司已相差不多時，此時，我們公司產品定價如高出對手廠商到不太合理的程度，消費者就會對本公司的認知價值產生動搖及懷疑了。此時，我們也應該有一些因應對策才行。

　　總之，「顧客認知價值」是定價行為與思維的核心所在。

第四：茲圖示如下關聯圖：

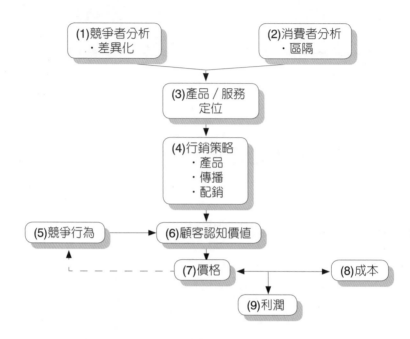

圖 1-3-1　顧客認知價值、價格及利潤的關係

資料來源：劉怡伶譯（2004），《定價聖經》，藍鯨出版社，頁12。

（二）價格＝價值（price＝value）

1.價值認知

定價最重要的部份是什麼？

我認為是一個詞：價值（value）

進一步的說，即：「對顧客的價值」！顧客願意支付的價格，就是公司能取得的價格，這反應出顧客對商品或服務的「價值認知」！

通常高品牌、高品質的產品，定價都比一般的來的貴一些。

例如：在家電類，SONY、Panasonic、象印、虎牌、日立、大金……等品牌的定價都比別的品牌貴一些。這是因為顧客認知到這些品牌具有較高的品質及保

證性，故願意付出較高的價格。

2.價值的3種類

行銷經理對價值的操作，可有三種類，如下：

(1)**創新價值**（value-creation）：有關材料的品質等級、性能表現、設計時尚感等都會激發顧客內心中的認知價值；而這也是公司要求研發人員及商品開發人員在「創新」（Inno vation）方面可以發揮作用的地方。

(2)**傳遞價值**（value-transfer）：包括描述產品、獨特銷售主張、打造品牌力、產品外包裝、產品陳列方式等，都可以影響價值的傳遞；亦即，在傳遞價值方面也可以提高分量。

(3)**保有價值**（value-keep）：售後服務、產品的保證、保障、客製化的服務等，都是形塑持續正向價值認知的決定性因素。

3.價格設定在產品理念構思之初就開始了！

其實，價格設定高或低或中價位，在產品理念構思之初期就應該開始了。當我們設想這個新產品將是具有創新性、高品質、高價值感的時候，就知道這也將是我們高價位品項的一種。

4.價格終將被遺忘，只有產品的品質還在！

所謂「一分錢，一分貨」，即代表價格與品質、價值是同一方向的，高價格就必然是高品質。價格常常很短暫，而且很快會被遺忘；很多消費者行為研究，就算是剛買的東西，有時也想不起它具體的價格。

但是產品的品質水準認知，不管是好還是壞，都會伴隨著我們。

5.小結

(1)記住，最根本的購買動力，源自於顧客眼中的認知價值（perceived-value）。

(2)只有讓顧客感受到價值，才能創造顧客購買的意願。

(3)若能強烈讓顧客感受到價值創新與出色的傳達價值，會讓顧客更願意付錢

購買。

⑷行銷經理人應該協同公司的研發團隊及商品開發團隊，努力去創造3種價
值：

①創新價值

②傳遞價值

③保有價值

⑸行銷經理人必須確保產品的高品質，並且不斷加以改良、改造、升級、強
化及全面提升！

（三）「價格」與「價值」定價的2種不同思維

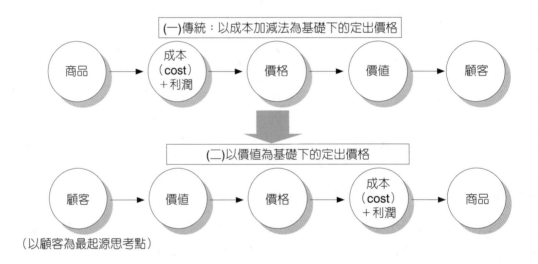

（以顧客為最起源思考點）

1.廠商應努力方向

2.產品價值提升的面向

如何使：

(1)品質更好；

(2)品質更穩定；

(3)功能更好；

(4)耐用更長；

(5)原物料等級更高；

(6)設計更提升、更有質感；

(7)成分更好、更優良；

(8)帶給消費者利益點更多、更好；

(9)獨家特色形成；

(10)包裝更有質感。

3.案例：提升產品價值！提高價格！

(1)星巴克咖啡店。

(2)膳魔師隨身瓶、保溫杯。

(3)象印牌小家電。

(4)iPad平板電腦。

(5)捷安特自行車。

(6)宏佳騰重機車。

(7)Panasonic ECONAVI節能家電。

(8)寒舍艾美自助餐。

(9)Häagen-Dazs（哈根達斯）冰淇淋。

(10)Dyson（戴森）吸塵器。

4.不能創造產品價值，就易於陷入低價格戰

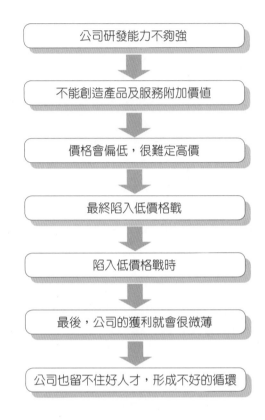

公司研發能力不夠強

↓

不能創造產品及服務附加價值

↓

價格會偏低，很難定高價

↓

最終陷入低價格戰

↓

陷入低價格戰時

↓

最後，公司的獲利就會很微薄

↓

公司也留不住好人才，形成不好的循環

（四）行銷顧問專家的觀點

　　國際知名的定價與策略顧問公司Simon-Kucher和Partners的主持人之一Rafi Mohammed（拉斐・穆罕默德），對產品定價有另一番獨特的看法。他在一本書名《好價錢讓你賺翻天》中，有以下幾項觀點，提供本書讀者不同的思考及參考：

1.產品不應只根據成本的固定百分比累加，它只是定價的下限而已

　　企業界最大的謬誤之一，就是以為產品應該「根據成本」來定價。許多公司只是把生產成本加固定百分比作為定價，問題是，這些公司誤以為（有心或無意）顧客根據產品的製造成本，來決定願意付多少錢。

1970年代，一顆彩繪石頭要價3.95美元跟成本無關；擁有「世界鐵人」之稱的美國職棒名人瑞普肯打破蓋里格連打2,160場紀錄的那場棒球賽，有人願意出100美元買下票根，這也和成本無關。

即使成本相同，但你願意花同樣的錢，吃一塊你要求五分熟但是端出來卻是全熟的牛排嗎？顧客根據從產品獲得的價值，選擇願意支付多少錢。

好消息是，光是改變對定價的想法，就足以在短時間內顯著提高獲利。成本應該扮演的唯一角色，是作為價格的下限。所有建立在價值基礎上的價格，至少應該涵蓋產品的增支成本。除此之外，一切不外是價值。每個人都要利用「定價」，來掌握顧客對產品的評價，至少那些「上架後一下就被搬光」的產品，應該在週一一大早就漲價。

2.美國艾默生電器以價值為基礎的定價策略——了解顧客的真正需求

艾默生電器公司採行以價值為基礎的定價策略，因而挖掘出隱藏獲利。艾默生「價格改進小組」召集人伯恩斯坦形容公司之前的定價哲學：「先開發一樣產品，看看它的成本，然後說：『我需要做X』。然後按照這樣加成。大家就會去買了。」

1990年代末期艾默生改變定價方式，把重點放在掌握顧客對產品的評價上。這個新觀點立即挖掘出隱藏的獲利。舉例來說，艾默生的子公司，專門製造衡量裝置的Fisher-Rosemount，就是以價值為基礎定價的受益者。

這家公司開發出一種新的感應器，以衡量化學廠的液體流動（以免管線爆裂，或確保混合液體的比例正確）。如果按照舊的成本加成定價哲學，這些感應器原本會定價2,650美元，但是在與歐美顧客強調並討論這個新產品的價值後（例如：較高的精確度、尺寸比同業的精巧等），艾默生定價小組發現，顧客願意支付的價格，竟高於他們原先的定價。

此外，他們發現顧客對Fisher-Rosemount的品牌給予高度評價（因此願意多花一點錢）。基於這些因素，最後價格定在3,150美元，公司認為這個價格會使獲利極大化，若是把價格定得低一點，Fisher-Rosemount每多賣一件，等於少賺一點錢。

3.須深入了解所提供的價值，再根據價值收費

(1)挖掘隱藏獲利的最佳捷徑，就是深入了解你提供哪些價值，再根據價值收費。

(2)數位音樂公司（例如：iTunes對下載任何歌曲均收取0.99美元）什麼時候開始會對當紅歌曲收取比幾乎不具商業訴求歌曲更高的費用？問你自己：你把多少顧客願意支付的價值給白白送走了？

(3)記住：價格的力量，源自它改變顧客行為的能力。我在為即將到來的長假訂定旅行計畫時，發現只要改搭早上7點15分的飛機，就可以省下33%的機票錢。想請問我現在搭哪班飛機呢？

(4)希爾頓飯店利用折扣成功地將空房填滿，進一步說明價格的力量。這家連鎖飯店業者位於都市的旅館，在平日大多應接不暇（商人都在城裡），到了週末卻一片死寂。有誰會把週末花在都市的旅館裡？結果出人意表，只要價錢對了，很多顧客都願意。於是希爾頓開始推出週末住房優惠專案，實施不到四年，原本是住房率第二低的週六，一下子躍居最高。

（五）以「價值」作為定價的基礎

國內行銷專家葉益成（2007）認為產品不僅是依成本來做定價的基礎，更重要的是，要在產品上增添價值，以價值作為定價基礎比較理想。茲摘述他精闢的觀點：

傳統思維往往以成本當作產品定價的基礎。事實上，決定價格不只是成本，更重要的是價值。

產品的價值包含：(1)實體價值；(2)核心價值；(3)附加價值。生產成本是構成實體價值的主要因素，若一味強調，易淪為價格戰。兩塊相同黃金成分的金條，消費者會以價格來決定是否購買，如果把設計元素加在裡面，就擁有了核心價值。如果再加上品牌、貼心服務等附加價值，則產品的價值被墊高，企業的競爭力也將獲得提升。

薄利多銷很可能因為削價競爭而降低毛利，厚利多銷才能使企業提高獲利，

即透過產品增值擴大利潤空間。LV的皮包售價動輒數萬元，與其生產成本不成比例，但社交名媛認可它，便能因此提高其附加價值，企業也可以因此避開削價競爭。

如果產品本身實在沒有明顯的差異化，那就用服務來證明價格是合理的。不能因為服務是附加的，就不重視服務品質。因為，差勁的附加服務，會把原客戶的肯定和認同斷送掉。

（六）讓產品價值升3倍——政大企管系別蓮蒂教授的看法

M型社會來臨，中產階級正快速消失，其中大部分向下沉淪為中、下階級，消費力大幅縮水。不過，有人在有限收入下仍想維持一定的生活品質，寧可一個人過，形成「一人家庭」這個市場區隔，也是家居精品市場最有發展潛力的一塊。

在臺灣廣告主協會的一場餐會中，政大企管系主任別蓮蒂指出，家中沒有其他成員的「一人家庭」，每個物品就像是不會說話的家人，是他們回到家後最重要的情感依靠。她表示，為了讓家裡的東西「更有感覺」，有些「個體戶」會將物品擬人化，並取個名字。

為家用品命名，讓每樣東西都有了生命，其實「這都是在投射一個『我』。」別蓮蒂說。個人利用擬人化物品的方式，宣示這是「屬於我的東西」，只有我一人獨享，每個物品的風格也「代表我的品味」，這也是家居精品能切入這塊商機的關鍵。

這群人願意花更多錢，買更高品質的家居精品犒賞自己，實踐屬於「個人化」的使用體驗，滿足「我」的幻想，使自己的家住起來更有感覺、更愉悅。

因此，別蓮蒂建議，家居精品廠商可以從提升產品功能、特別的設計概念出發，賦予不同產品更豐富的故事，加上提供額外貼心的服務，讓產品的價值提升3倍，讓消費者多一點的感動，滿足他們的「感覺」，給予他們願意花費雙倍費用的購買理由，企業便能提升獲利。

（資料來源：《經濟日報》企管副刊，2007年9月10日）

（七）最佳的定價模式是：價格＝價值＋成本

近年來，低價策略導向的大賣場林立，寵壞了消費者；網路的普及，更讓消費者可以迅速比價；加上銷售過程中，殺價、折扣、特殊合約等因素，會使成交價格下跌。種種因素影響之下，正確的定價策略，就成為獲利的關鍵。

利潤與售價間的關係原本就相當敏感。回過頭來看，你公司的產品價格是怎麼定出來的？

《定價聖經》一書指出，七成的企業都採用「成本加成定價法」：財務部門算出成本，加上獲利，最後得出售價。這就是常聽到的「餐廳食物的售價是成本的3倍」、「服裝的售價是成本的10倍」等說法的由來，「成本＋獲利＝價格」的定價模式。

顧客是根據產品帶來的「價值」，選擇願意支付的金額。理解這個道理後，企業開始轉向「顧客導向定價策略」，找出消費者「願意」付出的價錢，甚至藉由行銷與銷售技巧，提高顧客願意付出的價錢。

成本該扮演的唯一角色，就是價格的下限，原本的定價公式也翻轉成「價格＝價值＋成本」。「你認為產品值多少錢，你就收多少錢」。《好價錢讓你賺翻天》（*The Art of Pricing*）作者穆罕默德（Rafi Mohammed）下了結論說。

問題點：但此模式不是每家公司都做得到。穆罕默德話是講得很好、很正確，問題是：請問在實務界上，每家廠商都做得到嗎？答案當然是否定的。上述：「價格＝價值＋成本」的最佳模式，只適合在大公司、有知名品牌的公司、有獨特唯一特色的產品、有專利權、有獨占性及剛新出來的產品等，才有資格做到如此的。

請問：我們去便利商店買飲料、買生鮮食品、買報紙、買零食，我們去早餐店買早餐；我們去大賣場買東西；我們去附近街道店面買東西，哪一個產品是這種最佳定價法？因為這種定價法出來的結果，其價格一定比一般性合理平價產品的價格高出很多。但這是只限制在特殊性、特殊對象、特殊時間、特殊階段期及特殊品牌才做得到的。不過，廠商仍然值得朝此方向努力去做，至少不要陷入紅海低價格戰區內。

（八）「價格」與「品質」的關係

俗謂「一分錢，一分貨」，此代表著「價格」與「品質」二者間有密切的關聯。

不同的市場區隔會被不同的價格／品質因素所吸引，此即所謂的價格／品質關係（Price-Quality Relationship）。

另外，還有一種關係，即是產品與價格的組合，即形成所謂的產品／價格組合（Product-Price Mix）。

「價值」（Value），其實可以視為價格與品質的組合。

價格與品質應相輔相成，高品質產品自然價格會高一些，而低品質貨品價格則會低。

最後，不同的市場區隔會被不同的價格／品質因素所吸引。

因此，了解價格／品質之間的關係，也是定價管理上的重要課題。

（九）定價的基本公式與架構

企業定價能力好壞，會影響獲利。但企業在定價時，必須從銷售價格、販售數量以及成本面向考量。其中的價格部分，除了客觀的軟硬體成本之外，還包含消費者心中的認知價值。

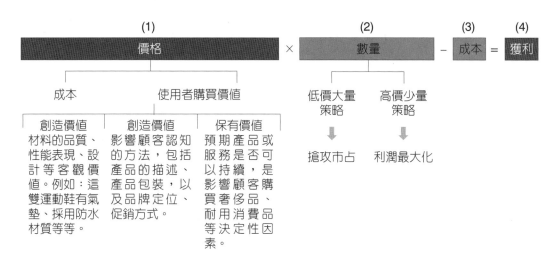

【案例1】日本可果美飲料的價格策略

可果美（KAGOME）是日本知名的飲料廠商之一，尤其該公司一系列的蔬菜汁飲料，例如：「蔬菜生活100」、「蔬菜1日」、「番茄汁」等，均是日本飲料市場市占率較高的代理品牌。

然而，飲料產品在日本各大賣場中，經常陷入超低價的惡性競爭，導致飲料廠商的獲利非常微薄，甚至是虧錢的。

1.新價格策略

現任可果美公司總經理喜岡浩二，在2003年當時是營業部副總經理。他當時就向全體營業人員下達嚴禁低價販售的宣言，禁止一切不合理的促銷價格戰，成為業務人員的工作常態。以蔬菜汁飲料為例，平均每瓶零售價從5年前的270日圓，滑落到目前的170日圓，與廠商理想的目標零售價340日圓，差了一半之多。究其元兇，主要歸罪於促銷費用的大幅提升。以可果美公司為例，連續3年，販促費用占總營收比例，已經高達20%之巨。此比例不斷攀升，已對微利的飲料廠商產生獲利績效的明顯壓迫與不利。換言之，營業部人員為求達成賣場的營收業績目標，大舉在各大賣場舉辦店頭促銷活動，低價便宜賣的結果是使公司獲利不再，這是陷入失血的惡性循環。

喜岡浩二總經理終於覺醒到價格低下與獲利嚴重衰退的危機感，而轉向到獲利重現的意識改革。如何止血呢？喜岡浩二當時下令要大幅削減及管制促銷費用；換言之，就是不能再低價賣可果美飲料，必須把價格回復上來，此種回復提升價格，成為當時明確的價格策略。

此策略一出，剛開始的出貨銷售數量，每月平均較以往下滑了20%，引起大部分營業人員的反彈。但是喜岡總經理仍然堅持公司的新價格政策，絕不能再依賴各賣場的特價促銷手段，達成營收業績，而轉向獲利導向的改革。當時，可果美總公司要求全國各地分公司的業務部署、商品、顧客、業績、販促費及獲利績效等，均須依照總公司的制度要求，建立起一套每天都可以及時從網路上看到的資訊情報管理系統，並且導入了各產品線的BU（Business Unit）體制，例如：蔬菜汁飲料產品線、水果汁飲料產品線等營運利潤中心組織制度。

大約在1年後，這種因為價格回復上升，減少促銷費用，而使銷售量下降的狀況，終於停止了。之後，銷售量回復到了以往的水準，而且到現在，反而銷售業績出現更加上升的成果。

目前，可果美公司的販促比例從5年前的21%，下降到18%。而業界的蔬菜汁飲料在賣場銷售的平均單價在210～220日圓內，但可果美則在230～240日圓之間，平均高了一成左右。此結果最後終於使可果美公司的整體獲利得到顯著的改善，這都歸功於喜岡總經理不隨波逐流，以紅海市場的低價促銷廝殺戰略，去贏取業績的浮面表象。喜岡總經理表示：「能夠忍受住短期出貨量減少的痛苦與犧牲，要著眼在長期事業能夠獲利及存活下去才行，一定要有這種新價格的改革意識才可以。否則，就沒完沒了，前途一片茫然了。」

當然，喜岡總經理並不否定賣場販促活動的必要性，只是他認為必須做到有效的販促特賣活動才可以。因此，他做了二個新改革：第一，他對各地分公司要求必須強化對賣場販促活動提案提出嶄新的販促點子，不能與競爭對手相同；第二，他要求將各地分公司在賣場販促成功的提案書內容及案例檢討，全部PO上總公司的資訊情報網，將成功的營業智慧，透過線上資料庫的情報共有化，可以傳達到全國各地分公司及全體營業人員身上。

2.公司要成立「價格長」（CPO）

麥肯錫顧問公司日本負責人山梨廣一，即提出任何消費品企業應該對「價格戰略」設立一個專責的「CPO」（Chief Pricing Officer）價格長。此價格長負責人，應該從開發、採購、製造、銷售、物流到服務等過程，要對公司內部及外部協力廠商的價值創造出更多的品質及附加價值。成為一個對公司產品定價策略的專業把關者及守門員。

3.低價格，不是唯一策略

喜岡總經理表示：「不能再追尋低價格對應的對策。一定要從消費者所關心在乎的價值利益切入及滿足他們。另外，全體員工也一定要有獲利政策的高度共識，行銷策略一定要從根本思考上轉換，不能再陷入低價促銷的紅海爭戰了。這樣的公司，才能看到長期的未來，也才能永續存活下去。」

【案例2】LV名牌精品維持高價位的勝利方程式——手工打造＋創新設計＋名人代言行銷

1.LV是LVMH精品集團金雞母——流行150多年歷史，永不褪色的時尚品牌

1854年，法國行李箱工匠達人路易‧威登在馬車旅行盛行的巴黎開了第一間專賣店，主顧客都是如香奈兒夫人、埃及皇后Ismail Pasha、法國總統等皇室貴族。

自此之後，LV將19世紀貴族的旅遊享受，轉化為21世紀都會的生活品味，魅力蔓延全球。

坐落在艾菲爾鐵塔與聖母院的LV巴黎旗艦店，就曾每天吸引3,000到5,000參觀人次。

150多年的LV，儼然是一座品牌印鈔機。雖然LV單一品牌的營收向來是路威酩軒集團的不宣之祕，但《商業週刊》（*Business Week*）便曾推估，LV在2006年單一品牌的營收高達50億美元，比起競爭對手Hermes、Gucci平均25%的營業淨利，LV淨利高達45%。英國《經濟學人》雜誌也曾報導指出，光是LV就占路易酩軒集團170億美元年銷售額的四分之一，也占了集團淨利的三分之一。

2.不找OEM代工商，高科技嚴格測試

「為了維持品質，我們不找代工，工廠也幾乎全部集中在法國境內。」路易威登總裁卡雪爾表示，目前路易威登在法國擁有10座工廠，其他3個因為皮革原料與市場考量，設立在西班牙與美國加州。

路易威登位於巴黎總店的地下室，設置一個有多項高科技器材的實驗室，機械手臂將重達3.5公斤的皮包反覆舉起、丟下，整個測試過程長達四天，就是為測試皮包的耐用度。另外，也會以紫外線照射燈來測試取材自北歐牛皮的皮革褪色情形，用機器人手臂來測試手環上飾品的密合度等，也會有專門負責拉鍊開合的測試機，每個拉鍊要經過5,000次的開關測試，才能通過考驗。

路易威登在全球的13座工廠裡，每個工廠以20到30個人為一組，每個小組每天約可製造120個手提包。

3.創新設計，掌握時尚領導

1997年，百年皮件巨人LV決定內建時尚基因，與時代接軌。

LV董事長阿爾諾（Bernad Arnault）晉用當時年方30歲、來自紐約的時裝設計新貴賈克伯（Marc Jacob），讓皮件巨人LV跨入時裝市場，慢慢引進時裝、鞋履、腕錶、高級珠寶，也為皮件加入時尚元素。如日本藝術家村上隆設計的櫻花包、羅伯·威爾森以螢光霓虹色為LV大膽上色，吸引年輕客層的鍾愛眼光。

2003年春天，賈克伯選擇與日本流行文化藝術家村上隆合作，還是以經典花紋為底，設計出一系列可愛的「櫻花包」，根據統計，光是這個系列產品的銷售額便超過3億美元。LV轉型策略奏效，老店品牌時尚化，不僅刺激原本忠誠客群的再度購買需求，也取得年輕客層的全面認同，成為既經典又流行的Hip品牌。

4.名人行銷

翻開最新的時尚雜誌，你會看到一個視覺強烈差距的廣告：穿著黑色鏤空上衣、白色亮面緊身長裙的金髮女性，側躺在冰冷的白色混凝土上，眼神中散發出冷冷的光芒，而手上則是拿著路易威登最新一季的包包。這是剛過完150歲生日的路易威登，於2005年初正式公布鄔瑪舒曼（Uma Thurman）為代言人的春夏廣告。

路易威登找好萊塢女明星代言，可以看到「品牌年輕化」的企圖，之前路易威登找上珍妮佛洛佩茲（Jennifer Lopez）當品牌代言人，就是因她具有「成熟、影響力及性感」的女性特質，能被路易威登挑選出來的女明星，都是現代社會的偶像。

5.旅遊、運動與名牌精品的結合

除了找女明星代言外，路易威登還長期舉辦路易威登盃帆船賽，而這項賽事更成為美洲盃的淘汰賽。此外，為結合旅行箱這款經典產品，路易威登也推出一系列的《旅遊筆記》與《城市指南》等旅遊書，這類書籍已經成為喜愛旅行，特別是喜歡自己規劃行程的年輕人指定用書。藉由運動與旅遊的推波助瀾，路易威登的品牌形象已大大不同。

6.關鍵成功因素（K.S.F）

(1)商品力，是LV歷經150多年歷史，仍然永垂不朽的最核心根本原因及價值所在。

(2)LV商品力，展現在它的高品質、高質感、時尚創新設計感及獨特風格感。

(3)名牌要搭配名人行銷及事件活動行銷，創造話題，LV的行銷宣傳是成功的。

(4)通路策略成功。在各主力國家市場，紛紛打造別具風格設計的旗艦店及專賣店，店面形成一種門面宣傳，也是擴大營業業績來源。

(5)全球市場布局成功。LV產品銷售，在歐洲地區僅占40%，其他60%是來自美國、日本兩大主力地區，以及亞洲新興國家，如臺灣、香港、韓國及中國大陸等國家，也都有大幅度成長。

(6)品牌資產。所有成功的因素匯集到最終，即成為一個令人信賴、喜歡、尊榮好評的全球性知名品牌。LV即是成功。

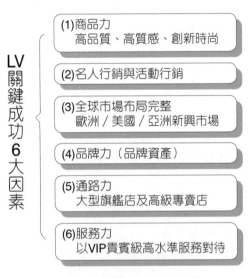

圖 1-3-2　LV關鍵成功6大因素

（七）美國零售巨擘沃爾瑪，低價雄風不再
——低價，仍應兼顧品質

1.美國消費者日益重視品質，而這是沃爾瑪較弱的一環

《華爾街日報》報導，為美國商業與社會帶來巨大影響的沃爾瑪時代正步入尾聲。

然而，現今沃爾瑪在全球零售業的影響力正在下滑之中。事實上，沃爾瑪這個全球零售業龍頭正手忙腳亂地追趕動作迅速的對手。雖然它仍能像2016年一樣利用低價策略來顛覆價格，但已無法保證每次都能奏效。

對手零售商藉由提供更加便利、更多選擇、更高品質或更好服務，把美國消費者從保證低價的沃爾瑪手中搶走。網際網路盛行，改變購物者偏好並侵蝕沃爾瑪對其供應商的掌控力。報導指出，美國消費者已愈來愈重視品質，而這是沃爾瑪較弱的一環。

2.各大品牌大廠降低對沃爾瑪的依賴

過去幫助沃爾瑪成就大業的大品牌，現在紛紛與其他零售業者簽訂獨家銷售合約，並降低他們對沃爾瑪的依賴。例如：百事公司在推出營養補給飲料時，就跳過沃爾瑪，改與美國最大有機超市業者Whole Foods Market合作；消費用品巨人寶僑（P&G）將來自沃爾瑪的營收所占比例，從2003年的18%調降到15%。

3.沃爾瑪氣勢減弱，成長縮小

銷售數字反映出沃爾瑪氣勢減弱。截至2005年10年間，沃爾瑪同店銷售額成長率年平均值為5.2%，但2008年迄今，同店銷售額只成長1.3%。此外，沃爾瑪與其對手之間的價格差距也已縮小。

沃爾瑪進軍國際腳步並非全然順利。2007年因抓不到當地消費者胃口且達不到經濟規模，而撤離南韓與德國。在日本，該公司的低價、大量策略也未能在這個將低價與低品質畫上等號的國家發揮作用。

4.Wal-Mart低價產品，但仍應兼顧品質問題

有人批評沃爾瑪的品牌殺手策略並非完美無缺。在2007年5月時，一項沃爾瑪以前的廣告代理所做的行銷研究報告指出，事實上購買者不相信沃爾瑪所提供的產品類別是他們最精明的選擇。他們有其他特別需求時，通常其他競爭的零售商會提供比沃爾瑪更能滿足他們較好需求的選擇。報告指出，電子產品、成衣、家飾品、藥品及雜貨是沃爾瑪比較弱的項目，因為Best Buy、Kohl's、Bed Bath 與 Beyond、Walgreen's及當地雜貨店的選擇，會比沃爾瑪好很多。

（八）「價值認知」3種程度

企業定價最高的境界當然是能夠做到產品品質、服務、功能、效益等「價值性」（Valuable）的東西能被消費者認知到，此種即稱為「價值認知」。例如：雙B汽車就是高級車的認知、LV就是高價名牌精品的價值認知、日本家電大金、日立、Canon、SONY、Toshiba及Panasonic的產品，其價格就比國產品的東元、大同、歌林等要高一些。這也是由於日本家電產品或數位3C產品被認知到其品質、形象、品牌等，好像比我們國內的產品要好上一些（其實也並不全然）。

因此，我們可以畫出如下面的一張認知價值圖：

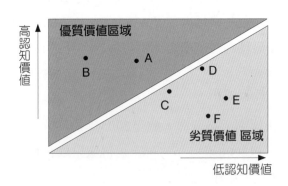

圖 1-3-3　產品認知價值圖

從上圖可以看出：

⑴A產品及B產品被視為是「高優質價值」的產品。

(2)C及D產品被視為是「中等價值」的產品。

(3)最後，E及F產品被視為是「低等或劣等價值」區域的產品。例如：中國大陸有若干製造業產品外銷到日本及美國，但經使用後，被視為是有害人體的劣質產品。

【案例3】3M產品的價格就是比人貴，因為它比別家產品好

發現3M產品的價值、願意購買，3M公司業績年年成長。趙台生上任3M臺灣總經理，他每天下午5時在辦公室打開電腦看業績報表，都不禁看得呵呵笑，「因為業績很好，過去的努力開花結果了，尤其第四季是電子產業外銷旺季，消費產品在年底也即將熱賣。」

2008年上半年，3M臺灣的業績成長19%，前10月的數字表現，包括營收、利潤、績效等，都比日本和韓國兩地更好，「好加在！」（臺語）趙台生說，過去一年臺灣的消費市場表現較弱，但3M做工業產品供應給電子業，而隨著電子業外銷產能的支撐，3M在臺灣擁有很大利基。

趙台生是個目標導向的管理者，2007年喊出「三年內業績成長二倍」，希望刺激員工打拚，帶動公司營運成長，他說：「有壓力才有成長，而成長是企業唯一的路。」他在香港總經理任內，業績從2001年到2006年成長高達268%，利潤成長4.75倍。

趙台生不諱言，3M的產品比別人好，但強調「價值」，不是「價格」。舉個例子，「別人一個掛勾賣5元，為什麼3M掛勾賣50元？因為消費者覺得好用，這就是價值。」他得意地說：「我們一個拖把賣300多元，但我告訴你，它賣得很好！」

【案例4】「麗池」卡登頂級服務冠全球，服務全球最富裕5%人口

亞洲最昂貴的大飯店——麗池卡登（The Ritz Carlton）2006年正式在日本東京市營業，最高樓、視野最好的房間一晚要價210萬日圓（折合臺幣60萬元），超

過當時東京市同業大飯店最高的25萬新臺幣行情，引起東京有錢人士的注目。

麗池卡登成立於1905年，在第二次世界大戰後逐漸衰敗。嚴格來講，到了1980年代，麗池卡登才重新取得名稱使用權，到2007年為止，麗池其實只是個24年的年輕飯店企業，目前全球共有62家據點。

麗池卡登10多年來迅速崛起，主要是在美國連續3個年度得到極為嚴謹的美國國家經營品質賞所致。麗池卡登定位在頂級大飯店，現任美國總公司總經理西蒙古柏（Simon F. Cooper）表示：「麗池卡登長期以來，就是鎖定全球人口前5%最富裕層人士，以及日本東京人口前1%最富裕層人士為目標客層。」

早在東京麗池之前，大阪市早已設立一家麗池大飯店，專門為關西地區有錢人士服務，營運績效在關西地區No.1。隨著進軍競爭最激烈的東京大飯店市場，在正式開業前，預約婚禮件數即超過260件，達到原訂第一年目標數。一般客房預約數，第一天也達到800件。

東京麗池執行董事酒井光雄表示，麗池在日本成功理由之一，即是「以日本最富裕層的1%為顧客設定」，為了東京麗池的開幕，麗池總公司將原來在大阪麗池的總料理長、總經理及人資部長等幾個重要幹部調到東京支援，可謂一場精英大集結。

麗池認為感動客人不是偶然的，服務是可以科學化的，不能依賴個人能力。例如：在麗池大飯店整理客房的清潔人員是以計點數來衡量此人的績效。要是被複檢出清潔後的房間內有前一位客人掉落的毛髮，是要被扣點數的。

另外，麗池設計一套「服務品質指數」（Service Quality Index；簡稱SQI），從SQI指數可以計算出不滿意指數。

麗池之所以冠全球，並不是在於豪華裝潢與設施，而在於根本的經營理念，就是要創造出令顧客感動的服務。

二 「平價奢華」時代來臨

（一）何謂平價奢華？

　　所謂平價奢華，是提供近似、甚至更好的品質，卻只要同級商品八成甚至五成的價格。這些在M型社會中，卡好定位的商家，營收成長動輒兩、三成，是民間消費成長率10倍左右。

（二）「平價奢華」與「窮人時尚」是未來消費的主流

　　臺灣奧美策略發展與研究中心行銷總監吳雅媚分析，臺灣進入M型社會後，市場消費趨勢變成「少花點錢，但要品味和品質」，例如：新車款Swift、Tiida、Yaris雖然是平價小車，但走雅痞風格，和以前的小車走向完全不同。

　　之前金融業者要打一批新廣告，宣布經營貴賓理財的進入門檻，從300萬直接降到100萬等等，都是順應這個潮流，奧美內部提文案，也朝「平價奢華」、「窮人時尚」方向著手。

　　多年前日本知名管理學者大前研一在《M型社會》一書中，曾預言許多人將淪為中下階層，但是消費者又要求多一點奢華感，因此認為「平價奢華」將是未來消費的主流。

（三）平價奢華之經營

【案例1】品田牧場（王品餐飲集團）

　　旗下已擁有11個餐飲品牌的王品集團董事長戴勝益透露，「M型社會」結構下，平價餐飲商機大，「王品目前已有8個餐飲品牌搶占價位偏高的中高客層，未來將全力搶攻平民餐飲市場」。而2007年5月開幕的「品田牧場」，則是王品集團

開發平價奢華餐飲的代表作。

　　儘管賣的是平價的日式炸豬排，戴勝益還是砸下近千萬元裝潢店面，較同業裝潢費用高出一倍。「品田牧場」只賣190元和290元兩種套餐，但以西餐的方式經營，有前菜和飯後點心，目前已開10家店，5年內總店數要達到30家。

　　經營陶板屋、西堤、王品牛排等連鎖餐廳的國內風潮始祖戴勝益董事長，創立「品田牧場」豬排飯，一開幕就天天滿座。「我已經沒辦法再成長了，除非開分店」。他的說法，絲毫不把不景氣看在眼裡。

【案例2】華泰王子大飯店

　　華泰王子飯店之前的華漾中崙店找來燈光大師姚仁恭負責燈光設計，還請水墨畫名家、國家薪傳獎得主戚維義負責壁畫、餐具設計，裝潢費花了1、2億，但一桌菜只要1.2萬，是五星飯店的二分之一，甚至三分之一。

　　華泰行銷公關經理陳俞貝說：「餐飲業的敏感度很高，必須跟著消費者走，讓他們不必花很多錢，但能享受時尚品味，感到物超所值。」

【案例3】時尚餐飲HOJA

　　在美麗華百樂園地下室的時尚餐飲HOJA，55坪裝潢就花了1,000萬，是一般水準的2倍。招牌菜鮑汁章魚飯華泰賣280元，HOJA只賣180元，標榜師傅一樣，材料統一採購。

【案例4】臺中赤鬼牛排館

　　2007年1月在臺中開幕的「赤鬼牛排館」，大手筆斥資3,000多萬裝潢，連排油煙管都是鍍金的，一份豬排卻只要120元，一開幕便造成轟動，餐廳門口天天大排長龍，每日賣出1,300客，假日則高達1,700客，最高曾創下一桌17輪的紀錄，單月營業額有800萬元的實力。

　　赤鬼牛排創辦人張世仁在臺中逢甲夜市擺攤起家，還經營全臺最紅的日船章

魚小丸子及重口味麵線，對平價餐飲市場有獨到的觀察。

張世仁強調，「平價餐飲因為利薄，所以一定要衡量」，「赤鬼開幕前我就算過，一天一定要賣超過800客才能賺錢，否則就會賠錢」。

為了拉高每桌的周轉率，赤鬼店內以熱情如火的大紅色為裝潢基調，網友評價「紅色不但讓人食慾大增，吃的時候動作變快，吃完就想離開」。

三　面對不景氣，全球二大日用品大廠降價求生

（一）不景氣時期，品牌作用下降，價格作用上升

金融海嘯引發的經濟衰退走到今天，仍然讓美國許許多多的家庭縮衣節食以求安度危機。面對這樣的挑戰，民生用品大廠聯合利華（Unilever）以及寶僑（P&G）都不得不變腦袋、轉變組織文化以求生。

零售市場顧問業者資訊資源公司（Information Resources Inc）最近一份報告顯示，在接受訪問的美國人中，有52%表示未來1年將會改買大賣場自有品牌產品、47%人會減少到餐廳用餐、48%會在家使用美容產品而不去美容沙龍。

「雖然品牌仍然是個考慮因素，但它只對四分之一的顧客來說是重要的。銷售者不能假設他們的品牌擁有消費者的忠誠，」資訊資源公司總裁比喬克（Thom Blischok）表示。在此氛圍下，歐洲陣營的民生用品大廠聯合利華降價求生，並擴大廣告行銷的規模。

這樣的策略，讓該公司第二季銷售優於預期。雖然獲利衰退，但銷售量卻已看到起色。尤其在歐洲，銷售成長1%，是過去五季以來，聯合利華在歐洲首次出現銷售成長。整體來說，去除匯兌、股份轉讓等因素後，聯合利華第二季營收成長了4.1%，在當前的全球景氣下，算是很不錯的結果。

（二）聯合利華：增加決策速度、靈敏度及平價產品

分析師和歐美媒體普遍把第二季還不錯的銷售數字歸功於2009年1月上任、從

食品公司雀巢挖角而來的執行長波曼（Paul Polman）所推出的一連串改革措施。除了大規模廣告行銷開銷以及降價求生之外，為了改變該公司因為謹慎而決策速度較慢的文化，波曼上任後推出了「30天行動計畫」，企圖加快聯合利華的決策程序以及增加對市場反應的靈敏度。

「保羅帶來了一種期許，那就是沒有東西可以衰退，這就是一種改變。假設有東西衰退，那麼我們就來改變它、並且快步向前的想法，使得30天行動計畫應運而生。」英國《獨立報》引述聯合利華財務長勞倫斯（Jim Lawrence）的說法。

舉例來說，聯合利華第二季在南非的洗衣粉市場飽受當地品牌的威脅，市占率降到執行長波曼認為「無法接受」的程度。於是該公司啟動了這項30天行動計畫，快速推出了Surf洗衣粉的平價版本而重奪市占率。「它真的再度創造了一種文化……一種傾向於行動的文化、一種愈來愈專注在外在環境的文化。」波曼強調。

（三）P&G寶僑：推出「平價版」策略，以挽救市場

另一方面，面對嚴峻的市場環境，有170多年歷史的寶僑則在6月底靜靜地於美國南方推出了重點品牌汰漬洗衣粉（Tide）的平價版本——汰漬基本版（Tide Basic），價格便宜了20%。這可說是寶僑從1946年推出汰漬洗衣粉以來，為了維護市場地位，最大膽的一項嘗試。

「數十年來，寶僑堅持推銷商品新特點以說服消費者為了洗衣粉、洗髮精和其他家庭必需品付出較高的價格。」《華爾街日報》這麼評論寶僑的策略。但這樣的策略卻在疲弱的經濟情況下備受考驗。尤其是沃爾瑪等連鎖超市推出廉價的自有品牌來吸引消費者。

也因此，最近幾年來寶僑在許多產品線上都推出了「產品組合」（Portfolio）的策略，拉大所提供的產品價格區間，例如從一罐7美元到一整套68美元的歐蕾系列，企圖吸引消費者。

（四）面對激烈變化環境，大廠也只有「求變」才能生存

然而，汰漬洗衣粉和相關產品銷售金額高達30億美元，占寶僑年銷售額790億的3.8%。推出平價版本的汰漬產品非常有可能打壞這個品牌63年來在美國消費者中心建立的品牌形象。

「這個產品的巨大風險是可能毀掉多年來的品牌忠誠與感情連結，因為消費者可能開始問，『為什麼我一直以來要花這些錢？』」《華爾街日報》引述洛杉磯一間顧問公司的首席品牌策略師波特諾（Eli Portnoy）的說法。

但對寶僑內部員工來說，汰漬基本版卻是一步不得不嘗試的險棋。經過了將近10個月的研究，包括包裝的顏色，是粉狀或液狀等步步為營的討論後，寶僑終於在今年6月底於美國南方幾個城市的沃爾瑪和連鎖超市克羅格推出汰漬基本版。

汰漬基本版的成果如何，寶僑仍在密切觀察中。不過兩大民生用品廠近期的舉動都顯示了一件事，這波經濟不景氣或許已經讓消費習慣產生了重大改變。面對這樣的困局，廠商只好變腦袋、改變企業文化以求生存。

（本資料來源：關蘭譯，《天下雜誌》，《美國商業週刊》，2009年7月15日，頁32～34）

四 定價如何成功及如何避免錯誤

（一）定價問題令歐、美經理人頭痛

在1995年的時候，根據對歐洲129人及美國57人的各行各業專業經理人，調查認為令他們最困擾及壓力的問題，顯示出定價是他們較大的問題。其調查結果如下表所示：

表 1-3-1　專業經理人最頭痛的行銷問題

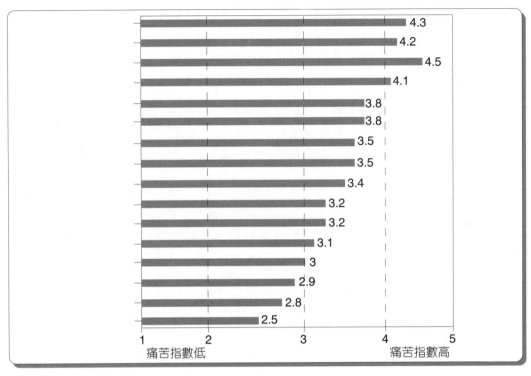

資料來源：劉怡伶、閻蕙群（譯），《定價聖經》，頁8。
註1：此調查法採1～5的回答法，1是較無大問題，5是最有問題。
註2：上述專業經理人是泛指公司內部各部門經理人，並非專指行銷經理。
註3：但是，我認為其實定價問題在臺灣未必是太大問題。

（二）定價問題為何令人頭痛的6大原因

如前所述，據我所接觸臺灣地區一些行銷經理人，他們倒認為定價問題不會如歐美經理人，形成如此大的壓力及問題。

但不管如何，作者個人認為仍然可以假設定價是一個重要的「議題」（Issue），甚至於定價不當會為公司製造問題出來。

依據筆者蒐集及詢問出來的原因，定價思維上面臨幾個問題點：

1.面對「產品同質性」的壓力

這是不爭的現實問題。例如：飲料、食品、日常用品、液晶電視、報紙、小家電用品、咖啡等，產品本質上有時候差異性並不太大，您可以提高一些價格，雖然獲利會好些，但問題在於能否賣得動？

2.面對「競爭者」的壓力

這也是一個現實問題。在市場競爭廝殺上，競爭對手經常採取促銷價格戰或是低價格戰來搶食市場大餅。那我們的定價策略應如何因應呢？

3.面對「自己公司品牌太多」的狀況壓力

有時候公司某同類產品的品項出了太多品牌，使自己打自己的狀況出現，那麼要定多少價格才能降低不利呢？

4.面對此類產品「逐年價格下滑」的大勢走向壓力

例如：近幾年來，液晶電視（LCD TV）的價格，從最早期剛出來時的10幾萬，降到目前2萬多（40吋～50吋）、3萬多（50吋～60吋）及4萬多（70吋以上）的國產品牌。即使是SONY（BRAVIA）或Panasonic的日系品牌，雖然貴個5,000元～10,000元之間，但其價格在臺灣及日本也是呈現逐年下滑現象。此刻，行銷經理人不可能不面對這種降價大勢。

5.定價跟老闆最重視的「獲利」結果是息息相關的

定價太低或定價不當、或使營收預算無法達成，則公司的獲利原訂預算也不會達成，此刻就要被老闆責難了，而且獎金也泡湯了。

6.面對「長期不景氣」產業的狀況下，致使定價不易穩定或被迫降價

例如：國內廣告市場近3年來，不論電視、報紙、廣播等均呈現些微下滑的趨勢，尤其電視廣告量是比較大幅的下降衰退，使電視公司的廣告定價也被迫下降，此舉自然使公司營收及獲利都受到不利衝擊。

定價問題令人頭痛的6大原因

(1)面對產品同質性的壓力沉重

(2)面對競爭者的壓力沉重

(3)面對自己公司品牌太多的狀況壓力沉重

(4)面對此類產品逐年價格下滑的大勢壓力沉重

(5)定價與獲利息息相關的壓力沉重

(6)面對國內市場處於長期不景氣的狀況壓力沉重

圖 1-3-4　定價問題令人頭痛的6大原因

（三）成為「高明定價者」的四大邏輯性條件

美國知名的定價學者專家Robert J. Dolan（羅伯・道隆）及Herman Simon（赫曼・賽門）在其知名著作《定價聖經》（*Power Pricing*）中，曾經指出公司人員應該如何成為「高明定價者」的四大條件，茲將重點摘述如下：

1.要有正確的定價觀點

這二位定價學者專家指出影響公司最終利潤（Profit）有3個要素，如下公式：

$$利潤＝（銷售量×價格）－（成本）$$

即：(1)公司賣出多少產品的銷售量；

　　(2)公司在不同通路定出多少價格；

　　(3)公司的成本及費用是多少。

因此，公司行銷人員要管理3件事情，才能提高獲利：

(1)要思考如何增加及提高每週、每月，及每年的各項產品銷售量；

(2)要思考如何持續、降低產品製造成本及總公司、分公司的管銷費用；

(3)要思考如何「有效」的管理「定價」議題，使定價更具有高度的槓桿效應。

對於如何有效管理定價問題，這二位國外知名學者認為應重視在「價值創造」上，比較有效及重要。

他們認為「高明定價者=高明價值創造者」，他們如此表示：

高明定價者不會將定價交由市場或競爭者決定。他會站在滿足顧客需求的立場，設想和競爭者的產品、定價放在一起時，如何為自己產品的特點和呈現創造出「價值」。他會將「價值創造」、「價值萃取」（Value Extraction）和定價結合起來，並且深知「利潤系統」（Profit System）中各要素之間的關聯。定價是他利潤系統中的關鍵因素，他絕不會放棄對這項重要關鍵的主控權而將之留給他人，也不會認為它在各項要素中是較無法善加管理的。

2.應建立事實資料檔案

當然，要有正確的高明的定價，公司行銷業務部門、財務部門及製造部門，一定要：

(1)擁有自己公司過去長期以來，有關各種定價、成本及利潤的關係數據；

(2)擁有各種促銷活動或價格變動的影響關係數據；

(3)擁有各種競爭對手的數據與比較性。

3.要掌握分析工具並界定範圍

Dolan及Simon這二位學者專家接著推出：

「高明定價者以事實資料檔案為基礎，針對顧客和競爭者進行系統化分析，以便評估調整定價策略的可行性。某個定價會產生什麼樣的銷售量？對於獲利又有什麼影響？損益平衡分析以及市場模擬等工具，可以用來評估價格調漲或是調降的可行性，分析的範圍包括顧客反應、競爭者反應，以及價格對於市場占有率和產業獲利的影響。」

4.決策與執行能力

公司要有一個優質良好的業務、行銷、市場、財會、研發技術及生產等人才團隊，在執行長或總經理的領導下，做出明確的決策，並交付全公司相關員工去實行執行力。

茲圖示如下：

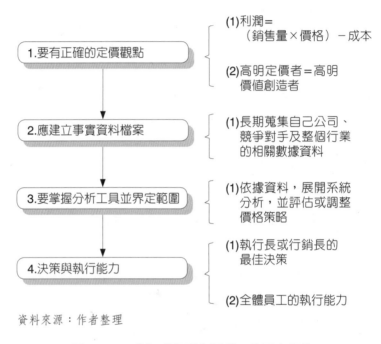

資料來源：作者整理

圖 1-3-5　成為「高明定價者」的四大條件

（四）正確定價應避免4點錯誤

公司行銷人員對於正確的定價行動，在思維上與具體行動上，應注意避免以下幾點錯誤：

1.須結合「定價」與「行銷組合元素」一起運作

新產品或既有產品的定價操作，必須與行銷組合其他元素合在一起看。其他

元素包括：產品品質、廣告預算、通路密布、促銷活動、業務推廣、媒體公關、精緻服務、顧客滿意等結合在一起看待。

2.須結合定價與「目標顧客群」、「產品定位」元素一起看待

訂多少價錢，自然要針對我們的目標顧客族群與產品定位為何而決定。例如：Lexus、BENZ、BMW的高級轎車定價，就不能定太低，否則會損及其高級車感覺的形象。

反之，像壹咖啡、丹堤咖啡、85℃咖啡均是平價位或低價位的咖啡連鎖店。

3.定價要「具有彈性」，不必一成不變

市場競爭、科技環境與消費者環境經常在改變，連iPod數位隨身聽、ASUS筆記型電腦、SONY與Panasonic液晶電視、iPhone手機、Nokia手機，國內高鐵及北高國內航空機票等商品，也都要實際降價或辦促銷活動折扣定價等。這顯示出，產品定價不可能一成不變，定價決策及反應要具有彈性，且要看下列條件而定：

(1)「競爭對手」的行動價格如何；

(2)隨著「時間與季節」變化的價格如何；

(3)「不同產品」的毛利率價格如何；

(4)「不同顧客群」的可接受價格如何；

(5)公司「不同產品線」彼此間的協調性及差異性；

(6)公司「不同品牌間」彼此間的協調性及差異性；

(7)「產品成本」的變化，價格可能也跟著不同。

4.定價不要忽略了「市場的本質」

廠商對產品的定價，有時候要觀察及洞察到這個國內市場或那個國外市場的本質如何，要深度的看到本質才可以。以大學教科書來說，中文教科書目前的定價最好在550元以內，然後再打個85折，約400多元，是一個可以讓全臺灣大多數學生接受的價格帶。

這與過去700元以上的教科書定價時代已有很大不同。主因是近幾年臺灣市場與經濟不太景氣、新貧族增加、M型社會成形、大學生比較不愛唸書等，這些都

是這個市場的本質因素。

　　再如近幾年國內液晶電視崛起，市場賣得不錯，每年都有60、70萬臺的市場規模銷售量，這是因為產品大幅降價的結果。因此，只要P（價格）下降，Q（數量）就能出來，這也是它的市場本質。因為，大家都想換掉過去老舊的傳統大臺CRT電視機。

本章習題

1. 試圖示顧客認知價值與價格、利潤的關係如何？
2. 試說明國內行銷專家葉益成認為以「價值」作為定價基礎的觀點為何？
3. 試說明Rafi Mohammed國外學者專家對最好的定價模式：價格＝價值＋成本之觀點為何？
4. 試說明價格與品質二者之關係為何？
5. 試圖示及說明「價值認知」的3種程度為何？
6. 試說明何謂「平價奢華」？是否會成為未來消費的主流？為什麼？
7. 試說明定價問題令人頭痛的6點原因為何？
8. 試說明Dolan及Simon國外二位學者專家認為成為「高明定價者」的四大條件為何？
9. 試說明正確定價應避免的4點錯誤為何？
10. 試說明在不景氣時期，美國P&G公司是否亦推出平價產品？為什麼？

第二篇

定價決策、成本分析
與定價管理篇

4 影響定價的多元面向因素及定價程序

一 最新M型社會的消費趨勢

（一）商品市場的2種變化

在日本或臺灣，由於市場所得層的兩極化，以及M型社會、M型消費明確的發展，過去長期以來的商品市場金字塔型的結構，已改變為二個倒三角形的商品消費型態。如下圖所示：

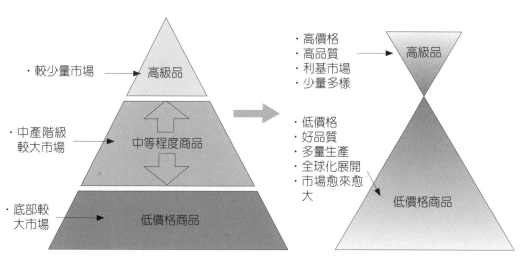

圖 2-4-1　過去長期以來的商品市場考量

圖 2-4-2　今後（未來）的商品市場預測

（二）兩極化市場商品，同時發展並進

今後，市場商品將朝兩極化並進發展：

一是朝更大滿足感可得的高級品開發方向努力前進，以搶食M型消費右端10%～20%的高所得者或個性化消費者。

二是朝更低價格的商品開發及上市。但是值得注意的是，所謂低價格並不能與較差的品質畫上等號（即低價格≠低品質）。相反的，在「平價奢華風」的消費環境中，反而更要做出「高品味、好品質，但又能低價格」的商品，如此必能勝出。

另外，在中價位及中等程度品質領域的商品一定會衰退，市場空間會被高價、低價所壓縮及重新再分配，隨著全球化發展的趨勢，具有全球化市場行銷的產品及開發，其未來需求也必會擴增。因此，很多商品設計與開發，應以全球化市場眼光來因應，才能獲取更大的全球成長商機。

以國內或日本食品飲料業為例，不管是高價位的Premium（高附加價值）食品飲料，或是低價食品飲料，很多大廠也都是同步朝兩極化產品開發及上市的。例如：日本第一大速食麵公司日清食品，在2006年12月就曾發售超容量（即麵條是過去的2倍），但價格卻與過去一般平價的190日圓速食麵相當。因此，食品飲料大廠不只要經營「上流社會」，同時也要想到有更廣大的「低階層下流社會」需求需要被滿足的。

（三）結語：M型社會來臨，市場空間重新配置

綜合來看，隨著M型社會及M型消費趨勢的日益成形，市場規模與市場空間已向高價與低價（平價）兩邊靠攏，中間地帶的市場空間已被分流及更新配置了。廠商未來必須朝更有質感的產品開發以及高價、低價兩手靈活的定價策略應用，然後鎖定目標客層，展開全方位行銷，必可長保勝出。

二 影響定價策略的3個思維層次及多元面向因素

（一）定價策略的3個思維層次

如果從宏觀戰略層次到微觀戰術層次來看，理論上，定價策略應考慮的觀點及內涵，是有3種不同層次的差別。

1.「產業價格」層次

定價策略最宏觀、最遠處要思考的是整個產業層次以及我們在這個產業價值處在何種位置。而這種整體性與趨勢性的產業價格走向何方？為何是這種走向？以我們的因應對策為何？都是我們應該思考及研究的。

而對產業價格層次的影響因素，可能涉及了：(1)國際化的供需狀況；(2)科技性的突破；(3)國際化的產業政策；(4)全球化趨勢；(5)國際法令規範；以及(6)國內各種影響產業走向與價格的多元因素。

2.「產品／市場價格」層次

在產業價格最高層次下來之後的第2層次價格，即是「產品／市場」的價格層次。此時，公司的定價策略及最後價格就要考量到：(1)市場的競爭狀況；(2)市場的供需；(3)市場規模；(4)市場成長性；(5)產品的特色；(6)產品的生命階段週期；(7)產品的定位；(8)產品的品質等諸多因素。

3.「交易價格」層次

最後，在最下一個層次的即是交易價格層次。此層次指廠商面對各種零售通路商、經銷商、客戶或是終端消費者時，在討論及進行買賣交易時，其定價或最終價格是多少的問題。這是比較細微的，明確且具體的定出價格條件及價格數據的結果。例如：某家飲料公司將產品上架統一超商時，要賣多少價格給統一超商呢？統一超商又要賣多少價格給來店顧客呢？這些都是最終交易價格談判、議價或討論的過程及結果。

（二）影響「定價策略」需要評估的要素

「定價策略」（Price Strategy）是定價管理的最高層次問題，也是必須用策略性思考去看待的問題與決策。

以全方位角度來看，一個公司的「定價策略」，高階決策者應該思考及評估到以下幾項要素：

1.「產業的競爭態勢」與「主力競爭對手」

定價策略第一個要考慮及評估的是，整個產業或這個產業的競爭態勢如何，以及主力競爭對手狀況如何。例如：這個行業是高度競爭與完全競爭的態勢幾乎有十幾個、二十幾個有名的牌子在市場上激烈競爭廝殺，那麼廠商的定價策略就很難有高價策略或獨特性策略施展的空間了。反之，如果產業進入門檻很高，產業的競爭態勢很少，幾乎是寡占行業。例如：臺灣生產石油產品的，只有中油公司及台塑石化公司，那麼他們的定價策略就可以非常隨心所欲，天不怕、地不怕了。

2.「公司的定位」及「品牌的定位與形象」

廠商「定價策略」第二個必須考量及評估的是，本公司或本品牌的定位或被消費者定位在什麼地方、什麼層次、什麼地位、什麼特性與什麼價格帶。例如：一談起LV、Chanel、Gucci、Cartier、Hermes等，就知道這是高級、高價、高品質的名牌精品；再如Benz、BMW、Lexus等，亦為高級及高價位的豪華轎車。當然，另外也有被定位在低價、平價、一般品質的產品或服務業。公司或品牌一旦被消費者定位之後，幾乎就很難改變它的價格策略或是訂定與消費者不同認知看法的價格策略。例如：進到星巴克咖啡跟進到平價的丹堤咖啡或壹咖啡，顯然您要付的咖啡價錢是不一樣的，而這也是您心裡早就明白的。

3.價格在公司行銷4P中，「角色扮演」的重要性程度如何

評估定價策略的第3個因素，就是指Price（價格）這一個因素，在行銷4P戰略及戰術活動中的重要性程度如何。有些行業它很重要，有些行業卻不一定很重要。舉例來說，一般性報紙，永遠都是10元；一般性鋁箔包飲料都是10元，或

寶特瓶飲料一般都是20元至50元，坐捷運、坐公車、看有線電視每月月費等，也都是固定的，不太容易有什麼大改變或大策略可言。此時就不太需要為定價策略傷太大腦筋。但是，有些行業的有些產品價格因素就扮演比較重要的角色了。例如：名牌精品、名牌轎車、名牌大飯店、名牌餐廳、名牌家電、名牌服飾、名牌化妝保養品、名牌汽車、品牌男裝、品牌仕女鞋等，其價格策略就可以有比較大的權力及必要性去評估、制定。

4.「財務績效」的要求與目標

影響定價策略的第4個因素，即是公司高階層對公司經營的財務績效目標與要求如何。有些外商公司、名牌公司或跨國性大企業，對全球各地子公司的財務績效目標與達成要求非常嚴格，一定要達成預定目標數據。但有些國內的中小企業自己是老闆，其對財務績效大或小的伸縮空間就比較大了。換言之，有時候少賺一點也是沒辦法或無所謂的。這一個不同的觀點，也會影響到定價策略的走向如何。

5.「產品生命週期」在哪一個階段

影響定價策略制定的第5個因素是，這個產品的生命週期是處在哪一個階段。例如：現在NB（筆記型電腦）、LCD TV（液晶電視）、智慧型手機、平板電腦等均處在高度成長期，因此定價策略的施展方向與空間就可以大一些或彈性一些，或多變化一些。反之，如果是處在衰退期的商品，可能毫無定價策略可言，唯一的策略就是不斷下降價格才能賣出。

6.創新性、領先性、差異化與獨特性

影響產品定價策略的第6個因素，即是這個產品的創新、領先、差異與獨特的程度如何。如果愈高，則定價策略就會有自主性與獨斷性。反之，如果是普普通通、泛泛之輩的產品，則無定價策略評估的必要性了。

7.「市占率」多少

像統一超商的店數超過全國的二分之一以上，全聯福利中心也超過全國二分

之一的市占率，舒潔衛生紙、Airwave/Extra/青箭口香糖等市占率也均超過二分之一以上。這些高市占率的產品，其在市場上很有通路Power（通路力，通路為王），影響力很強。因此，其定價策略評估就比較有自主性及獨立性，意即有著「想做何事就可以做」的傾向。

8.公司是採取「價值導向」或「價格導向」的政策與信念

影響定價策略的第8個因素是，公司高階經營事業是採取價值或價格導向。意即採取價值導向的公司，不允許公司的商品價格是低價格或經常促銷的。反之，價格導向的公司，就是價格會向下調降，不能堅持價值原則。低價格就常伴隨著較低品質的狀況出現。

9.產品「行業特性」的不同與否

不同行業的確有不同定價策略的評估。例如：有些公司行業，像高科技或尖端領先的科技行業，其與一般傳統製造業或高度競爭、低門檻的服務業，當然在決定定價策略的評估也就不同。例如：像日本、歐洲、美國公司出產的精密醫療診斷高科技設備，其定價一定非常高，因為全球沒有幾家有能力生產，故其定價策略就可以橫掃全球。

10.兼具「顧客導向」及「企業社會責任」

現在過於賺錢獲利的公司，亦開始考慮到應該做些公益、慈善、文化、教育、救濟等CSR（企業社會責任；Corporate Social Responsibility）活動。換言之，價格合理化而非價格高級化也是需要被評估的因素之一。此目的即在塑造良好的企業形象，避免被貼上「為富不仁」之標籤。

（三）對一個產品定價，應考慮的各面向因素

不管對一個新產品、改良式產品或產品線組合的產品，其實也不是那麼容易或隨便訂出最後的出售價格。在企業實務上，公司必須考量到以下幾個面向的因素：

1.產品面向策略因素

包括：

(1)這個產品的獨特性、唯一性或創新性；

(2)這個產品的品質程序，是極高品質、中等品質或低品質；

(3)這個產品的功能性如何，是多元功能或簡單功能；

(4)這個產品的定位何在。

2.消費者面向策略因素

(1)這個產品的銷售目標對象是誰？是名媛貴婦、一般家庭主婦、一般上班族女性或學生女性或……。

(2)這些Target Audience（TA；目標對象）的消費能力、消費價格帶接受度、消費價格觀、消費習性、消費的心理、消費的目的等因素為何？

3.競爭者面向因素

主力競爭對手現在在市場上是否有相近似的產品？他們的售價多少？他們的產品組合如何？他們的功能性、品質性如何？他們的定位如何？他們銷售對象如何？他們的銷售成績如何？他們的行銷宣傳如何？他們的其他等因素。

4.通路商面向因素

此類產品的通路類型、通路配銷密度如何？通路結構如何？主力通路及次要通路如何？通路商要賺多少毛利率？通路商與此產品的配適度如何？獨家通路或多元通路等因素。

5.市場與大環境面向的因素

整個經濟環境與市場景氣狀況如何？M型社會的影響力如何？未來景氣的悲觀或樂觀？消費者的保守心態如何？政府的可能政策又為何？以及流行性等因素。

6.回到我們公司自己

這個產品的製造成本或採購成本是多少？我們希望的毛利率是多少？是過去平均水準的3成或要更高到4成，或降低到2成或⋯⋯？還有，我們應分攤多少管銷費用給這個產品，才是淨賺的？最後這一項很重要，通常是老闆要思考的。

當然，可能還有其他更多的因素要考量進去，因為有不同的行業，而有其不同的考量因素在內。例如：賣一部汽車的定價，跟賣一包泡麵的定價，兩者就相差很多，一部車通常2,000c.c.的就要70多萬元，而泡麵一包可能只要25元～45元之間，故差異滿大的。

綜上所述，所以看起來訂出一個最後價格，還是要考慮不少因素的。不過，在企業實務上，業務部人員及主管對市場價格的訊息，平常就很有概念及熟悉，他們下決策的速度自然會快很多。

茲再圖示上述六大面向因素，如下圖：

圖 2-4-3　對產品價格定價應考慮的六個面向

（四）「定價決策」之因素分析與SOST步驟

1.影響定價的7個完整面向與因素

　　一個有系統、有邏輯、有思維的進行定價決策，以全方位的完整性來看待影響定價的因素面向，主要有如下七大面向（Dimension）：

　　⑴顧客（目標客層）面向因素；

　　⑵競爭對手與市場競爭的態勢面向因素；

　　⑶成本面向因素；

　　⑷財務面向因素；

　　⑸行銷面向因素；

　　⑹研發、採購、製造面向因素；

　　⑺外部大環境面向因素。

　　如次頁圖2-4-4所示。

2.SOST：現況分析→目標→策略→戰術計畫的4個步驟

　　⑴何謂SOST？

　　對於行銷作為及行銷企劃時，包括定價決策在內，我們應該以系統方法去思考定價決策及其相關問題。

　　因此，本書作者提出一個比較簡單的系統步驟，即是：

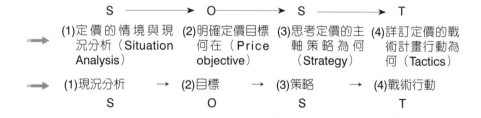

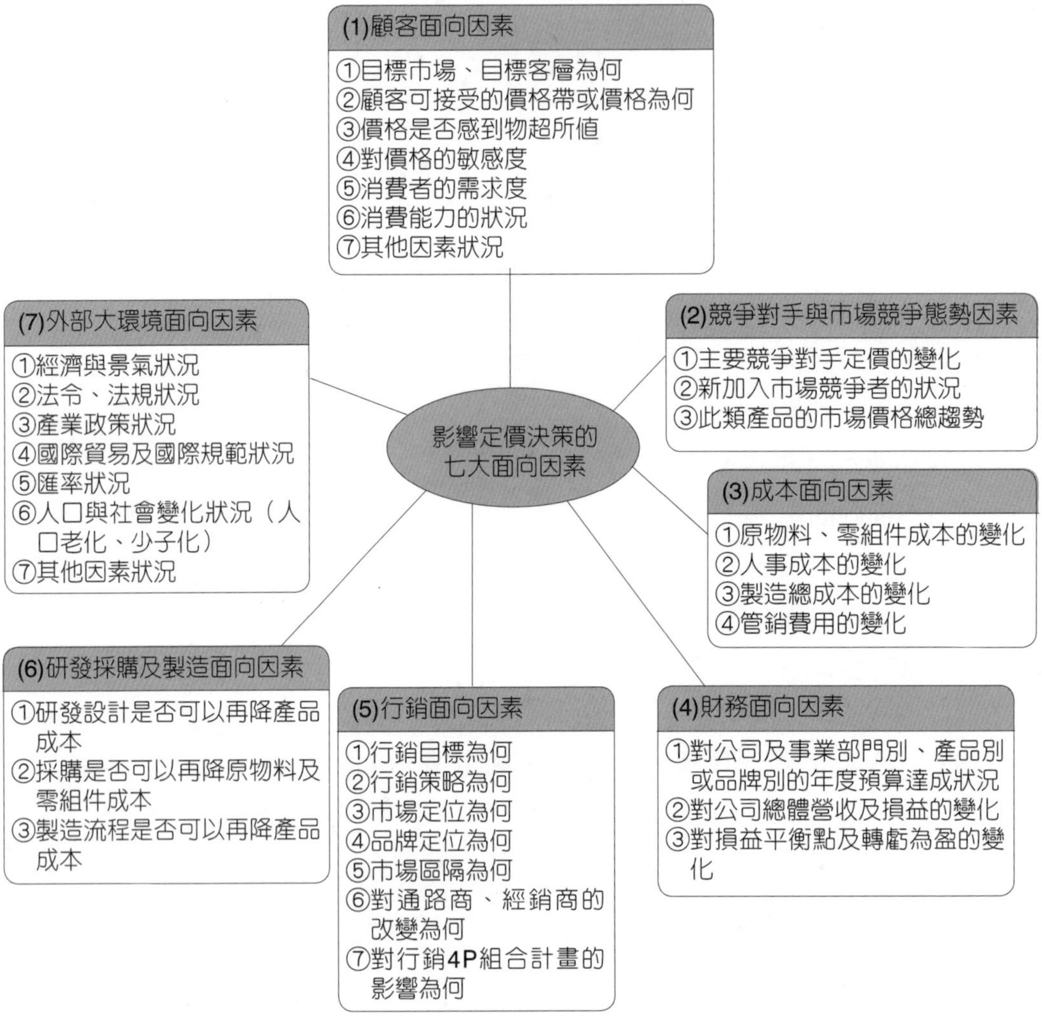

圖 2-4-4　影響定價決策的七大面向因素細目

(2)例舉（請思考）

①面對主力競爭廠商降價措施，本公司該如何因應？請依SOST Model進行評估。

②面對新競爭對手加入市場且分食市場，本公司該如何因應？

③面對國際原物料頻頻上漲，本公司產品價格是否要上漲？上漲多少？如何上漲？如何成功低調的完成推動？

④面對此產業，此行業或此產品線的市場價格長期趨勢是往下滑落的狀況

下，本公司在定價策略上如何因應？其他行銷4P策略上又要如何因應？

⑤面對景氣低迷與消費心態保守下，本公司各產品線的定價因應對策該如何？

⑥面對跨業競爭界線的模糊化，公司所面對的競爭壓力將日益嚴重下，本
公司的定價政策該如何改變及因應？

（五）影響廠商定價的因素──3C因素＋其他因素

1.影響定價的3C因素

影響廠商定價或調整價格的因素非常多，但總的來說，以3C因素為主要因素，包括：

⑴成本（Cost）

廠商的「製造成本」、「進貨成本」或「服務成本」一旦上升，就很可能被迫再調漲價格。例如：近期內麵包、飲料、泡麵、牛奶、咖啡、紙品、速食餐等均因麵粉及原物料上漲，而不得不調漲價格。

⑵競爭對手（Competitors）

主力競爭對手的一舉一動，也會深深影響著本公司的定價走向。例如：市場第二品牌用「殺價策略」攻擊第一品牌，那麼第一品牌為維護其市占率，難道長期都不會降低因應嗎？

⑶顧客（Customer）

另一個C，則是必須考量到我們的目標客層消費者的：①需求狀況；②比較心理狀況；③品牌忠誠度狀況；④所設定的目標客層屬性狀況；⑤對價格變動的敏感度；⑥其他可能的顧客因素。

總之，3C因素是影響廠商定價與調整價格的三大因素，如下圖所示：

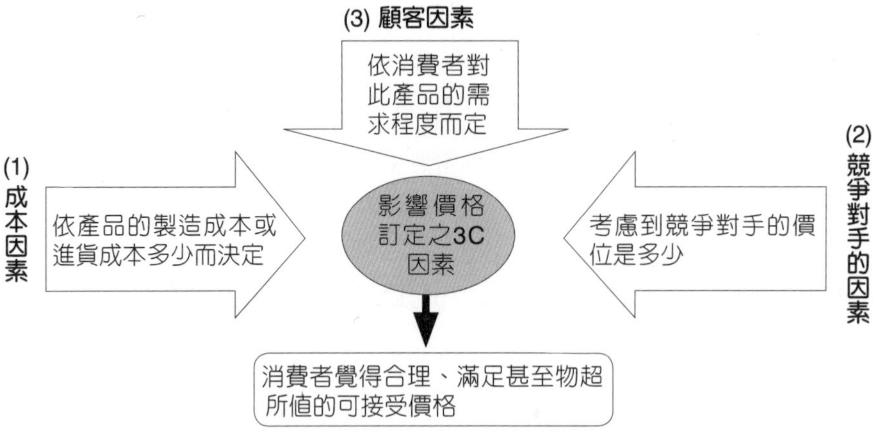

(3) **顧客因素**
依消費者對此產品的需求程度而定

(1) **成本因素**
依產品的製造成本或進貨成本多少而決定

影響價格訂定之3C因素

(2) **競爭對手的因素**
考慮到競爭對手的價位是多少

消費者覺得合理、滿足甚至物超所值的可接受價格

圖 2-4-5　影響價格訂定的主要3C因素

2.影響定價的其他次要因素

當然，除了上述主要3C因素外，還有下列次要影響定價因素，包括：

(1)通路的變化；

(2)匯率的變化；

(3)法令、法規限制的變化；

(4)通貨膨脹的變化；

(5)國際貿易限制的變化；

(6)銷售條件的變化；

(7)本公司行銷策略與定位的變化；

(8)本公司行銷4P組合的變化；

(9)本公司市占率的變化；

(10)定價與本品牌形象、定位的變化；

(11)定價與公司預算達成率關係的變化；

(12)其他因素等。

（六）定價要與品牌定位（產品定位）相契合、一致

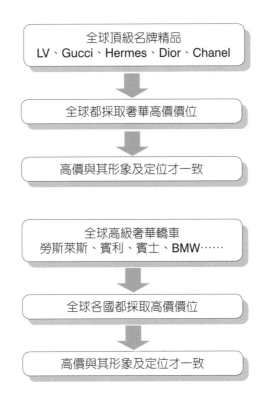

（七）日常消費品比較不容易定高價

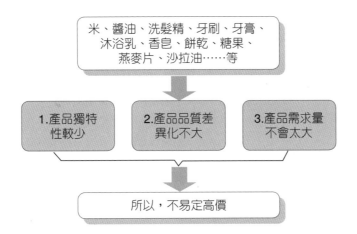

（八）影響廠商制定及調整價格最大因素：競爭者因素（競品）

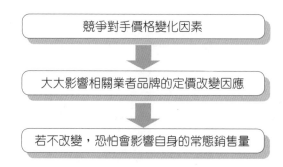

競爭對手價格變化因素

↓

大大影響相關業者品牌的定價改變因應

↓

若不改變，恐怕會影響自身的常態銷售量

（九）匯率變動也會影響定價的調查

例如：從日本進口產品

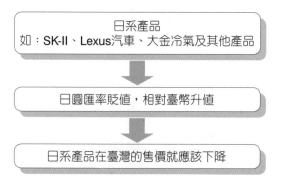

日系產品
如：SK-II、Lexus汽車、大金冷氣及其他產品

↓

日圓匯率貶值，相對臺幣升值

↓

日系產品在臺灣的售價就應該下降

例如：從歐洲進口產品

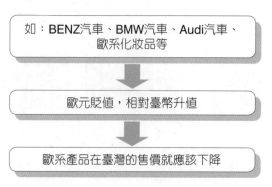

如：BENZ汽車、BMW汽車、Audi汽車、
歐系化妝品等

↓

歐元貶值，相對臺幣升值

↓

歐系產品在臺灣的售價就應該下降

（十）有品牌的國外產品，通常定價也會比國產品高一些

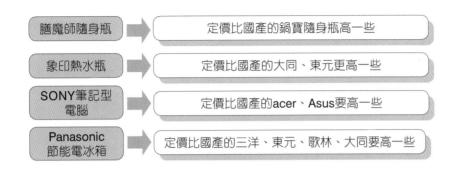

（十一）決定商品或服務的價格區間之五大因素

　　根據國內創業顧問專家呂仁瑞（2007）的長期經驗與認知，他認為要決定一個商品或服務的價格，應考慮下列五大因素如下：

1.成本

　　總單位成本＝銷貨成本（製造成本）＋管銷費用（廣告、行政及其他相關費用的分攤），這是底價，除非特殊狀況，否則不可能低於此價格。

2.特定目標顧客群的需求

　　需求愈強，定價可以高一點，弱的就低一點。

3.競爭對手

　　市場競爭對手愈多，產品愈類似，相對需求愈弱。

4.商品或服務的上市時間

　　不同時間有不同的定價：

⑴當新科技產品剛上市時，定價一定非常高，初期無競爭對手，定高價以快速回收投資成本。

⑵新產品賣高價，就會讓競爭對手覺得有利可圖，吸引眾多競爭對手加入，此時價格就會受衝擊而下降。

⑶有時則採低價策略，讓競爭對手覺得無利可圖，也形成一種進入障礙，這就是滲透定價法。

⑷低價可刺激需求，提高產能很快就會達到一定的規模，就能有效降低成本，增加利潤。

5.降價與否端賴價格彈性

就是消費者對價格變動的敏感性。

（十二）定價決策所需的資訊情報項目

廠商及其高階主管在制定「定價決策」時，應該有蒐集充分且完整的資訊情報項目為佳，如此才能做出正確的「判斷」（Judgement）及「決策」（Decision Making）。廠商需要哪些定價決策的資訊情報項目呢？大致包括：

1.預判競爭對手的表現及下一步做法；

2.判定我們的市場區隔及目標客層資訊情報；

3.找出目標客層（顧客）他們的需求及其程度資訊情報；

4.界定整個市場的競爭大環境資訊情報；

5.研判顧客品牌忠誠度及品牌選擇偏好的資訊情報；

6.研判顧客對價格敏感度改變的資訊情報；

7.研判顧客購買量資訊情報；

8.預估本公司自身產品的製造成本或進貨成本變化的資訊情報；

9.預估本公司年度預算目標達成率資訊情報。

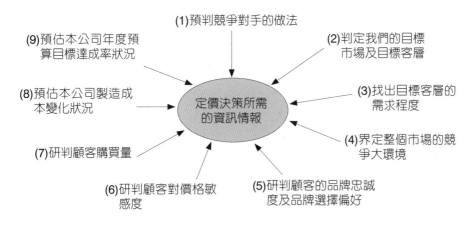

圖 2-4-6　定價決策所需要的九大資訊情報項目

（十三）「價格反應」的系統化架構

　　「價格」在自由市場運作，它並不是一年到頭都不改變的。尤其，在面對有些競爭激烈的行業，或市場買氣低迷下，價格反應的改變及調整，更是經常可在大賣場或門市店中看到。

　　就企業實務面來看，作者個人提出一個「價格反應的系統化架構」，如次頁圖2-4-7所示，並簡述如下：

　　第一：基本上，本公司自身與競爭對手在市場上競爭，可能會因行業的不同、或產業的不同、或市場的不同或產品類別的不同，透過「價格機制」運作，可能會產生「穩定狀況」或「不穩定狀況」。穩定狀況係指這個產品或此行業產品的價格變化不大，故會有較長時期的穩定不變。而「不穩定狀況」，則是指此產品或此行業的價格變化比較大，競爭比較激烈。

　　第二：接著，亦可能會有新加入者加入市場競爭，或採取價格戰策略，破壞市場價格的穩定性。

　　第三：當市場價格穩定狀況時，企業營運就比較OK，而能達到穩定且合理的獲利結果。

　　第四：當市場價格不穩定狀況時，本公司自身就要提出各種行銷4P的因應對策或單一的價格因應對策。最後，本公司自身的獲利結果，將會因長期不穩定而

使獲利及營收均降低些。

　　總結來說，價格因素、價格反應系統與廠商完整的因應對策，都是環環相扣的。再者，市場也面臨著既有競爭者及新加入競爭者雙重競爭或攻擊、搶食的現實與壓力，故廠商更要有系統的去思考及建立這種反應的「機制」與「對策」。

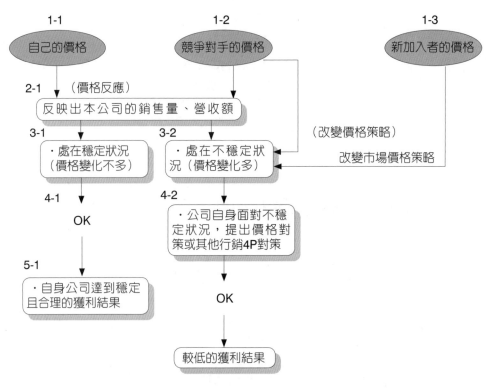

圖 2-4-7　價格反應的系統化架構

三　定價程序的步驟

（一）定價程序六大步驟

　　企業對一項新產品之定價決策，其較完整之程序步驟如下：

1.擇定定價目標（**Pricing Target**）或政策（**Policy**）

對於定價目標的追求，主要有4項：

⑴求生存目標（To Survive Target）

企業要求生存，先要將產品銷售出去，因此定價若不恰當（過高或過低），勢必影響銷售量，銷售量達不到損益平衡點，自會影響其生存空間。因此，必須先考量此定價對生存之銷售量或銷售盈餘之影響程度。在此政策下，其定價會稍低於競爭對手，但仍能有些許利潤。

⑵求短期利潤最大化（To Pursue Profit Maximum）

有些企業為求在短期投資報酬回收目的，因此以高價位定價方式，而企圖獲取短期利潤之最大化；當然，此處之高價位並不保證一定是高品質產品。例如：像早期推出的手機、電腦及液晶電視均很貴，但後來就便宜了，因為供過於求普及化了。

⑶求市場占有率領導優勢（To Pursue Market Share Leading）

有些企業定價的出發點並不在於追求短期利潤之最大化，而是希望先占住較大的市場占有率，創造市場知名度與領導優勢，然後再去考慮利潤最大化之目標。因此，可能會以較低價位去搶攻市場。

⑷求產品高品質領導優勢（To Pursue Quality Leading）

少數企業則以堅持產品品質之領導優勢，作為定價之首要目標；換言之，在此之下定價，必然是高價位的方式。例如：國外名牌汽車、名牌服飾、名牌皮件及名牌化妝產品等。像國外兩大精品集團LVMH及Gucci，其旗下的各系列品牌產品，均係採高價策略。

2.了解消費者需求水準（**Understand Demand Condition**）

在做定價目標之後，其次要了解消費者需求水準。因為需求與價格之間有顯著關係。就一般經濟學理論來說，有一條需求曲線，當價格下降，需求會增加；價格上升則需求會減少。定價之前要了解消費者需求水準，主要是希望能夠面對實際市場行情並酌衡不同價位下之可能銷售量。當然，有少數真正高品牌之產品，當提高價格後，反而使銷售量增加，這是因價格的一部分為「虛榮心」附加

上去的，非屬常態。例如：現在國內高等教育有高學費趨勢，就是因為國內一般民眾有追求高學歷的需求所致。再如：國外Cartier、Fendi、寶格麗、Tiffany等珠寶、鑽石與手錶，其價格也高達數十萬元或數百萬元之譜。這是炫耀價值的名牌產品。

3.估算單位成本（Forecast Product Unit Cost）

第三個步驟是要估算產品的單位成本，因為這是定價的最下限了。在產品成本方面，有兩點應加以說明：

⑴**產品成本內容**

一個比較具完整性之成本估算，應該包括產品的直接成本，如材料、零組件、直接人工成本、廠務管理費用等。另外，也應包括費用的分攤，例如廣告、促銷費、總公司間接人員費以及管理費用等。製造業的零組件及材料成本占比較大；而服務業則以人力成本占較大。

⑵**產品成本會隨量增而下降**

成本中的機械設備折舊費分攤、廠務幕僚人員薪資及總公司各項費用，可以說都屬固定的。當銷售量增加時（生產量也增加），每一個單位產品成本將會隨之下降。例如：生產10萬部汽車廠及生產50萬汽車廠的成本，就會有很大不同。

4.分析競爭者的產品及價位（Analyze Competitor's Product and Price）

我們可以這麼說，界定產品需求程序，即是告訴我們定價的最上限，而預估產品單位成本，即屬定價之最下限；而分析競爭者的產品及價位，則有利於我們在上、下限之間，擇定一個較合宜且較具市場競爭力之價位。分析對手的產品及價位，主要就是要增強本身的市場競爭力，期望不要陷於價格苦戰之泥淖中，而能認清大局勢。特別是對於第一品牌或市占率較高品牌的定價，尤應深入分析、比較、評估，定出最有攻擊力的價格策略。

5.擇定定價的方法（Select Pricing Method）

在分析過上述四項狀況後，在最後定價決定之前，必須選擇哪一種方式的定價方法，此將在後文再做詳細說明。

6.擇定最終之價格（**Finalize the Price**）

第五步驟的各項定價方法目的，是要縮小擇定最終價格之考慮範圍。除此之外，對最後價格之確定，尚須考慮：

(1)心理的因素

產品除了經濟實用性外，尚有心理之因素摻雜在內，亦應一併加以評估。有些產品屬性不是最便宜就好。因為有些消費者認為「便宜沒好貨」。

(2)公司的定價政策

此次的定價是否與公司過去一貫的定價政策有否衝突，如果有，合理的解釋為何？是否要改變？改變了是否就更好？

(3)定價對於相關團體之影響

這些相關團體包括公司的營業單位、行銷企劃單位，以及外部的政府主管機關、民間消費團體、通路團體以及公關媒體等。例如：國內水電費、計程車費、公車費、航空機票費、瓦斯費、有線電視費以及民生基本消費品等，一旦漲價就會引起一陣議論。

（二）確定價格前的各種調查方法、對象及進行

廠商對於一個耐久性產品或非耐久性產品的新產品推出，或既有產品改良後再推出，到底應定在多少價位或價格，倒是令人滿猶疑的。

1.兩種截然不同的決定價格做法

企業實務上，有二種截然不同的思維及做法：第一種是憑行銷業務人員的直觀能力與過往豐富經驗，並參酌各項內外部因素，可能就決定了這個產品的上市售價。例如：茶飲料一瓶25元、鮮奶一瓶35元、泡麵一包60元等。

第二種則是比較慎重一點，公司會進行各種調查及詢問，然後參考這些廣泛性的市調結果或消費者意見，最後再決定定價多少。

2.確定價格的各種調查方法及對象

(1)調查對象

確定最終價格的調查對象，可有幾種對象：

①是顧客也是目標顧客群（Target Consumer）；

②是通路商。包括零售店店長、店員、店老闆、經銷商老闆或大賣場採購進貨人員，或代理商採購人員等。這些都是每天接觸到顧客或是手上握有銷售及採購資料情報的人，所以也了解顧客可以接受的價格或最終價格；

③是公司業務人員及直營店門市人員。這些每天負責銷售業績，在店內或客戶那邊跑來跑去的人，也有市場及價格的敏銳度，因此，也可以是參考訂定的對象之一；

④是這個行業的專家或學者。有些專家或學者長期研究某個產品，他們的Sense（知覺度），或許也可以提供一些參考意見；

⑤是公司內部各部門相關人員，也是可以作為民調的參考意見；

⑥最後，公司官方網站的網友或會員俱樂部的成員，也可以作為參考意見的對象。

(2)調查方法

對於新產品或改善產品的最終定價調查方法，大致有幾種：

第一是：**量化調查（大量資料份數時）**

包括：

①電話問卷訪問；

②家庭留置問卷或家庭現場問卷訪問；

③街訪（街頭問卷訪問）；

④集合地點問卷訪問；

⑤網路問卷填卷回覆；

⑥其他方法。

第二是：**質化調查（少量消費者本人的）**

①顧客焦點團體座談會（FGI、FGD方式）的口頭意見表達；

②通路商焦點團體座談會；

③業務員的內部討論會。

（註：Focus Group Interview, FGI；Focus Group Discussion, FGD）

3.定價調查的進行舉例

茲舉一個原本公司就定位在高價位的夏天鮮乳產品定價為例：

(1)以焦點團體座談會（**FGI**）方式進行；

(2)每場次10位目標顧客消費者；

(3)計舉辦5場次（故計50人次）；

(4)每場次公司主要競爭前3名鮮奶品牌，與本公司即將上市的鮮奶品牌（計4
　　種品牌）；

(5)先請出席者喝完不同的4種品牌，以了解他們的口味及配方；

(6)請出席者觀察產品包裝、設計、包材、品名、成分、功能等資料；

(7)由公司人員列出此競爭者品牌的容量數（ml）及店面零售價格多少；

(8)最後，請出席人員勾選對公司品牌可以接受的價格帶為多少；

(9)提出幾個最終的確定價格，讓他們勾選是哪一個價格，並問他們為什麼。

四　小結

在經過目標顧客群多場次的深入或團體焦點座談會質化詢問及勾選結果後，
公司應該可以大致得到一個從目標顧客群角度來看待的：

(1)他們「願意」為這個新產品付出多少可能的價格？

(2)他們認為多少價格才是「合理」的？

(3)他們認為定多少價格才能與競爭產品「相競爭」？或「移轉」過去的品牌
　　習性、品牌忠誠度？

(4)他們是否有「渴望」或「欲望」去買這個新產品？

(5)最後，他們覺得「付出此價格」與喝到這瓶鮮奶，感覺是「物超所值的」？或比競爭品牌還棒？

(6)OK了，這個產品，這樣的價格，應該可以上市順利，沒問題了。

本章習題

1. 試說明定價策略有哪3種思維層次？
2. 試說明影響「定價策略」需要評估的要素為何？
3. 試圖示對訂定一個產品價格應考慮的七大面向因素為何？
4. 試圖示影響定價決策的七大面向因素為何？
5. 試圖示S→O→S→T的4個邏輯系統步驟為何？
6. 試說明影響廠商定價的3C因素為何？
7. 試說明呂仁瑞先生對商品定價應考慮的五大因素為何？
8. 試圖示定價決策所需要的九大資訊情報項目為何？
9. 試圖示一個完整的價格反應系統化架構內容為何？
10. 試列示定價程序的六大步驟為何？
11. 試說明對定價目標的選擇會有哪些？
12. 試說明兩種截然不同的決定價格依法為何？
13. 試說明確定價格的調查對象會有哪些？
14. 試說明對一個產品價格的最終定價之調查方法有哪些？
15. 試例舉一項定價調查的進行狀況為何？

5 定價的成本分析與損益分析

一 對營收、成本、費用與損益的必備基本概念

對於行銷定價的知識，首先應該對公司每月都必須即時檢討的「損益表」（Income Statement），有一個基本的認識及知道如何應用。

（一）損益簡表項目

營業收入（Q×P＝銷售量×銷售價格）
－營業成本（製造業稱為製造成本，服務業稱為進貨成本）
──────────────
營業毛利（毛利額）
－營業費用（管銷費用）
──────────────
營業損益（賺錢時，稱為營業淨利；虧損時，稱為營業淨損）
±營業外收入與支出（指利息、匯兌、轉投資、資產處分等）
──────────────
稅前損益（賺錢時，稱為稅前獲利；虧損時，稱為稅前虧損）
－稅負
──────────────
稅後損益（稅後獲利）
÷在外流通股數
──────────────
每股盈餘（Earning Per Share, EPS）

（二）行銷經理人每天即時性應注意影響損益變化的因素

1.每日實際總銷售日報表或每週總銷售日報表是否達成目標預算。
2.各種重要通路的銷售日報表或每週通路銷售日報表是否達成目標預算。
3.各產品別或各品牌別的銷售日報表或每週銷售日報告，是否達成目標預算。

4. 每週或每月的營業費用（或稱管銷費用）支出是否在預算控管範圍內？

5. 每週或每月全部公司的損益如何，是賺錢或虧損？是在哪個產品、哪個品牌或哪個事業部產生獲利或虧損的？

總之，必須注意分析及思考下列圖示的每日、每週及每月變化狀況如何：

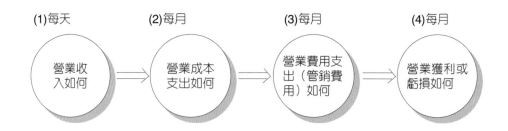

公司每天業績統計來源：

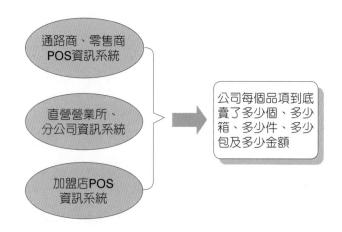

（三）分析與應用

1. 當公司呈現虧損時，原因有哪些呢？

   ⑴可能是營業收入額不夠。而其中又可能是銷售量（Q）不夠，也可能是價格（P）偏低等所致；

   ⑵可能是營業成本偏高。而其中包括製造成本中的人力成本、零組件成本、原料成本或製造費用等偏高所致。如是服務業，則是指進貨成本、

進口成本，或採購成本偏高所致；

(3)可能是營業費用偏高，包括管理費用及銷售費用偏高所致。此即指幕僚人員薪資、房租、銷售獎金、交際費、健保費、勞保費、加班費等是否偏高；

(4)可能是營業外支出偏高所致。包括，利息負擔大（借款太多）、匯兌損失大、資產處分損失、轉投資損失等。

2. 基本上來說，公司對某商品的定價，應該是看此產品或是公司的每月毛利額，是否可Cover（超過）該產品或該公司的每月管銷費用及利息費用。如有，才算是可以賺錢的商品或公司。所以，基本上廠商應該都有很豐富的過去經驗，去抓一個適當的毛利率（Gross Margin）或毛利額。例如：某一個商品的成本是1,000元，廠商如抓30%毛利率，即是會將此產品定價為1,300元左右。亦即，每個商品可以賺300元毛利額，如果每個月賣出10萬個，表示每月可以賺3,000萬元毛利額。如果，這3,000萬元毛利額足以Cover公司的管銷費用及利息，就代表公司這個月可以獲利賺錢了。

3. 不過，不管從Q（銷量）、P（價格）來看，這二個也都是動態的與變化的。因為，本公司每個月的Q與P是多少，牽涉到諸多因素的影響。包括：

(1)本公司內部的因素，例如：新產品、廣宣費支出、產品品質、品牌、口碑、特色、業務戰力等。

(2)本公司外部的因素，例如：競爭對手的多少、是否供過於求、是否施行促銷戰或價格戰、市場景氣好不好等。

因此，總結來看，企業廠商每天都是在機動及嚴密注意整個內外部環境的變化，而隨時做行銷4P策略上的因應措施及反擊措施。

（四）某飲料公司每月損益狀況的3種可能狀況舉例

	狀況1 獲利不錯	狀況2 損益平衡	狀況3 虧損
營業收入：2億元 －營業成本：（1.4億元）	1.8億元 －1.4億元	1.7億元 －1.4億元	
營業毛利：6,000萬元（毛利率30%） －營業費用：（4,000萬元）（費用率20%）	4,000萬元（毛利率22%） （4,000萬元）（費用率20%）	3,000萬元（毛利率18%） （4,000萬元）	
營業淨利：2,000萬元 ±營業外收支：200萬元	0萬元 0萬元	－1,000萬元 0萬元	
稅前淨利：2,200萬元（稅前獲利率11%） －所得稅17%　374萬元	0萬元（獲利率0%）	－1,000萬元（虧損率6%）	
稅後淨利：1,862萬元（稅後獲利率8.6%）			
說明 狀況1之下，營收額尚不錯，每月做到2億業績，故產生6,000萬元毛利額，再扣除營業費用4,000萬元，仍有2,000萬元營業淨利，再考慮營業外收支200萬元，故產生當月分的稅前淨利額2,200萬元，稅前淨利率為11%，毛利率為30%，均屬合理良好狀況。	**說明** 狀況2之下，因營業額只做到1.8億元，比狀況1略差，故呈現損益兩平狀況，即當月分不賺錢也不賠錢。應努力提高營業收入額。	**說明** 狀況3是最差的狀況，營收額只做到1.7億，故毛利額只有3,000萬元，尚不足以Cover營業費用4,000萬元，故出現當月分虧損狀況。	

二　毛利率與淨利率分析

（一）何謂毛利率

製造業：

　　⑴出貨價格 － 製造成本 = 毛利額。

　　⑵毛利額÷出貨價格 = 毛利率。

毛利率

例如：

售價： 1,000元
－成本： 700元
毛利： 300元（30%）

故：

$$\frac{毛利額}{售價額} = \frac{300元}{1,000元} = 30\%$$

（二）毛利率因各行各業有所不同

1. OEM代工外銷資訊電腦業：低毛利率約3%～6%。

2. 一般行業：平均中等30%～40%，有毛利率3～4成。

3. 化妝保養品、保健食品行業及名牌精品業，平均高毛利率，至少50%以上到100%（5成～1倍）。

一般行業，大部分合理的毛利率：約3成～4成之間。（賺30%～40%毛利額）

但毛利額不是最後的獲利額，還需扣除營業費用：

營業毛利
－營業費用
營業淨利（真正有賺錢）

（三）舉例：毛利率40%狀況：有盈餘

（○○公司○○月損益表）

營收額： 10億
－營業成本：6億
營業毛利：4億（毛利率40%）
－營業費用：3億（費用率30%）
營業淨利：1億（獲利率10%）

（四）舉例：毛利率30%狀況：無盈餘

（○○公司○○月損益表）

營收額：　10億
－營業成本：7億
營業毛利：3億（毛利率30%）
－營業費用：3億（費用率30%）
營業淨利：0元（不賺錢）

（五）毛利率與價格關係：廠商毛利率上升的目的，想要多賺一些

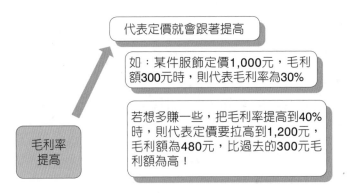

代表定價就會跟著提高

如：某件服飾定價1,000元，毛利額300元時，則代表毛利率為30%

若想多賺一些，把毛利率提高到40%時，則代表定價要拉高到1,200元，毛利額為480元，比過去的300元毛利額為高！

毛利率提高

（六）要慎重操作毛利率提高

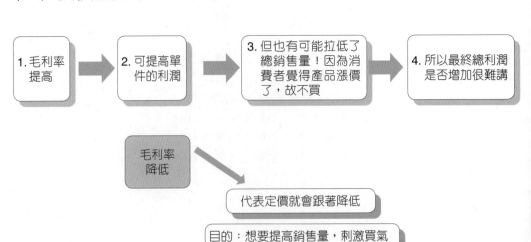

1.毛利率提高 → 2.可提高單件的利潤 → 3.但也有可能拉低了總銷售量！因為消費者覺得產品漲價了，故不買 → 4.所以最終總利潤是否增加很難講

毛利率降低

代表定價就會跟著降低

目的：想要提高銷售量，刺激買氣

（七）何謂獲利率？或淨利率？

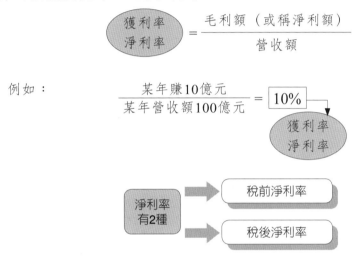

（八）國內各大零售百貨業的毛利率及淨利率

新光三越	統一7-11
年營收額900億元	年營收額1,200億元
×5%淨利率	×4%淨利率
45億淨利額	48億淨利額

　　國內零售百貨業因為高度競爭，毛利率及淨利率均低，但營收額較大。故每年賺的淨利額也還可以，然而這都是辛苦錢。

（九）國內網購業毛利率及淨利率

```
前四大網站
PCHome        →    毛利率平均：13%～15%
雅虎奇摩             淨利率平均：3%～6%
momo
博客來
```

三　BU制與損益表的關聯性

　　在實務上，現在很多企業都採取產品BU制、品牌BU制、分店別BU制或事業部BU制，在各個獨立自主與權責合一且責任利潤中心制度下，各個BU都必須與每月損益表相結合，來觀察他們的經營績效與行銷效益。

（一）案例

損益表（按BU組織體系）

	(1)全公司	(2)各事業部別	(3)各產品別	(4)各品牌別	(5)各分公司別	(6)各分館別	(7)各店別
營業收入							
營業成本							
營業毛利							
營業費用							
營業損益							
營業外收入與支出							
稅前損益							
備註							

（註：BU，即指Business Unit，係為責任利潤中心組織體制，為一個獨立自負盈虧的授權營運單位。）

【案例1】臺灣P&G（寶僑）公司洗髮精有4個BU的每月損益表

	潘婷	海倫仙度絲	飛柔	沙宣
營業收入	0000	0000	0000	0000
－ （營業成本）	（0000）	（0000）	（0000）	（0000）
營業毛利	0000	0000	0000	0000
－ （營業費用）	（0000）	（0000）	（0000）	（0000）
營業損益	0000	0000	0000	0000
± （營業外收支）	（0000）	（0000）	（0000）	（0000）
稅前損益	0000	0000	0000	0000

【案例2】多芬洗髮用品損益表（某月）

	多芬洗髮品	多芬沐浴品	合計
營業收入	3,000萬	2,000萬	5,000萬
－ （營業成本）	（2,100萬）	（1,400萬）	（3,500萬）
營業毛利	900萬	600萬	1,500萬
－ （營業費用）	（500萬）	（300萬）	（800萬）
營業損益	400萬	300萬	700萬
± （營業外收支）	（100萬）	（100萬）	（200萬）
稅前損益	300萬	200萬	500萬

說明：

(1) 毛利率 $= \dfrac{毛利額}{營收額} = \dfrac{1,500萬}{5,000萬} = 30\%$

(2) 稅前淨利率 $= \dfrac{稅前淨利額}{營收額} = \dfrac{500萬}{5,000萬} = 10\%$

(3) 多芬洗髮品：某月稅前獲利300萬元

(4) 多芬沐浴品：某月稅前獲利200萬元

(5) 合計營業收入：5,000萬（某月），若平均乘上12個月，則年度營收額為6億元。

【案例3】某食品飲料公司有4種產品線的每月損益表

	鮮乳產品	茶飲料產品	果汁產品	咖啡飲料
營業收入	0000	0000	0000	0000
－ （營業成本）	（0000）	（0000）	（0000）	（0000）
營業毛利	0000	0000	0000	0000
－ （營業費用）	（0000）	（0000）	（0000）	（0000）
營業損益	0000	0000	0000	0000
± （營業外收支）	（0000）	（0000）	（0000）	（0000）
稅前損益	0000	0000	0000	0000

【案例4】新光三越百貨公司分館的每月損益表

	臺北信義店	臺北站前店	臺中店	---------
營業收入	0000	0000	0000	---------
－（營業成本）	（0000）	（0000）	（0000）	---------
營業毛利	0000	0000	0000	---------
－（營業費用）	（0000）	（0000）	（0000）	---------
營業損益	0000	0000	0000	---------
±（營業外收支）	（0000）	（0000）	（0000）	---------
稅前損益	0000	0000	0000	---------

【案例5】王品牛排分店每月損益表

	臺北忠孝店	臺北南京店	臺北信義店	---------
營業收入	0000	0000	0000	
－（營業成本）	（0000）	（0000）	（0000）	
營業毛利	0000	0000	0000	
－（營業費用）	（0000）	（0000）	（0000）	
營業損益	0000	0000	0000	
±（營業外收支）	（0000）	（0000）	（0000）	
稅前損益	0000	0000	0000	

（二）BU制度崛起

BU（Business Unit）
●獨立責任利潤中心單位，責任事業單位

↓

每個單位要自負盈虧！

四 對「成本結構」分析的了解

（一）成本結構分析

「成本」影響著價格，因此對產品的「成本」當然要深入了解。不只財會部門、工廠部門或商品開發部門必須對「成本」有所了解，行銷企劃及業務人員也應該同時有所了解。對成本結構知識的了解及分析，可以從兩種角度來看待，茲分述如下：

1.固定成本與變動成本的角度

⑴固定成本（Fix Cost）

所謂產品的固定成本，即是指不隨著生產量或銷售量的變動而變動的成本，即稱為固定成本。例如：工廠管理人員、幕僚人員的薪資或是借款利息費用、固定的資產設備折舊費用等。

⑵變動成本（Variable Cost）

即是指產品的成本，隨著生產量或銷售量的變動而變動的成本。即稱為變動成本。例如：原物料、零組件、配件、包裝瓶、包材、現場工廠作業員的薪資、加班費等均屬之。

舉例來說，當一家工廠的NB筆記型電腦、液晶電視或智慧手機的生產量，從10萬臺變動增加到20萬臺時，其採購的零組件、配件成本，自然也會增加2倍。而作業員的人數也必須增加才行，故組裝作業員人數的總薪資也會跟著增加。這些都是變動成本。但固定成本則可能不會有太大的變動。

⑶總成本＝固定成本＋變動成本

因此，總成本即為固定成本加上變動成本二項之和，而形成這個產品的總成本。

2.製造成本＋總公司管銷費用的角度

另外一種角度是，在企業實務大部分均採取損益表中的概念而定。

⑴**製造成本**（Manufacture Cost）

工廠製造產品的全部成本；即稱為製造成本。製造成本的項目，主要有3項：

①是原物料或零組件的材料成本；

②是工廠現場作業員及工廠幕僚、管理人員的薪資成本及獎金成本；

③是製造費用，即是為了製造完成而發生的間接費用，除了上述的材料成本及人事薪資成本以外的各種支出，即可視為製造費用。例如：製程費用、倉儲費用、品管費用、物流費用……等。

故總製造成本＝原物料成本＋工廠人事成本＋製造費用。

⑵**總公司管銷費用**（或稱**營業費用**）（Expense）

但除了工廠的總製造成本之外，實際上還有一些費用沒有算進去，那就是總公司的管銷費用。包括：總公司所有人員的人事薪資費，上自董事長、下至總機小姐的薪水，加上業務人員的業績獎金、辦公室租金、員工退休金提撥、辦公設備的折舊攤提、廣告宣傳費用、通路費用，以及一切的雜支（例如：水電費、電話費等）。

⑶**利潤＝總營業收入－總製造成本－總營業費用**

因此，最後公司利潤（獲利）的產生，就是總營業收入扣除總製造成本，再扣除總營業費用或管銷費用之後，才是真正賺到的錢。

⑷**舉例**

某飲料工廠賣茶飲料的舉例：

①營業收入：4億元（一年賣4,000萬瓶，每瓶出售給經銷商的價格為10元，故總收入為一年4億元）。

②營業成本：2.8億元（即是指產品的製造成本而言，假設一年花掉2.8億元，故成本率為70%）。

③營業毛利：1.2億（毛利率為30%，一年毛利額為1.2億元）。

④營業費用：0.8億。

⑤營業淨利：4,000萬元。

是故，基本上，該飲料公司一年營收4億元，而最終扣除製造成本及總公司的管銷費用後，最後獲利4,000萬元，獲利率為10%左右，這算是不錯的成果。

（二）產品的「成本分析」應考慮之因素

當然，企業在考量訂定多少價格時，基本的要件，必然會考量到成本因素。因為，定價不能低於成本，否則就是虧錢在賣了。短期為了某些策略性因素，可以虧錢賣；但長期當然不能虧錢賣。因而此處我們要做一些成本與價格相關聯的因素考量，如下幾點：

1.產品成本的構成要素

如果就製造業而言，其產品的構成要素包括了產品的原物料、零組件的成本，人力加工、組裝付出的工廠人事成本、品管成本以及工廠裡間接人員或幕僚人員之協助工作單位的人事成本，最後還有一些為生產製造而支出的必要費用項目等。因此，我們可以這樣說，產品的製造成本包括三大項，一是原材料與零組件；二是人力薪資成本；三是相關衍生的製造費用（例如：租金、水電費用等）。

是以在不景氣時期，廠商經常要採取成本措施，通常其可採行的行動就是移廠到中國大陸或東南亞，因為當地國的土地成本、人事薪資成本、製造費用及零組件採購都比在臺灣生產便宜些。

2.成本的數量效應

產品的「製造成本」，其實與製造多少「數量」是有密切直接性的關聯。例如：一個年產100萬輛的汽車大公司與一個年產20萬輛的中型汽車公司，其每部車的製造成本自然會有差異。

大車廠由於零組件採購數量大，因此可以與上游供應商議價或殺價，中小廠的採購量少，就不易殺價了，因此大廠的製造成本一定會比中小廠低一些。

3.學習曲線或經驗效應

一個30年的汽車廠跟一個3年的汽車廠相比，我相信前者的工人組裝車輛速度與效率，一定比後者年輕工廠的工人要快一些。所謂「熟能生巧」，即是學習曲線的意義。因此，同樣在8個工作小時內，熟練技工所做出來的數量就會多一些，

相對來說，就是成本會低一些。

4.競爭優勢條件優良

廠商可能擁有一些獨特的競爭優勢項目。例如：研發R&D能力很強，或是採購能力很強，或是流程創新或是工廠人力向心力、團結心很強，或是工廠地點非常好等因素，這些競爭優勢條件比競爭對手好時，其製造成本也可能會低一些。

透過上述4點的分析與說明，看來「成本」（Cost）分析也不簡單，也要考量不少因素。而企業對新產品或既有產品的「定價」或「價格競爭力」來源，更要考慮到這些如何使Cost Down（成本下降）的因素，並做全方位的努力，如此，才能有價格在市場上的競爭力，以及才有較佳的毛利率或獲利率可言。

五 規模經濟、學習效果與控制成本方向

（一）規模經濟與學習效果

1.規模經濟

對工廠或任何服務業而言，都存在著「規模經濟」（Scale of Economy）的效益。此即指，當企業的工廠規模或生產量規模愈來愈大時。例如：成長1倍、2倍、3倍時，會產生規模經濟的「正面」效益。主要是指「成本會降低」的好效益。例如：原物料或零組件的採購成本，可以議價而降低。

而對服務業而言，例如：當加盟店或直營店超過某一個總店數的規模之後，亦可以得到其成本與費用的降低，因而可以開始賺錢。

故對任何行業或公司經營或工廠經營而言，努力營運成長而達到規模經濟時，即可降低成本，而且可望開始獲利賺錢。反之，企業經營的生產、銷售或總店數若未達規模經濟效益時，有可能大部分狀況是虧錢的。因此，一般來說，新事業或新公司在前3年、甚至前5年，都有可能是虧錢的；因為他們的經營尚未達到規模經濟，包括店數、顧客數、營收額、銷售量、產品線……等。

2.學習效果（learning effect）

學習效果係指工廠作業員、管理員或是服務業的現場服務人員均會隨著生產經驗或服務經驗的不斷累積與長時期累積，而使其工作愈加熟練，而加快效率（Efficiency）；故使生產成本或服務成本得到有效的降低。此即「一回生，兩回熟」的意思。

您可以想一想，設立剛滿1個月，及設立滿50年的工廠或門市店，其員工的熟練度當然會不同。

（二）廠商降低或控制成本的方向

1.製造業

製造業廠商在控制及降低成本的方向上，大概可以如次頁圖2-5-1所示，從：

(1)對工廠「製造成本」的控制及降低，計有圖示的4個項目，請參閱次頁圖示內文；

(2)對總公司「管銷費用」的控制及降低。計有圖示的2個項目，請參閱圖示內文。

2.服務業

服務業廠商在控制及降低成本的方向上，大概可以如次頁圖2-5-2所示，從：

(1)對「進貨成本」的控制及降低，計有圖示的項目；

(2)對「第一線門市店成本」的控制及降低，計有次頁圖示的3個項目；

(3)對總公司「管銷費用」的控制及降低，計有次頁圖示的3個項目。

一、廠商（製造業）降低或控制成本的方向

（一）對工廠「製造成本」的控制或降低

1. 對原物料、對零組件、對配件、對半成品等之控制或降低（透過採購之議價尋求降低）

2. 對工廠第一線作業人員、操作人員人事薪資成本之控制或降低

3. 對工廠現場管理人員及工廠幕僚人員薪資成本之控制或降低

4. 對工廠其他製造費用項目之控制或降低

（二）對總公司「管銷費用」的控制或降低

1. 對總公司及海外行銷單位之管理費用的控制或降低，包括總公司人事費用、辦公室租金費用、利息費用、交際公關費用、加班費用，以及其他雜支費用

2. 對總公司及海外行銷單位之銷售費用的控制或降低。包括銷售人員數量及人事薪資、銷售獎金等費用

圖 2-5-1　廠商降低或控制成本方向（製造業）

二、「服務業」降低或控制成本的方向

（一）對「進貨成本」的控制及降低

1. 對半成品、完成品採購進貨成本的控制及降低

2. 對附屬產品採購進貨成本的控制及降低

3. 對組裝或組合成本的控制及降低

（二）對第一線門市成本的控制

1. 對虧損店的評估或是予以裁撤收掉，以降低門市店營運成本

2. 對門市店人員數量及人事薪資予以控制或降低

3. 對門市店的日常費用予以控制或降低（如：水電費、清潔費等）

（三）對總公司管銷費用的控制

1. 對總公司人事薪資、人員數量的控制及降低

2. 對廣告宣傳費用的控制及降低

3. 對辦公室租金、交際費及其他雜支費用的控制及降低

圖 2-5-2　服務業降低或控制成本的方向

六　公司應如何轉虧為盈或賺取更多利潤

企業經營的目的，即是在獲利及善盡社會公益責任等二個方向。

企業應如何轉虧為盈或是在既有基礎上獲取更好的獲利效益呢？主要有以下幾種做法：

（一）努力提高營業收入

企業如果有虧損或獲利太小，首要原因即是營收額（業績）太小之故。故可考慮下列幾個改善因素：

1. 加強改善產品品質及功能，以獲得顧客的好口碑及肯定，願意經常性購買。
2. 加強開發新產品上市，可以創造新的營收來源，並取代舊有產品。
3. 應適度投入廣告宣傳費支出，以打響品牌知名度，才有利於被購買。
4. 應定期舉辦大型促銷活動（週年慶、年中慶），以吸引人潮及買氣。
5. 應加強擴大通路的多元性，使公司產品上架更普及，更便利消費者購買。
6. 應評估適時降價的可行性，以薄利多銷概念帶動銷售量上升。例如：很多數位相機、智慧手機、液晶電視、筆記型電腦等早期價格都很貴，但現在卻降價便宜很多，因而提高銷售量。
7. 加強業務銷售組織陣容及人力素質。很多產業仍然仰賴人員銷售。例如：百貨公司專櫃人員、精品店銷售人員、汽車經銷店銷售人員、直銷商人員、壽險公司、銀行理財專員⋯⋯等均是。提升業務組織能力，才會提振銷售業績。
8. 增加銷售地區。例如：增加外銷出口的方式，也可以增加銷售量。
9. 另外，有時候反而採取提高售價方式。因為產品的原物料、零組件都上漲，迫使產品也必須漲價因應。

（二）努力降低營業成本

降低成本也是提高利潤或轉虧為盈常使用的方式之一。包括製造成本的降低或是進貨成本的降低。

在製造成本的降低方面，如何從對最大宗原物料成本或零組件採購成本下降以及工廠人力成本下降因素改進。因此，如何在國內外原物料供應商之間詢問到最低價供應商，此為重點所在，或是將採購量標準化，儘量集中在少數幾家供應商，以量來制價。

另外，如是服務業，則在降低進貨成本，包括向國內外進口商及供應商尋求降低報價成本。

（三）努力提高毛利率

企業獲利不佳，很可能是毛利率不夠。例如毛利率只有2～3成，可能不夠，故要提升5%或10%。要提高毛利率，則只有兩個途徑而已：

1.提高售價。
2.降低成本。

（四）努力降低營業費用

很多時候要提高毛利率，也不是容易的事，因為售價不易提升，成本也不易下降。因此，最後，只有努力降低營業費用了。包括：

1.精簡總公司及工廠的幕僚人員，以降低人事費用。
2.節省辦公室房租。可將總公司辦公室遷到二級辦公商圈或移到郊區。
3.節省廣告費支出。
4.節省交際費。
5.節省其他雜費。

（五）努力降低營業外費用支出

最後，還有一項營業外費用支出，亦有可以努力控制的空間，包括：

　1.利息節省（向銀行借款減少）。

　2.轉投資損失減少（減少虧錢的轉投資事業）。

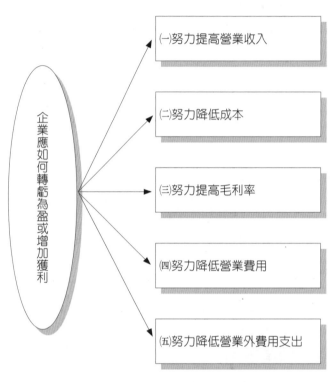

圖 2-5-3　企業轉虧為盈或增加獲利的方法

七　獲利或虧損的要素分析

（一）提高獲利或達成獲利的三大要素

從損益表的結構項目來看，企業或各事業部門欲達成獲利或提高獲利，則必須努力做到下列3點：

1.營業收入目標要達成及衝高

主要是提高銷售量，努力把產品銷售出去。

2.成本要控制及降低

產品製造成本、產品進貨成本或原物料、零組件成本，必須定期檢視及採取行動加以降低或控制不上漲。

3.費用要控制及降低

營業費用（即管銷費用），必須定期檢視及採取行動加以降低或控制不上漲。包括：

(1)各級幹部薪資控制。

(2)業務部門獎金降低。

(3)房租（大樓辦公室租用）的降低。

(4)用人數量（員工總人數）的控制及減少（例如：遇缺不補）。

(5)廣告費用的降低。

(6)加班費的控制。

(7)其他雜費的控制及降低。

（二）導致虧損的4要素

有些企業在某些時候可能也會有虧損出現，其主要原因在於：

1.營業收入（營收）偏低

營收偏低或沒有達成原訂目標，或沒有達到損益平衡點以上的營收額，將會波及公司無法有足夠的毛利額來產生獲利。故公司業績（營收）差時，即有可能產生出當月分的虧損。例如：淡季時、不景氣時、競爭太激烈時，均使公司營收衰退無法達成目標，公司即會虧損。

2.成本率偏高

當公司的製造成本率或進貨成本率比別人高時，即會因此使公司無法有足夠的毛利率來賺錢獲利。故要比較別人的成本，為何本公司成本會比別人高。

3.毛利率偏低

毛利率是獲利的基本指標，一般平常的毛利率大抵在30%～50%，如果低於此水準，即非業界水準，即會虧損。當然，資訊3C產品毛利率會較低，而化妝保養品的毛利率則會高些。

故要轉虧為盈，一定要使毛利率有上升的空間，而促使毛利率上升的二個途徑，不外是提高售價或降低成本率，只能朝這二個方向去努力規劃。

4.營業費用率偏高

最後，營業費用率比別人高，也可能是本公司虧損的原因之一。故要思考總管銷費用項目努力下降。

（三）營業收入要衝高的方法

營收要衝高或達成目標的方法，不外是：

1. 銷售量要增加或衝高。
2. 售價（單價）要上升。

但面對競爭激烈的今天，單價要提高實非易事，因此只有從銷售量方向著手提高或衝高了。

而要衝高銷售量，做法非常廣泛，包括：

1. 打折扣戰，或打降價戰。此法最直接、快速、有效，但此法也會使本公司產品的毛利率下降。
2. 舉辦大抽獎、大贈獎、買三送一等促銷活動。
3. 推出新產品、新款式、新車型等，以帶動對新品有吸引力之買氣，提高業績。

4.做較大量的電視、報紙廣告，以打響品牌知名度。

5.改善產品的品質、功能、特色，以增強產品力。

6.上架通路據點增加，使通路更加普及化，增加銷售可能性。

7.增強銷售組織人員的戰力，加強每個人的銷售責任額。

8.加強公關報導及露出，以提升形象及知名度。

9.推出低價位的新產品，以吸引低所得大眾的購買。

八　公司從行銷4P面向應如何轉虧為盈或賺取更多利潤

如果從行銷4P面向來看，可以加強行銷4P的操作，以增加營收額或增加獲利額。如下：

（一）提高產品力（Product）

產品力是銷售力量的本質。而產品力提升，包括：

1.不斷改善產品的品質、設計、內涵、包裝等。

2.打響品牌知名度。

3.推出優良新產品上市。

4.強化齊全的產品線組合。

（二）提高通路力（Place；Channel）

1.如何使產品通路更多元化，有更多的通路布置，以便利消費者。

2.如何使產品一定要進入主流賣場上架。例如：統一超商、家樂福、全聯福利中心、百貨公司專櫃、屈臣氏、頂好超市……等大型連鎖零售通路。

3.加強在通路賣場的店頭行銷廣宣布置。

（三）提高推廣力（Promotion）

1. 加強廣告宣傳的投資。

2. 加強公關媒體報導的投資。

3. 加強人員銷售組織的陣容。

4. 加強大型促銷活動的投資。

（四）提高價格力（Price）

1. 定價必須讓消費者感到物超所值。

2. 定價與競爭者產品相較，應具有競爭力。

3. 定價應隨環境變化，而能夠彈性、機動、應變，不能太僵硬一成不變。

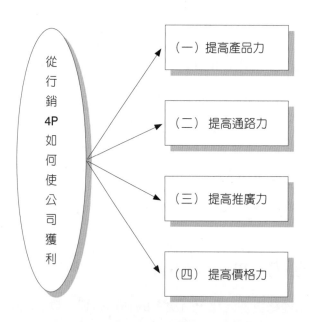

圖 2-5-4　從行銷4P如何使公司獲利

（一）提高產品力

（二）提高通路力

（三）提高推廣力

（四）提高價格力

九　實例

沃爾瑪／大潤發採購利潤試算表（某產品代理公司）

	項目	說明	沃爾瑪（買斷）	大潤發（寄售）
1	零售收入	以5,000盒計×700元售價	$3,500,000	$3,500,000
2	商品成本	40%	1,400,000	1,400,000
3	通路拆分	沃：43%，大：20%	1,505,000	700,000
4	毛利額	（17%）（40%）	595,000	1,400,000
5	宣傳品費	每店5,000元，沃：30家，大：20家	150,000	100,000
6	展銷費用	人員＋物流＋展臺	5,000	650,000
7	本公司損益		$440,000（12.5%）	$650,000（18.5%）

　　上表所示是某產品代理公司計算將一批5,000盒的貨品，同時銷售給兩家零售通路公司後，所預期的利潤。

　　上表是以實務上的倒算法推算而得的。

- ・每盒零售價格：訂為700元。
- ・出貨5,000盒。
- ・零售通路將獲得零售價的43%及20%。
- ・產品成本：是零售價的40%。
- ・另有宣傳品費用及展銷費用。
- ・最後，該代理商預計獲利是：在沃爾瑪賣場可得到44萬元；而在大潤發獲利65萬元。獲利率分別為12.5%及18.5%。

本章習題

1. 試列示損益簡表項目為何？
2. 試詳細分析及如何應用損益簡表之內涵。
3. 何謂「固定成本」？何謂「變動成本」？何謂「總成本」？試說明之。

4.何謂「製造成本」？何謂「管銷費用」？試說明之。

5.何謂「利潤」？並舉一例說明之。

6.試說明在做產品的「成本分析」時，應考慮哪些因素？

7.何謂「規模經濟」？何謂「學習效果」？試說明之。

8.試圖示製造業廠商降低成本之方向為何？

9.試圖示服務業業者降低成本之方向為何？

10.試說明何謂BU制的損益表？

11.試說明公司如何提高營業收入？

12.試圖示公司如何轉虧為盈或賺取更多利潤？

6 定價決策管理應注意之要項與面對降價戰爭之決策

一 定價決策管理實務上應注意要項

（一）價格與價值決策的2種不同思維

「價格決定」與「價值決定」是2種完全不同的決策思維。如下圖所示：

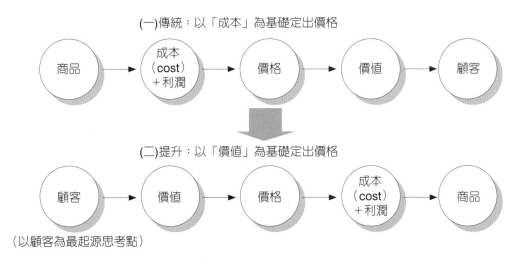

(一)傳統：以「成本」為基礎定出價格

商品 → 成本（cost）＋利潤 → 價格 → 價值 → 顧客

(二)提升：以「價值」為基礎定出價格

顧客 → 價值 → 價格 → 成本（cost）＋利潤 → 商品

（以顧客為最起源思考點）

圖 2-6-1　價格與價值2種不同思維定價決策

1.以傳統的思維及做法為處理

傳統做法就是以製造成本或進貨成本為基準，然後加上一個利潤率的成數，例如：你想賺3成、4成或5成，甚或1倍等，然後形成最後賣出的價格，提供給你

的顧客。

2.改變傳統的思維及做法

先鎖定您所想要的目標顧客群，然後確定他們所想要的價值點所在與需求滿足點所在，儘可能的提供更多、更好、更完整、更創新、更意想不到、更令他們感動的有價值的東西或感覺、感受。然後，此種價值比較無法用成本數據為表達基礎，反而用更高的價格去代表此產品的價值，最後再賣給目標顧客。

3.小結

(1)總之，傳統上以「商品」為出發點，大家都做類似性、競爭性、模仿性的商品，最後很可能變成價格競爭，而獲取微薄的利潤而已。第二種則以思考到如何為目標顧客創造出更差異化與更獨特化的真正價值感，而可以訂定更高的價格，然後不必陷入低價格競爭，而獲取較佳的利潤率。

(2)就實務操作來說，這二種思維及做法均有，中小企業資源較少，都以第一種方式為主，比較難做到第二種做法。而大企業則資源多、人才多，比較容易做到。但大致來說，這二種的混合式做法是較實際的與常見的。

（二）定價目標何在及其影響因素

公司高階管理者必須在做出最後的定價之前，想清楚定價的目標到底為了什麼？哪些是最優先目標？哪些是次優先目標？這些都必須徹底分析清楚、想清楚才可以。一般而言，在企業實務上，公司高階管理者所想到的這個目標，大致包括了下面這些：

1.希望提升或穩固「市場占有率」（市占率）。

2.希望提升或穩固市場「品牌地位」或排名。

3.希望達成公司交代的營業量、營收額為獲利額目標。

4.希望能符合本公司一貫的定位及形象的一致化。

5.希望能配合公司正在執行的行銷策略與行銷政策原則。

6.希望能夠有效攻擊主力競爭對手。

7. 希望能夠吸引不同的目標客層。

8. 希望能夠造成一炮而紅，形成話題。

9. 希望能提早回收當初高昂的R&D研發費用。

10. 希望能明確公司與品牌的最佳定位呈現。

當然，以上十點不可能都會同時達成，也不可能都是公司的定價目標，可能只是裡面的幾個項目而已。

因此，定價目標到底何在，這又要看下列幾個條件的狀況而定：

1. 各公司當前的內部情境因素會有所不同。

2. 各公司的高階經營者或業務最高主管的個人想法、理念及偏好會有所不同。

3. 各公司的發展與成長的階段性可能也不同，因此目標也就不同。

4. 最後，各公司、各行業所面臨的外部環境狀況可能也不同。

（三）「誰負責」最後定價及定價流程

依照企業實務操作，一個新產品或革新改良後的產品，到底誰負責最後定價呢？

基本上，應該有如下幾個實務步驟：

1. 產品定價對大部分公司而言，當然是營業部門、業務部門或事業部門及其最高主管要做的第一步：價格訂定與建議幾種價格。

2. 然後，再呈給公司最高主管，例如：總經理或董事長拍板敲定，即做最後定案。

3. 但是，營業部門在提出或訂定產品的最後價格方案時，他們必然要會同幾個部門主管及人員共同開會討論。包括：財務部門、會計部門、工廠部門及行銷企劃部門或經營企劃部門等部門。主要是要集思廣益及了解製造成本、確保毛利率水準、了解行銷推廣宣傳費用、主力競爭者對手的產品定價、消費者可接受的價格帶、品牌定位及其他諸多因素等。

透過多次的討論會議，加上營業部多年的銷售實戰經驗與通路商的看法，營業部門最後自然要決定一個或二個價格方案，上呈給老闆做最後裁定。

因此，總結來說，誰負責最後定價？最重要有兩個人：

一是營業部最高主管。例如：業務部副總經理；

二是老闆（董事長）及專業聘任的CEO（執行長）或總經理等最高階主管。

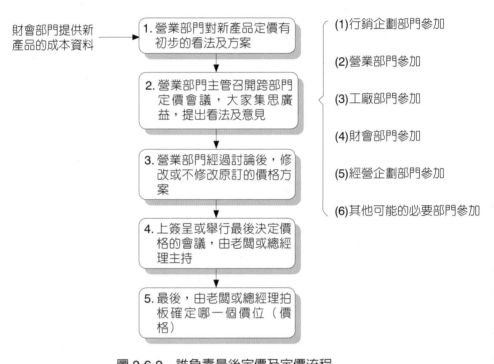

圖 2-6-2　誰負責最後定價及定價流程

（四）定價應注意的4項錯誤

有智慧的企業定價決策者，在定價決策上，應避免下列常見的錯誤：

1.定價，是行銷4P組合的一環，不應把它們切開來看待

此意係指定價決策切勿被單獨切割而獨立來看待。例如：企業界是不輕易將價格主動拉低的，而寧願改用促銷活動、副品牌方式或服務方式替代之。故在思考定價決策時，要同時思考到產品決策、推廣決策及通路決策，是否應有配套、

一致化、互補式或替代式的關聯性做法及改變存在。

2.定價，不能是永遠一成不變的，應具有彈性

定價，當然不是固定化的，它是一項有利用價值行銷組合工具，它當然要視整個市場環境變化競爭對手出招的狀況，而做機動性的彈性應變。

例如：當原物料都在漲價時，廠商的定價當然也要跟著調漲，否則就會虧錢或傷害到利潤率的達成。當大家都在降價時，廠商也不可能自己一個人支撐不降價，這必然會引起其他不利的傷害點。

有智慧的彈性及應變，是定價決策上的考驗與思維。

3.不要忽略或看錯市場本質

企業定價決策者或業務部主管應精準的抓對、明確的看準或真實洞察到這個產品市場的本質與趨勢為何，不能透澈看清本質或忽略本質、趨勢的變化，將會影響到定價決策，進而影響到企業營運的損益狀況及其他相關事宜。例如：液晶電視市場的本質為何、市場的本質為何、數位相機市場的本質為何、便利商店市場本質為何等均是。

4.注意成本的有效控制或降低

定價與成本息息相關，定價是否有競爭力，其實也是本公司的成本是否有競爭力。因此，企業定價決策者應努力做好及專注在產品製造成本上的控制或降低。

唯有成本得到有利的持續性降低，定價才會更有彈性應變與變成攻擊或防禦的行銷武器。

（五）行銷致勝策略，不能單獨抽離「價格策略」來看待

做過行銷實踐的人都知道，一個製造業產品或一個服務業產品的成功、擊敗對手或取得第一品牌，不是沒有原因的。它的成功，一定是行銷4P組合完整與配套的整合操作，才會達成目標。抽離任何一個P，說它是行銷致勝的唯一原因，是

不對的，也是不可能的。因此，對本課題的根本看待，亦應抱持如此的概念才行。換言之，定價策略與定價管理固然重要，但是它只是行銷4P組合配套操作的一環，它必須與其他3P「共同合作、配合及機動運作」，才能發揮價格的功能。

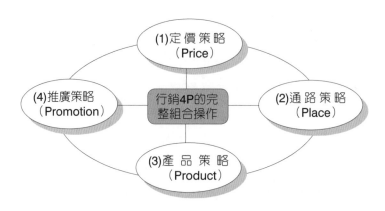

圖 2-6-3　行銷4P的完整組合操作

舉例來說：

1. 85度C咖啡連鎖店雖然採取平價位策略，而與星巴克咖啡有所區隔。但是85度C的咖啡、蛋糕及麵包的現煮、現做品質及好吃的水準，並不會比星巴克差到哪裡，甚至有些產品還更好吃。此即表示不管定價高、中或低價位策略，若產品力不強，訂定什麼價格策略也沒有用。

2. 再以全聯福利中心來說，其乾貨產品類別或項目或內容，均與家樂福、大潤發一樣，但其價位就比這二家至少低5%～15%之多。因此，全聯超市這幾年崛起快速，口碑良好，因為真正最低價的，不是在大賣場，而是在全聯福利中心。故其產品策略與定價策略配合良好，再加上其近1,009家店面（2020.9），亦非常便利。

（六）影響價格改變或須調整的時機點

　　廠商的價格或定價，其實也不是一成不變的，有時候它也會做一些臨時性的調整或長期性的調整。而這些當然是面臨著各種時間點必要的、主動性或被迫性而調整及改變價格的。所以，影響價格改變或須調整的時機點，大致如下幾項狀

況：

1.配合通路商做促銷活動

廠商配合強勢大型連鎖活動的週年慶或主題性促銷活動的時候，價格自然要向下調降。

2.廠商自己做促銷活動

廠商自己在每年度的旺季或淡季時，也會舉辦各種促銷活動，以提升業績。例如：在抽獎活動或折扣戰活動。

3.廠商面臨景氣低迷時

廠商面臨市場景氣非常低迷或消費者消費心態保守時，而使原訂業績目標與實際數據差距太遠，此時，如果仍然堅守原有價位，而不願做部分降價或促銷活動時，則可能結果會很慘。故最後被迫要做一些價格的調整。

4.新產品上市滯銷時

廠商面臨新產品一上市就滯銷時，就可能要調整它的商品策略及價格策略了。反之，如果很暢銷時，也有可能會向上調高售價，以多賺些錢。

5.產品面臨成熟飽和或衰退期

廠商既有的產品可能面臨產業的高度成熟飽和期，甚至是衰退期。此時，廠商必然要向下調降價位，此亦是不得已的事。

6.產品不斷推陳出新

另外，有些高科技新品推陳出新速度非常快；相對的，其價位或價格也經常性的在調整中。

7.面臨低價競爭

廠商經常面臨的最大困擾就是競爭者的低價格戰威脅與攻擊，此時，究竟應如何做價格策略回應，亦是重點。

8.面臨原物料上漲時

很多民生消費品，由於受到原物料上漲的影響，也經常被迫調漲價格。例如：麵包、蛋糕、泡麵、奶粉、餅乾、速食餐等均是。

9.面臨產品重定位時

當廠商要對產品或品牌做「重定位」策略需求時，亦常會對重定位之後的產品有不同的定價策略來相對應。

10.面臨品牌老化時

當廠商的品牌老化，而展開「品牌年輕化」工程時，也常會對價位做一些不同的調整及改變。

11.面臨產品組合與產品線定價時

最後，當廠商面對愈來愈多產品線或更多的產品組合狀況時，其產品線的產品組合定價策略，可能也要做通盤的總檢討及改變。

二 降價戰爭之決策

（一）廠商發動降價戰之原因

市場上常見競爭廠商發動降價戰。例如：國內的固網電信、行動電話、百貨公司、大賣場、寬頻上網、家電公司、資訊公司等常引起殺價競爭。其主要原因包括：

1.第一品牌廠商力保第一名市占率，並拉大與第二名之距離。

2.第二或第三品牌廠商為力爭市占率向上提升，進逼第一品牌。

3.因應景氣低迷，透過降價，以刺激消費者消費購買欲望。

4.為解決產能過剩，以降價促銷。

5.在新市場中，搶奪客戶為第一要務，不計損益如何，先擁有客戶為重。例如：固網電信公司就以低價爭奪中華電信公司的客戶。

6.以降價嚇阻新進入者，形成進入障礙，逼迫退出。

（二）應付競爭對手降價之可行對策（Competing the Price-Down）

當市場的競爭者以相當之產品品質及較低價格，向市場領導廠商進行攻擊時，有可能會使市場領導者失去一部分的市場占有率。此刻，市場領導者可採取之對策有幾種：

1.維持價格對策（Price Maintenance）

亦即不管對手如何低價競爭，本身之價格仍未變動，採取此對策之理由為：

(1)領導者相信市場占有率不會損失太多，不值得顧慮。

(2)若將產品降價，有損品牌形象，以後價格很難再調回。

(3)產品降價所多出之銷售量利潤，不會比失去的利潤還多。

(4)目標市場及產品定位仍有些許差異。

(5)即使短期失去一些市場占有率，仍會在長期間回復。

(6)先採穩紮穩打策略，靜觀一段時間後，再下決策可能較客觀，或是採用贈品、抽獎方式取代降價。

(7)採用另一個副品牌以低價應付對手的降價戰，但主品牌仍不降價。

2.緊跟減價對策（Price-Down）

此係市場領導者在綜觀全局之後，認為不採取減價對策將會喪失很大的既有市場占有率，因此相繼降低，以茲互相對抗。

採取減價對策之理由如下：

(1)若不降價，將必然喪失不小的市場占有率。

(2)市場占有率一旦失去，將很難再奪回。

(3)過去的利潤偏高，即使降價，其每單位利潤仍還算合理。

(4)減價後可望會增加銷售量，所增加之利潤也許能夠彌補單位利潤之減少。

(5)此產品已過銷售高峰期，公司之投資也已大部分收回，故可適度降價，以應付衰退期之到來。

(6)未來有計畫的推出另一相似功能，以外型改變的同類產品線產品取代現有產品，故可對現有產品降價。

3. 漲價並反擊對策（Price Increase with Product Counter Attack）

市場領導公司非但不跟隨降價，還能微幅提高價格。採取漲價反擊之對策，主要的理由有：

(1)將漲價部分之收入，用於廣告活動上，創造更大聲勢。

(2)設計稍高層級之產品，全力反擊。

(3)希望藉此鞏固目標市場的市場區隔，至於一小部分流失者，並非目標客戶，故不在意。

(4)公司堅信，高級品牌只有靠高價位維持生命。

4. 如何因應競爭對手降價的5大策略做法

對策1：推出副品牌或另一個產品系列，同樣以低價因應！

　　　　例如：三星手機推出Galaxy A系列，以因應大陸小米機低價策略！

對策2：迫不得已也必須以原品牌同樣降價因應，否則市占率會被奪占。

對策3：改用不定期推出促銷活動以因應之。

對策4：加強服務等級提升，用服務策略應對降價戰！

對策5：從研發上著手，更新產品，強化功能，提高原產品附加價值，用提高產品等級來因應。

　　　　例如：iPhone 1至iPhone 12、Galaxy Note 1至Note 20

5.對策應考慮之因素

市場領導者在面對第二位或第三位市場競爭者之降價攻擊時，並沒有一套制式化的因應對策，端視以下幾種因素之程度而做適宜之策略：

(1)此產品處在何種產品生命週期？是在成熟期或是成長期，其所採之對策是不同的。

(2)此產品在公司產品結構中，處於何種地位？是主力產品、夕陽產品或附屬產品？

(3)競爭者採取低價攻擊之意圖為何？支持的資源又為何？是長期性或短期性的？

(4)市場（消費者）對價格的敏感性程度如何？

(5)價格變動對公司形象、品牌形象之影響為何？

(6)價格縱使跟著下降，就能維持以往之總利潤額嗎？

(7)公司有無比降價更好的策略或機會來取代降價措施？或是出現另外一套行銷策略而以降價為過渡階段之短暫性做法？

(8)競爭者降價之幅度大小如何？

(9)消費者對競爭者之反應狀況如何？此可從通路成員中獲取訊息。

(10)同業及公司銷售通路之成員的反應如何？

(11)公司對降價戰的長期策略觀察與分析如何？

（三）調整價格之考慮因素（The Factors Affect Price-Adjusting）

總結來看，廠商對於一項產品的定價，經常會在某一個階段做價格調整，以適應市場實況。就實務觀點來分析，很少有一種產品的定價是一開始上市到最終之衰退期都沒有做調整。

廠商調整價格時，常須考慮以下幾項因素：

1.競爭的狀況

市場的競爭可說是廠商價格調整的首要因素；如果是獨占或寡占市場，廠商

自然不須向下調整價格，且能獨享超額利潤。然而，實際情形卻是市場是相當競爭的；競爭的結果，必然會演變成價格戰。以家電來看，就是競爭激烈的市場，電視機、錄放影機、手機、冷氣機等家電產品的價格不斷在下滑，就是最好的例子。

2.市場需求的狀況

如果消費者對某項產品有很大需求，而廠商又供不應求時，價格自然會上升。相反來看，市場需求呈現衰退，而供給卻不斷增加，則價格自然會下降。

3.產品成本的狀況

產品的製造成本或配銷成本，有時也會產生增減情形，而這也連帶影響到產品的價格。例如：廠商會因為減少配銷的階層，而使配銷費用降低，成本也跟著下降，此時價格就有調整的空間，以回饋顧客。

4.產品的生命週期階段

當產品在經過成長期及成熟階段，為公司賺進可觀利潤之後，現在步入了成熟期尾期與衰退期，可因任務達成而降低價格，維持其殘存生命。

（四）價格競爭與非價格競爭（Price and Non-Price Competition）

1.價格競爭（Price-Competition）

⑴意義

所謂價格競爭，係指廠商以削減價格作為唯一的市場競爭手段，圖求擴大銷售量，攻占市場占有率。

⑵缺點

①若同業均採同樣手段，則演成殺價戰，終致兩敗俱傷。

②價格下滑，常會引起產品品質與服務水準之下降。

③價格競爭對資本財力雄厚之大廠影響很小，但對小廠商則終將難以為

繼。

(3)優點

①價格競爭後，若仍能因銷量增加，而使其盈利不受影響，則不失有效的行銷手段之一。例如：手機電話費下降後，打電話數量反而增加。

②當產品或市場特性是反映在價格競爭上時，則此乃必然之手段。

2.非價格競爭（Non-Price-Competition）

(1)意義

所謂非價格競爭，係指廠商不做價格上削減，而另以促銷增加頻率、服務升級、廣告加大、媒體報導、人員銷售增強、產品改善、通路改善等手段，期使擴大銷售量、強化市場占有率。

(2)優點

除可避免價格競爭之缺點，其最大優點是能以全面性的努力來追求銷售的績效，而非偏重某一方面。

(3)缺失

當產品或市場特性屬於價格競爭時，若不配合因應，會喪失不少市場。

（五）面對降價競爭之3步驟

在《經理人月刊》雜誌上，由郭君仲先生撰寫的一篇〈競爭者降價，怎麼辦？〉他提出3個步驟的因應對策，頗有見地，茲摘述如下：

1.分析競爭者降價的原因

當競爭者掀起價格戰之後，企業首先要做的事情，就是設法了解競爭者降價背後的原因，作為是否回應的評估依據。

一般來講，企業降價的原因可能有下列幾種：

(1)換取現金：企業可能需要現金周轉，因此透過降價刺激消費，以在短時間內取得現金。

(2)提振銷售：企業可能產能過剩，需要透過降價以增加銷售量。

(3)維護市場：透過降價以增加市場占有率、鞏固市場地位。

(4)打擊對手：透過降價迫使較小的廠商退出市場。

(5)其他策略性目的：例如：配合政府政策、回饋社會等等。

2.分析競爭者降價的影響

接下來，企業需要了解競爭者降價之後，對消費者和市場會帶來哪些影響和衝擊？因此，企業得釐清下列的問題：

(1)競爭者在哪些市場降價？降價幅度為何？投入多少資源？

(2)競爭者的降價是暫時的或是長期的做法？

(3)競爭者降價後，顧客和營業額的變動狀況為何？吸引了哪些顧客？

(4)對通路或其他廠商會有哪些影響？

3.決定因應的策略，採取行動

最後，企業須針對受影響的程度，以及回應之後可能的後果，加以綜合研判，以決定因應的行動。企業可以透過下列的程序來做判斷：

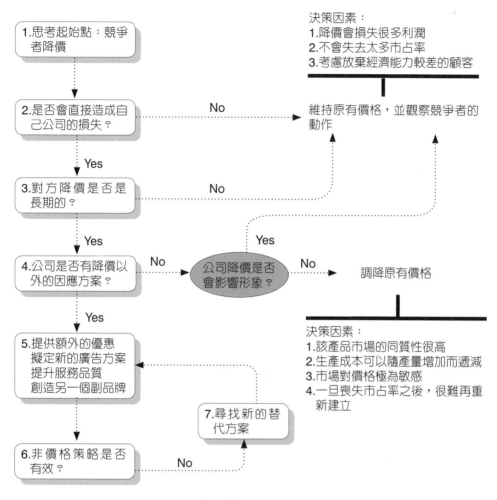

圖 2-6-4 面對降價競爭之分析對策步驟

（六）多元化價格策略並行——高價、中價、低價三路並進

例如：hTC手機

```
┌─────────────────┐
│ 1.較高價         │
│ hTC One系列      │
└─────────────────┘
        ↓
    ┌─────────────────┐
    │ 2.中等價         │
    │ hTC Desire      │
    └─────────────────┘
            ↓
        ┌─────────────────┐
        │ 3.較低價         │
        │ hTC RM          │
        └─────────────────┘
```

例如：TOYOTA汽車

```
┌─────────────────┐
│ 1.Lexus          │
│ 較高價車種        │
└─────────────────┘
        ↓
    ┌─────────────────┐
    │ 2.Camry、Wish    │
    │ 中等價位車種      │
    └─────────────────┘
            ↓
        ┌─────────────────┐
        │ 3.Yaris、Vios、  │
        │ Altis較低價      │
        └─────────────────┘
```

例如：晶華飯店

```
┌──────────────────────────┐
│ 1.臺北晶華酒店／蘭城精英     │
│ （較高價）／（商務客）       │
└──────────────────────────┘
            ↓
        ┌──────────────────────────┐
        │ 2.捷絲旅旅客               │
        │ （平價位、背包客、自助旅行） │
        └──────────────────────────┘
```

例如：王品餐飲集團

```
┌──────────────────────────┐
│ 1.高價位：王品牛排、夏慕尼   │
│ （1,200～1,500元）          │
└──────────────────────────┘
            ↓
        ┌──────────────────────────┐
        │ 2.中價位：陶板屋、西堤      │
        │ （500～600元）             │
        └──────────────────────────┘
                    ↓
            ┌──────────────────────────┐
            │ 3.低價位：石二鍋、ita、    │
            │ hot 7……（200～300元）     │
            └──────────────────────────┘
```

三　避免發動價格戰

　　「價格戰」（price-war）是破壞整個產業長期獲利最有效的手段之一。因此，聰明的產業或有合作默契的產業，都會避免主動發動低價格戰，而自我毀滅

深陷其中。

例如：多年前，康師傅速食麵引進臺灣之初時，曾拋出每包15元的超低價，意圖爭得國內泡麵市場的市占率。當時，掀起一陣低價競爭的氣氛，尤其統一企業、味丹企業等大廠部戰戰競競。但經過一年後，康師傅也經不起虧損，而把價格調高到一般的30元市場行情價格，結束低價格戰。總之，不管是那一家發動低價格戰，都是非常不智的，因為自己會受害，整個產業長期也會受害，是不智之舉。

四 產能過剩的挑戰

定價在當今世界面臨最大的挑戰，即是「產能過剩」！

（一）產能過剩的3個不利點

產能過剩會有三個不利影響：

1.是價格會下跌、下滑。

2.是營收、業績會衰退。

3.是獲利會減少，甚至虧錢。

例如：有些鋼鐵業、煤炭業、石油業、面板業……等都曾出現過產能過剩，而使同業過著慘淡的日子。

（二）如何解決產能過剩

解決產能過剩，只有唯一的方法，那就是：每一家競爭者大家協議好一致性的「減產」！透過產量的減少，即供應量減少，就會使價格回升到比較好的水準，而使各公司不致於虧錢。

本章習題

1. 試圖示價格與價值決定的2種不同思維步驟有何差別？

2. 試列示在實務上，企業定價的目標有哪些？其又受到哪些因素影響？

3. 試說明實務上誰負責最後的定價及其定價流程為何？

4. 試說明定價應注意的4項錯誤為何？

5. 試說明為何對於行銷致勝策略不能單獨抽離「價格策略」來看待？

6. 試說明影響價格改變或調整的時機點有哪些？

7. 試分析廠商發動降價戰之原因為何？

8. 試分析廠商應付競爭對手降價之可行對策有哪些？

9. 試列示廠商在對應競爭對手降價攻擊的因應對策上，有哪些應考量之因素？

10. 試說明廠商對調整價格策略之4個考量因素內涵為何？

11. 試說明何謂「價格競爭」？何謂「非價格競爭」？

12. 試說明「價格競爭」之優缺點為何？

13. 試說明「非價格競爭」之優缺點為何？

14. 試列示廠商面對降價競爭時，因應之3步驟邏輯為何？

PART

3

4種導向定價法

一 成本導向定價法
（Cost-Orientation Pricing Method）

（一）成本加成方法（或稱Mark-Up Method；Cost-Plus Method）的2種意涵

1.成本加成率（從成本為出發點的加成利潤）

　　所謂「成本加成法」（Cost-Plus Method），係指在成本之外，再以某個成數百分比為其利潤，此即成本加成法。例如：以某牌50吋液晶電視為例，若其成本為10,000元，給經銷店進價為15,000元；則其加成數5成（50%），利潤額為5,000元。採用此法之理由為：

　　⑴簡單易行。

　　⑵對利潤率及利潤額之掌握較為清晰明確。

　　這個方法是到目前被使用最廣泛與最普及的方式。

2.毛利率（從售價為出發點的毛利利潤）

　　例如某奶粉零售價為400元，該零售商希望有30%的利潤，那麼就有120元利潤，亦即，每賣出一罐奶粉就有120元毛利利潤可賺。

（二）成本加成法例舉

——從成本加成觀點：

茲以一瓶飲料為例，說明成本加成法的定價應用過程，如下：

一瓶飲料（如：茶裏王）（假設性）。

1. 假設一瓶茶裏王飲料的製造成本，包括原物料、水、糖、包材、人工及製造費用等合計，一瓶的製造成本，平均為10元。

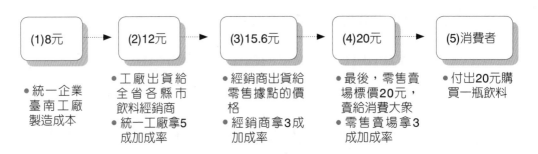

2. 然後由統一企業工廠出貨給全國各縣市的經銷商，而統一企業預計拿5成的加成率，因此，每一瓶賺取4元的加成額，如果每月出貨給相關縣市經銷商100萬瓶，即賺400萬元加成額。

3. 然後經銷商再出貨到各零售據點，假設經銷商想賺3成加成率，則他每出貨一瓶飲料，即賺取3.6元的加成額。

4. 最後，各零售點。例如：便利商店、大賣場、超市、雜貨店等，賣出給消費者，他也想賺3成加成率，結果最後此飲料在架位上的定價為20元。零售店每賣一瓶飲料即賺4.4元加成額。

5. 總結來說，從工廠的8元到零售據點的20元的售價，大約是2～3倍的價錢。其實，在很多的狀況下，2倍、3倍都是常見到的層層通路商過程中，每一層通路商都要抽取一手的加成率。因此，通路階層愈多，到最後零售店的零售價格就愈高，可能是2倍、3倍，甚至4倍之高。尤其是外銷工廠，出貨賣到美國市場，通常假設臺灣出貨是100美元／件，但到美國零售市場的最終零售價就高達至少300美元／件以上的3倍之高了。

（三）加成比例應該多少才合理

那麼加成比例應該多少才合理？實務上，並沒有一個固定或標準的加成率，而是要看產業別、行業別、公司別而有不同。

1. 一般來說，比較常態的加成比例，實務上大致在5成～7成之間是合理且常見的。

2. 但是：

(1)像化妝保養品、健康食品、國外名牌精品或創新性剛上市新產品的加成率，則可能超過8成以上，也是常有的。

(2)另外，像資訊電腦外銷工廠的毛利率，由於它的出口金額很大，故加成率會較低，大約在20%～30%之間，競爭很激烈。

(3)再者，像一般街上飲食店面，其加成率也會在100%以上。例如：一碗牛肉麵的加成率就會在100%以上，至少要賺一倍以上。例如：一碗成本50元，但卻賣100元。

（四）加成率與毛利率之間的換算

1.成本加成法：5成～7成

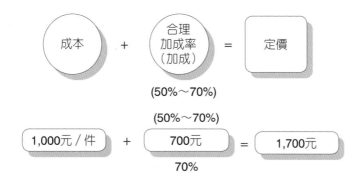

2.加成比例應該多少才合理

‧ 一般合理的標準：50%～70%

‧ 名牌精品／保健食品／特牌產品：70%～150%

‧ 不過，高度競爭性產品：加成率可能只在30%～50%之間！

3.加成率5成～7成，相當於毛利率3成～4成之間

(1)成本加成率（是從成本端來看的加成利潤額）

假設

成本：1,000元／一件

加成：700元（70%）

價格：1,700元

(2)毛利率（是從售價端來看的毛利額）

營業收入1,700元／1件
－營業成本1,000元
營業毛利700元

所以，毛利率 $\dfrac{700元}{1,700元} = 41\%$

4.歐洲名牌精品：加成率可能達150%，或是毛利率可能達60%

成本：10,000元／一件

加成：15,000元（150%）

價格：25,000元

營業收入25,000元／1件
－營業成本10,000元
營業毛利15,000元

所以，毛利率 $\dfrac{15,000元}{25,000元} = 60\%$

（五）出廠成本到最後零售端價格的變化（成本加成率法）

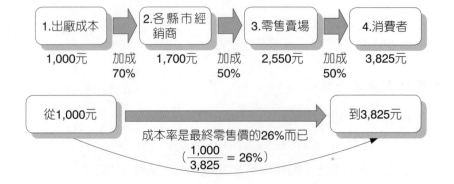

（六）舉例：出廠成本到最終零售端售價是3～4倍之多

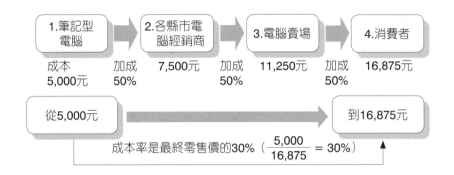

（七）舉例：臺灣工廠外銷到美國市場——從成本到最終零售端售價會漲到4～5倍之多

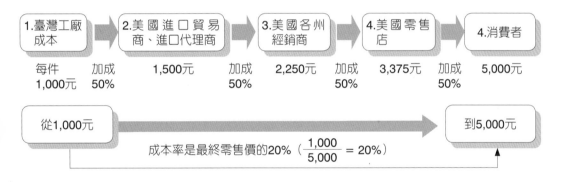

（八）縮短中間通路商（去中間化）

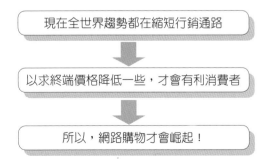

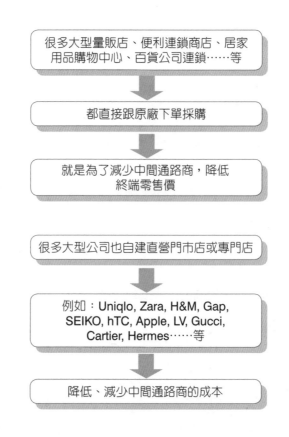

（九）加成比例或毛利額的用途

毛利額或加成比例主要是用來扣除管銷費用。公司產品的售價在扣除產品的成本之後，即為營業毛利額，然後再扣除營業費用後，才為營業損益額（賺錢或虧錢）。

例如：桃園工廠生產一瓶鮮乳飲料，若售價扣除這瓶飲料的製造成本，即成營業毛利，然後，再扣除臺北總公司及全國分公司的管銷費用之後，即成為營業獲利或營業虧損。

因此，加成率若低於一定應有比例，則顯示公司定價可能偏低，而使公司無法涵蓋（Cover）管銷費用，故而產生虧損。當然，毛利率若訂太高，售價也跟著升高，則可能會面臨市場競爭力或價格競爭力不足的不利點。

因此，加成率通常都會在一個合理的比例區間，既不能太高，也不能太低。毛利率應該會受到市場競爭的自然制約，以及這個行業的自然規範。

（十）毛利率與價格的互動關係

毛利率與價格二者間是彼此正向互動的。

毛利率上升，即代表價格上升；毛利率下降，即代表價格下降。反之，如果，公司價格下降（降價出售），代表產品的毛利率也會下降（減少），公司價格上升（提高售價），也代表產品的毛利率跟著上升了。

當然，毛利率上升，價格上升，但獲利卻不一定上升，有時候有可能會使銷售量減少，而使獲利下降。

（十一）成本加成法或成本＋毛利額的優點

成本加成法或成本＋毛利是目前企業實務界最常見的定價方法，它主要的優點或好處如下：

1. 此法簡單、易懂、容易操作。
2. 此法符合財務會計損益表的制式規範，容易分析及思考因應對策。
3. 此法在業界使用的共通性較高，具有共識化及標準化。

（十二）小結

成本加成法有2個方法，一是成本＋加成額＝價格；二是成本＋毛利額＝價格。二種方式都有人用，也都是一樣的；只是從成本前端看，或是從售價後端看。

（十三）成本加成法案例（加成率方法）

1.飲料

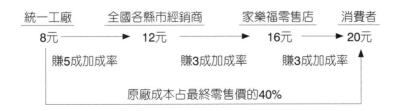

2.書籍

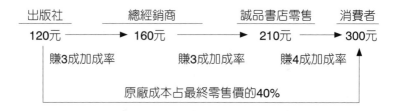

3.小筆電（小型筆記型電腦）

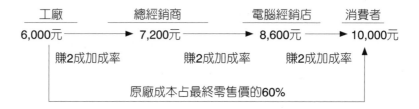

4.化妝保養品

5.服飾

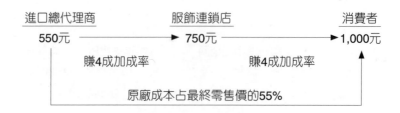

(十四)「成本＋毛利法」案例1（從售價端看）

泡麵

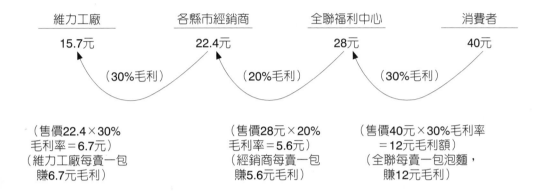

〈小結〉

⑴維力工廠的一包泡麵工廠成本為15.7元。

⑵維力賣一包22.4元給經銷商，維力可賺6.7元毛利。

⑶經銷商賣一包28元給全聯超市，每包可賺5.6元毛利。

⑷全聯賣一包40元給消費者，全聯每包可賺12元毛利。

⑸消費者最終買一包泡麵要40元。

⑹假設維力工廠每年賣1,000萬包泡麵，乘上6.7元毛利，則每年總計賺6,700萬元毛利，再除以一年管銷費用為3,700萬元，則維力一年可賺3,000萬元淨利！

（十四之1）「成本＋毛利法」案例2（從售價端看）

洗髮精

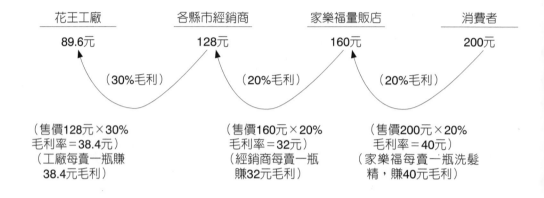

花王工廠	各縣市經銷商	家樂福量販店	消費者
89.6元	128元	160元	200元

（30%毛利）　　　（20%毛利）　　　（20%毛利）

（售價128元×30%
毛利率＝38.4元）
（工廠每賣一瓶賺
38.4元毛利）

（售價160元×20%
毛利率＝32元）
（經銷商每賣一瓶
賺32元毛利）

（售價200元×20%
毛利率＝40元）
（家樂福每賣一瓶洗髮
精，賺40元毛利）

〈小結〉

⑴花王工廠一瓶洗髮精工廠成本為89.6元。

⑵花王每賣一瓶128元給經銷商，花王可賺38.4元毛利額，此時毛利率為30%。

⑶經銷商每賣一瓶160元洗髮精給家樂福，經銷商可賺32元毛利額，此時毛利率為20%。

⑷家樂福每賣一瓶200元洗髮精給消費者，家樂福可賺40元毛利額，此時毛利率為20%。

⑸假設花王每年可賣1,000萬瓶洗髮精，乘上38.4元毛利，則一年可賺3.84億毛利額，再扣掉花王一年管銷費用2.84億，則花王一年可淨賺1億元淨利額！

（十五）實務上，產品成本、進貨折數與零售價關係（成本＋毛利額＝價格）

在企業實務上，內銷廠商的價格操作，通常是如下作業的：

（例1）甲出版社現在出一本書，它的製作成本是200元，預計該書定價是400元。而銷售公司的誠品連鎖書店，向出版社要求按定價的6成進貨，即400元×60%=240元為進貨成本；而此時甲出版社每一本書只賺40元（即240元－200元=40元），毛利率為2成（即40元÷200元=20%）。

故此處：

· 進貨折數：為6成

· 零售價：為400元

· 產品成本：為200元

· 出版社毛利：為40元（20%）

· 連鎖書店毛利：為160元（40%）

連鎖書店淨毛利：40%－會員卡打九折（10%）=30%（即120元）

（例2）某進口商進口某種健康食品，它的進貨成本為450元一瓶，預計在零售店的零售價為1,500元。

此時，各通路過程的進貨折數及毛利額，如下：

（一） 進口商（總代理商）	（二） 地區經銷商	（三） 零售店進貨折數	（四） 零售價格
進貨成本450元 ◀——	售價5折進貨：750元 ◀——	售價8折進貨：1,200元 ◀——	1,500元

· 每賣一瓶賺
750元－450元=300元

· 毛利率：$\frac{300元}{1,500元}$ = 1/5
　　　　　　　 = 20%
　　　　　　　 = 2成

（進口商賺
20%毛利率）

· 每賣一瓶賺
1,200元－750元=450元

· 毛利率：$\frac{450元}{1,500元}$ = 35%
　　　　　　　 = 3成5

（經銷商賺
35%毛利率）

· 每賣一瓶獲得毛利：
300元（1,500元－1,200元）

· 毛利率：$\frac{300元}{1,500元}$ = 20%
　　　　　　　 = 2成

（零售店賺
20%成毛利率）

（說明1）對進口商而言，該公司要算一下，每一瓶賺2成，毛利額300元，是否夠？如果2成毛利率偏低些，則該公司就必須提高零售價格，或是要求經銷商的5折進貨太低了，改為6折進貨，提高1成的毛利率。只有這兩種方法，才能使進口商所賺的毛利額足以涵蓋該公司的管銷費用，而最終獲利賺錢。

（說明2）從這裡可以看出來，最終的零售價格1,500元，是當初進貨成本450元的3.5倍之多了。所以，我們常說，出廠成本或進口成本，到了最末端的零售價

格時，通常是3倍～6倍之間。有些比3.5倍更高，像化妝品、保養品、精品、保健食品，有可能是5倍～8倍之高。

（例3）某國內製造化妝品保養品廠商（例如：資生堂），一瓶乳液的製造成本是200元，預計在百貨公司零售價為1,200元。

此時：

（一） 資生堂公司	（二） 百貨公司進貨折數	（三） 零售價格
製造成本200元 ◄──	6折進貨專櫃：720元 ◄──	1,200元

·每賣一瓶賺：
720元－200元=520元
·毛利率：$\frac{520元}{1,200元}$ = 43%

·每賣一瓶百貨公司賺480元
·毛利率：$\frac{480元}{1,200元}$ = 40%

（十六）「損益兩平點」定價法（Break-Even Point, B. E. P）

所謂損益兩平點，係指某一種產品或店面的銷售量（或銷售額），公司是處於既不賺錢也不賠錢的情況。如果當公司想要賺取一定數額之利潤時，則該公司必須調整多少價格或達到多少銷售量才能實現。因此，利潤目標定下之後，價格即可以求算出。以損益兩平點公式來看：

1. B. E. P = $\dfrac{F}{1-\dfrac{V}{S}}$

（F：固定成本；S：售價；V：變動成本；B. E. P：在不賺不賠下之銷售額）

2. B. E. P = $\dfrac{F+P}{1-\dfrac{V}{S}}$

（P：預期利潤額；B. E. P：在賺得P利潤之下的應有銷售額）

3.圖示：

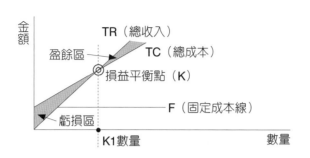

圖 3-7-1　損益兩平點圖示

4.實務上說法：

　　一個公司或一個新產品或一個新開店面，都會有損益兩平點的要求，此即至少要達到不賺但也不賠的狀況下，公司才能撐下去。損益平衡點即指公司這個月的營業收入不但涵蓋變動成本，也還能涵蓋固定成本，故剛好達到損益平衡點，下個月再多加努力，營業額多一些時，即可開始賺錢了。或者簡單說，從損益表上看，只要收入能夠涵蓋成本＋費用，就能損益平衡！舉例來說，一家泡麵工廠某個月營業收入為1,000萬元，工廠成本為700萬元，總公司營業費用為3,000萬元，則此時這個月恰好損益平衡，不賺也不賠！

（十七）目標定價法（Target Pricing）

　　此方法較適用於公共事業的定價法。例如：電力公司的電費定價，乃是依據在支出的成本金額中，以及法定應有的投資報酬率（ROI）多少，然後再據以推算出電費的價格（此亦稱投資報酬率定價法）。

　　（註：Return on Investment, ROI：即投資報酬率。）

（十八）小結：成本定價法之優缺點

　　成本定價法之優缺點如下：

1.缺點

　　成本導向定價法，都有一個基本的缺陷，那就是忽略了「市場需求程度」對價格的可能反應。換句話說，僅是從公司的成本結構去定價，而卻漠視了從公司外部的市場與環境實況來衡量、評估消費者可以接受的價格。以這種觀點來看，成本定價法似乎違反了行銷觀念與市場導向。

2.優點

　　成本導向定價法的一個優點，就是站在財務觀點來看，它守住了成本這一關，企業不可能「長期」做虧本的生意，因此，其價格必須大於成本才行，否則，企業寧可裁掉這一個產品線，不要再繼續辛苦產銷下去，從這個觀點看，此法也有助於企業掌握利潤的預估與經營績效之把握。而且，此法簡單易行。

二　需求導向定價法
（Demand Orientation Pricing Method）

（一）市場競爭定價方法（Competition Pricing）

　　此係指某一廠商所選擇之價格，主要依據競爭者產品價格而訂定。大部分廠商還是會看整個市場競爭的狀況後，才會訂定一個價格。

（二）追隨第一品牌定價方法（Follow-the Leader Pricing）

　　此係指追隨市場第一品牌廠商的價格而訂定。

（三）習慣或便利定價方法（Customary or Convenient Pricing）

　　某些產品在相當長時間內維持某一價格，或某一價格可使付款及找零方便等

原因，使得零售廠商或顧客視為當然，故此稱之。例如：報紙10元、飲料25元、御便當70元等。

（四）威望（名牌）定價法（Prestige Pricing）

係指廠商藉由將某一種產品訂定高價，以增強消費者對此品牌及對整條產品線的高品質印象。因此，威望定價法是具有明顯的品質特性及高價位特性。例如：歐美名牌精品及高級轎車等均屬之。

（五）促銷特價品定價法（Loss-Leader Pricing）

係指許多規模頗大的量販店，常常會推出幾種特別低價之產品，出售一段時日，以廣為招徠。由於其具有顧客的引導作用，故稱為促銷特價品定價法。採用此法時，應注意以下幾點：

⑴特價的產品，應是消費者經常使用的產品。

⑵特價品之價格，應真正降價，以取信於消費者。

⑶實施此法之商店應為大規模之零售店，因其貨品種類較多，容易吸引顧客購買特價品以外之產品。

需求導向定價案例

【案例1】馬來西亞的「亞洲航空公司」提供平價航空服務

1.大馬亞航讓人聯想到平價，而且營運績效不錯，已在馬來西亞上市

馬來西亞的亞洲航空公司（AirAsia），2007年的年報總共有140頁厚，其中摻雜了16則廣告，包含了AIG人壽、奇異等公司。

亞航的創辦人費南德斯（Tony Fenandes）2007年6月接受《富比世雜誌》

（*Forbes*）訪問表示，亞航是全世界唯一在年報上刊登廣告的公司，「對別人來說，年報是一項支出，我們卻賺了5萬美元。」

深諳開源節流之道，讓成立6年的亞航不僅挺過了營運初期外界的不看好，還表現得有聲有色。

提到亞航，就讓人聯想到平價。費南德斯在馬來西亞出生，但在英國長大，1980年代曾在英國知名創業家布蘭森的公司擔任會計2年。布蘭森的維京集團旗下，就有主打平價的維京航空。後來費南德斯回到故鄉，創立了亞洲第一家平價航空公司，平均票價只有37美元。

亞航至今累積逾3,000萬人次的旅客，公司股票已在馬來西亞上市，國內市占率超過50%。公司原本只飛短程，2007年也開始進入長程市場。

2.亞航每公里平均成本僅為平價航空始祖美國西南航空的一半

和許多平價航空公司一樣，亞航也儘量壓低營運成本。因此，機上只有一種艙等，不提供免費餐飲，也沒有里程累積優惠。公司甚至砍掉清潔人員編制，改由空服員在乘客下機後，負責清理機艙。

亞航只使用波音公司的一種機型，以降低訓練和維修相關費用，也是亞洲第一家提供網路或手機購票的航空公司。

《富比世雜誌》引用荷蘭銀行的數據指出，亞航每位乘客飛行每公里的平均成本為2美分，約為平價航空始祖美國西南航空的一半。

3.平價是消費者想要的，因為市場在那裡，所以公司才會成功

提供市場想要的產品，現在每個人都能搭飛機。除了節流，亞航也善於開源。亞航機上的行李箱、椅背上的摺疊小桌等，只要是適合的空間，全部都拿來刊登廣告，以增加收入。

費南德斯認為，平價是消費者想要的，因為市場在那裡，所以公司才會成功。2007年8月接受巴黎歐洲工商管理學院（INSEAD）電子報專訪時，他解釋，電視、全球化等都讓世界變得更小，人們有出去看世界的欲望，但不是每個人都負擔得起昂貴的機票，因此平價航空廣受歡迎。他說：「我們提供市場想要的產品。」

費南德斯強調，亞航不是在搶大型航空公司的有錢顧客，而是在做大市場的餅。公司吸引的不是過去搭乘飛機的人，而是原本搭巴士、不在意服務的消費群。亞航打出的口號是：「現在每個人都能搭飛機。」

4.平價航空已占全球航空客運市場的14%；東南亞市場更看好

美國《商業週刊》引用的數據顯示，2006年平價航空已占全球航空客運市場的14%，預計到2010年，平價航空就會占亞洲航空客運市場的2成。

亞航相當看好東南亞市場。費南德斯指出，美國西南航空所在的市場有3.5億人，相較之下，亞航所在的東南亞市場是2、3倍之大。加上這個區域的經濟興起，卻缺乏跨國高速公路與高速鐵路，因此航空市場潛力可觀。事實上，在亞航站穩腳步之後，東南亞各國紛紛跟進，推出平價航空公司。

（資料來源：取材自2007年11月號*EMBA*雜誌；網址為：www.emba.com.tw。）

【案例2】王品餐飲集團「北海道昆布鍋」平價策略奏效

1.平價精緻330元

臺灣進入M型化社會，王品餐飲集團旗下「聚」北海道昆布鍋，採取「M型價位」策略，推出每客330元的精緻昆布鍋套，每客單價降低，引起市場迴響，整體業績比去年同期成長25%。

「聚」北海道昆布鍋原本每客單價約530元，這次推出的330元套餐，希望搶攻中產階級市場。王品集團總經理李森斌表示，推出平價精緻昆布鍋，有助公司營運更彈性，消費者客層也跟著擴大，未來計畫切入百貨商場通路，藉以擴展市場版圖。

2.對付原料上漲，運用期貨採購做法穩定

近來原物料價格高漲，李森斌說：「如果王品集團也跟著漲價，就不配是國內餐飲市場的領導品牌。」王品積極尋找肉品來源，趁市場價格好時，買了不少頂極美國牛肉的期貨，由於採購數量大，應可維持到牛肉價格回穩。

【案例3】日本百元店風潮，從日本吹到臺灣

臺灣彩遊館定價一律為39元，獨樹一格，形成潛力。

1.大創百元商店在日本引起迴響

日本百元店從日用品開始發展，大創百元商店爆紅後，影響到便利商店發展，知名連鎖系統更直接推出百元的便利商店商品，提供鮮食等商品，近來這股風潮更延伸到日本家飾店，百元商店在日本的魅力，吸引的不僅是低收入戶，還有更多的有錢人。這代表兩個意義，其一，若商品沒有強烈特殊性，消費者不會願意花中等價位購買只有一點特色的商品，他們寧願選擇低價但質感不太差的品項，嚴重壓縮中間價位的商品；其二，在日本高齡少子化趨勢下，商品分量減少，十分符合消費者需求，帶動價格跟著下滑。

2.臺灣大創50元，彩遊館39元

反觀臺灣市場，全家便利商店董事長潘進丁認為，百元店依據日本的收入，已是非常便宜的價格，其價格優勢的來源，就是規模連鎖的議價能力，這些臺灣業者尚稱不足；事實上，大創當初來臺發展時，一開始的價格為100元，後來即調降為50元，再至39元，而彩遊館的定價為39元，業者也感受到市場反應未如原本理想，在陸續調整價策略，展店速度也跟上進度後，似有漸入佳境的趨勢，雖還不致威脅到其他零售業，但在整個市場上的表現也獨樹一格，成為臺灣零售業的一股新力量。

【案例4】COACH精品改走中價位路線成功

創業於1941年的美國名牌精品COACH，2011年有20億美元的營收額，而營業利益卻高達4億美元，可謂獲利豐厚。相較於2001年時營業額僅有6億美元，10年來營收額呈3倍數成長的佳績，最主要的關鍵點，係由於COACH品牌再生策略的成功。而COACH品牌再生與營收成長的分析如下：

■不再固執堅守高級路線，改走中價位路線成功

COACH面對市場的現實，改走中價位的皮包精品，以低於歐洲高級品牌的價位，積極搶攻25～35歲的年輕女性客層。以在日本東京為例，歐系品牌的皮包精品，再便宜也都要7、8萬日圓以上，日本國內品牌的價位則在3萬日圓左右，而COACH品牌皮包則定價在4、5萬日圓左右。此中等價位，對買不起歐系名牌皮包的廣大年輕女性消費者來說，可以較輕易的買到美國名牌皮包。

COACH公司董事長法蘭克·福特即說：「讓大部分中產階級以上的顧客，都能買得起COACH，是COACH品牌再生的第一個基本原則與目標。」他也認為，美國文化是以自由與民主為風格，歐洲文化則強調階級社會與悠久歷史。因此，歐系品牌精品可以採取少數人才買得起的極高價位策略，但美國的精品則是希望中產階級人人都可以實現他們喜愛的夢想，COACH則是要替他們圓夢。

除了價位中等以外，COACH專賣店的店內設計，是以純白色為基調，顯得平易近人及清新、明亮、活潑，與歐系LV、PRADA、Fendi等名牌專賣店的貴氣設計有很大不同。

三 市場導向定價法

（一）意義

所謂「市場導向」的定價法，係指：「先以企業外部市場與環境為考量，再考量企業內部」。

　　1.此處的「企業外部」即是指「市場」而言。

　　2.此處的「企業內部」即是指「內部成本」而言。

換言之，若廠商採取以「市場導向」為基調的定價法，那就是指廠商時刻關注著下列的變化：

　　1.市場競爭對手的價格變化。

　　2.市場消費者或目標顧客群對價格看法、接受度的變化。

3.市場是否又有新的競爭對手加入。

4.市場與經濟景氣狀況如何。

（二）因應做法

廠商在「市場導向」的基調下，經常會有不少在定價方面的因應做法，包括：

⑴多舉辦「促銷定價法」（Promotional Pricing）。

⑵經常性標價「心理式畸零尾數定價法」（Psychological Odd Pricing）。

⑶尊貴定價法（Prestige Pricing）。

⑷不同地區性定價法（Regional Pricing）。

⑸滲透或低價定價法（Penetration Pricing）。

⑹價格線制定（Price Lining）。

四 知覺價值定價法（Perceived-Value Pricing）

意義

此種定價方法是較特殊的，它不以產品成本為基礎，而是以顧客對此產品知覺及所認定之價值，作為衡量及訂定價位之主要依據。此種定價方法與前面我們所提的「市場目標與產品定位」頗有一貫化之效果。在現代化行銷策略運作之下，已有愈來愈多之高級品牌消費品及有品牌的工業品採取此種方法。

【案例1】「微風超市」搶進高價外燴市場

■ **運用DEAN & DELUCA食材，大師傅量身訂作風味菜色，每人要價千元起跳**

(1)看好私人派對市場商機，微風廣場引進美國頂級食材超市DEAN & DELUCA，首度在臺推出外燴服務，搶攻外燴商機。

(2)微風廣場2007年12月22日首度引進DEAN & DELUCA來臺，在微風廣場開設全臺首店，平均單月營收1,000多萬元。

(3)加州Napa紅酒是業績最好的品項，起司、果醬、橄欖油及醋等也都是暢銷商品，但以數量來計算，則以巧克力賣最多。

為讓更多消費者接觸到DEAN & DELUCA，微風廣場藝術總監廖曉喬貢獻點子，讓DEAN & DELUCA增加到府服務的外燴項目，運用店內販售的高檔食材，由大師傅掌廚，含餐點、餐具、廚師及服務等在內，30人份餐點收費5、6萬元。

(4)廖曉喬強調，外燴服務平均每人要價千元起跳，但也可依照預算，烹調出無上限的餐點，滿足不同消費者的需求，量身訂作各具風味的外燴菜色。

【案例2】苗栗「明湖水漾會館」贏的策略——高價策略訴求小眾

1.BOT案

位於苗栗縣明德水庫旁的明湖水漾會館，原本是苗栗縣教師會館暨勞工育樂中心，苗栗縣政府以BOT案公開對外招標，最後由靈知科技董事長林吉財標下經營權，最後花了1.5億元重新裝潢，2007年5月正式營運。

2.高價策略奏效，臺北高消費客人占了70%，客人常拿來與涵碧樓做比較

(1)客房數僅有48間的明湖水漾，營運數年以來，平均住房率約32%，數字看似不高，但平均住房價格卻高達10,800元，加上餐飲，單月可創造近600萬元營收，除了景觀優勢以外，價格策略奏效，應是明湖水漾衝高營收的重要關鍵。

(2)現任明湖水漾董事總經理林吉財表示，該會館最大優勢就是地理條件佳，擁有一般休閒旅館所沒有的景觀湖景，旅館緊鄰明德水庫，旅館以低調奢華、極簡禪風為訴求，當初在制定房價時，刻意將房價訂為8,000元至3萬元之間，平日打7折，假日不打折，「很多朋友笑我是神經病，定價這麼貴，誰會來住！」

(3)結果，臺北客就占了70%，醫生、電子新貴、企業主是主要客群。林吉財最開心的是，這批金字塔客層99%住過日月潭的涵碧樓，很喜歡拿涵碧樓與明湖水漾相較，「我們的房間雖然不是最大的，設備也不是最頂級的，但客人拿頂級飯店與明湖水漾比較，對我們也是一種肯定！」

3.聚焦於小眾市場，才能獲利經營

(1)林吉財分析說，明湖水漾當初若將房價訂為3,000元，要創造600萬元的月營收，代表客房必須天天客滿才能達成，「既然結果一樣，我們為何不做高檔客層？」明湖水漾將市場聚焦於小眾市場，平日平均2.5人服務一個客房，不僅創造高營收，也擺脫了同業的追逐戰。

(2)不過，明湖水漾會館與其他休閒旅館一樣，同樣面臨週末假日客滿，平日小貓兩三隻的情況。林吉財為了創造營收，與旅行社合推包套專案，週一至週四針對特殊團體，例如：教師們以每人特惠價方案，提高住房率；同時也力推假期會議專案，鼓勵企業團體到明湖水漾進行教育訓練，邊充電邊度假。

【案例3】味王「強棒拉麵」走高價路線一碗38元

(1)在速食麵市場沉寂多時的味王公司，曾推出新產品「強棒拉麵」上市，直接挑戰日式拉麵，並且走高價路線，一碗38元，有九州豚骨、信州味噌、橫濱海鮮等三種口味，完全跳脫臺灣速食麵商品的競爭領域。

(2)「強棒拉麵」是2008年初上任總經理王祺的傑作，特別採用澳洲黃金麥與美國一級紅春麥的純淨粉心胚乳部分，配料包的蔬菜、魚板等分量，可說是所有速食麵中最多的，湯頭則特別引進日本著名產地的特色，由日本團隊提供的配方，充分展現地方特色，讓湯頭更濃郁、甘甜。

(3)王祺表示，「味王強棒拉麵」將麵體、配料、湯頭以「黃金比例」完美結合，相較於日式拉麵，提供消費者更多的超值感受。

【案例4】「商務信用卡」祭出3,000元高年費

1.白金商務卡3,000元年費

(1)國內白金卡友享受高待遇、免年費的時代，可能即將成為歷史。台新銀行推出只要70萬元年薪門檻即可申請的「白金商務卡」，主要鎖定商務、旅遊族群給予優惠，但強調不論刷卡金額，一律要繳交3,000元的年費，一改過去免年費的作風。

(2)卡債風暴後，積極想恢復收年費的銀行還包括中國信託，中國信託日前推出的「中國信託商旅卡」，卡友也須繳交3,000元的年費。

(3)台新銀信用卡事業處副總經理孫仰賢解釋，臺灣信用卡權益內容比亞洲其他國家優惠許多，銀行提供的權益已經超過成本，在成本效益的考量下，白金商務卡等級以上的卡種，收取年費可能成為常態。

2.各銀行商務信用卡優惠比較

表 3-7-1　各銀行商務信用卡優惠比較

銀行	中國信託商旅卡	台新銀行白金商務卡	富邦銀行 A-miles航空卡	花旗長榮 聯名卡（白金卡）
年費	3,000元	3,000元	免	1,200元
機票優惠	華航直飛航線機票市價七至九折，全球30多條航線均享折扣	持卡12個月消費滿30萬元送華航香港來回機標一張，累積達50萬元送華航亞洲線來回機票一張	紅利點數兌換哩程，約消費滿80萬元，兌換亞洲短程機票一張	紅利點數兌換哩程，約消費滿80萬元，兌換亞洲短程機票一張
旅平險額度	5,000萬元	3,000萬元	3,000萬元	2,000萬元
機場周邊停車	每次停30天、全年不限次數	全年不限天數、次數	每次停10天、全年不限次數	
外幣交易手續費	萬事達卡1.65% 美國運通卡2.05%	免	1.1%	2.2%

資料來源：《經濟日報》，2006年9月14日。

本章習題

1. 試說明何謂「成本加成」定價法？並舉一例圖示之。

2. 試說明損益平衡點之意義為何？

3. 試說明傳統成本定價法之優缺點何在？

4. 試列示「需求導向」定價法有哪些？

5. 試說明何謂「市場導向」定價法？

6. 試說明何謂「知覺價值」定價法？

7. 試說明加成比例應該是多少？

8. 試說明加成比例的用途？

8 各種定價法

一 成功的高價策略

高價 ⇒ 高毛利 ⇒ 高利潤，似乎是一個邏輯；但顧客只有在確保能獲得高價值產品或服務時，才會支付高價格，而且，如果取高價，但銷售量不足時，高價定位也不會成功。

（一）成功高價定位的案例

以國內市場為例來看，取高價策略的有：

1. 家電產品：SONY、Panasonic、日立、大金、象印、膳魔師、虎牌等。
2. 3C產品：Apple、iPhone、iPad、三星Galaxy S系列手機、SONY Xperia手機等。
3. 汽車產品：賓士（BENZ）、BMW、Lexus（凌志）、賓利等。
4. 化妝保養品：sisley、lamer、雅詩蘭黛、蘭蔻、Dior、SK-II等。

（二）高價策略的成功因素

1. 優異的價值是必備條件：只有為顧客提供更高的產品附加價值，高價品牌的定價策略才會成功。
2. 創新是基礎：創新是持續成功的高價品牌的定價基礎，這種創新可指革命性創新或持續不斷的改進，永遠追求更好。
3. 始終如一的高品質是必備條件：要確保產品品質與服務品質，都是高端的。

4. 高價品牌擁有強大的品牌影響力：高價策略的支撐，乃在於品牌的高級形象所致。

5. 高價品牌在廣告宣傳上投入資金：高價品牌每年都會投入適當的廣宣費用，以維繫品牌聲量與曝光度。

6. 高價品牌儘量避免太多的促銷：促銷與打折都會危害品牌的高價定位，除了週年慶外，應儘量避免促銷活動。

二　成功的特高價奢侈品定價策略

高價商品再上去就是名牌精品的奢侈品了。

（一）奢侈品的案例

例如：歐洲的名牌精品，包括：LV、Gucei、Chanel、Dior、Hermes、Burberry、Prada、Cartier、ROLEX、百達斐麗、愛彼錶、伯爵錶、OMEGA錶、寶格麗等均屬之。

這些特高價名牌精品的價格高、利潤也極高。

（二）奢侈品定價策略的成功因素

1. 奢侈品必須永遠保持最好等級的產品性能設計與品質。
2. 聲望效應是重大推動力：奢侈品具有傳達和給予非常高的社會聲望。
3. 價格既能提升聲望效應，又是反映品質的指標。
4. 設定產量上限，形成稀少性感受。
5. 嚴格避免折扣、打折的活動：這會損害產品、品牌或公司形象，而且會使產品價值加速消失。
6. 頂尖人才必不可少。

每個員工的素質都必須達到最高標準，工作表現必須達到最高水準。這包

括在整條價值鏈上，從設計、製造、品管、銷售、行銷廣宣到專賣店銷售
人員的儀容等。

7.掌控價值鏈是非常有利的。

8.遵守「高價格、低產量」原則。

三 成功的低價策略

（一）低價定位成功的案例

1.國外案例：Wal-Mart（沃爾瑪）量販店、IKEA居家店、H&M、ZARA及
Uniqlo服飾連鎖店、國外的廉價航空（如愛爾蘭的瑞安航空）、美國Dell戴
爾電腦、美國Amazon亞馬遜網購等。

2.國內案例：Costco（好市多）、家樂福、路易莎咖啡連鎖店、五月花衛生
紙、以及其他諸多的茶飲料、礦泉水、蛋糕、小火鍋以及虎航廉價航空等
品牌。

（二）低價策略的成功要素

1.經營非常有效率

所有成功的低價定位公司都是基於極低的成本和極高的運作效率來經營，這
使得他們儘管以低價銷售產品，卻依然有很好的毛利及獲利。

2.確保品質穩定並始終如一

如果產品的品質不好和不穩定，即使以低價出售，也是不可能成功的。持續
的低價成功需要有穩定且始終如一的品質。

3.採購高手

這意味在採購上立場強硬。

4.推出自有品牌

例如沃爾瑪、好市多、家樂福、Dell電腦……等，均是推出低價的自有品牌供應給消費者。

5.定位清楚

低價公司一開始就定位在低價格及穩定品質的經營政策上。

6.鎖定最低成本生產

尋找最低勞工工資及最低原物料生產的地方製造，以確保低成本生產。

四 成功的中價位策略

中價位策略也是經常見到的，特別是針對中產階級及中階所得的顧客。

（一）成功中價格定位的案例

以國內市場為例來看，取中價位策略的有：

1.手機：華為、OPPO、VIVO、三星A系列、hTC等品牌。

2.家電：東元、大同、歌林、聲寶等品牌。

3.餐飲：陶板屋、西堤等品牌。

4.汽車：TOYOTA的Camry品牌。

5.化妝保養品：資生堂、萊雅、植村秀等品牌。

（二）中價位策略的成功因素

中價位策略成功的因素，可以歸納如下：

1. 具有中高等級與穩定的品質水準。
2. 具有一定的品牌知名度與品牌形象。
3. 消費者有物超所值感及一定特色。
4. 以中產階級及中等所得水準的顧客為對象。
5. 消費者的心理狀態為：不放心太低價格的品質水準，但也不追逐太高價格的虛榮心。

（三）中價位策略為何能夠存在

一般認為在M型消費的社會中，企業定價應該儘量尋求高價位及低價位兩端方向走，而認為中價位的市場空間不大。

不過，近幾年的市場發展顯示，在部會區仍有一群為數不少的中產階級或中等薪水收入者，他們需求的仍是中價位的定價事實存在。

這一群人的消費特質是：既不放心太低價的低層次品質水準，但也不會去追逐太高價的奢侈品牌水準，他們要的是介於高價與低價二者間的中價位定位。

事實上，以中價位為定位的品牌有愈來愈多的趨勢！

五　新產品上市定價法（New Product Pricing）

廠商如果有新產品上市或改良式產品新上市時，大致有二種截然不同的定價策略，如下：

（一）市場吸脂法（高價策略）

1.意義與目的

所謂市場吸脂法（Market-Skimming或Skimming Pricing）係指公司以定高價位方式，迅速在新產品上市後的短期內獲取最大的投資報酬，又稱「吸脂定價」（Skim-the-Cream Pricing），此係指將乳牛擠下來的牛乳最上層最油的那一層刮下來使用的意思，係為高價之策略。

2.適用情況

(1)消費者願意支付高的價格去買此產品。

(2)此產品之需求彈性低，且無替代性。

(3)高價能塑造高品質之形象。

(4)高價之基礎在於市場區隔化，且不致引起太多競爭對手加入。

(5)適於小規模生產之產品。例如：某些限量生產的名牌手錶、名牌服飾、名牌手機。

(6)產品具有某功能獨特之性質或專利保障。

(7)屬於新技術之產品（新產品）。

(8)屬於產品生命週期第一階段的導入期。

例如：智慧手機、NB電腦、液晶電視、投影機、麥當勞等產品，剛推出時，定價都很高。但一段時間後，競爭增加後，就逐步下降價格。但還是有很多國外高級轎車、服飾名牌精品的價格仍一直在高位。

3.比市價貴17倍的冠軍米

2011年冠軍米出爐了，由種了50年稻子的臺南崑濱伯以臺農71號獨特的芋頭香味奪冠，這得來不易的冠軍米以1.91分的差距，險勝三連霸的臺東池上米，其特色為外觀晶瑩剔透、完美無瑕、口感香Q，堪稱米中極品，在超商也可以購買到2011年的冠軍米，1小包300公克，3小包711元，1小包米可煮4碗飯，1碗飯60元，是其他米市價的17倍。一碗飯60元的冠軍米，以4碗小包裝在超市販售，很明顯的

是以吸引都會地區重視精緻米飯的中高收入族群為主，我們欣喜地看到臺灣米不斷精進之外，也希望臺灣重視美食的老饕能多花點時間細細品味臺灣米的好。

（二）市場滲透定價法（低價策略）

1.意義與目的

所謂市場滲透法，係指公司對新上市產品採取以低價位方式，冀求初期占取較大的市場占有率與先占市場優勢，掌握品牌知名度與吸引更多客戶；又稱「滲透定價法」（Penetration Pricing）；係屬低價之策略。

2.適用情況

(1)消費者不願以高價購買此產品。例如：食品、飲料、香菸、速食麵、口香糖、報紙等。

(2)消費者對價格的敏感度極高，低價能廣受歡迎。

(3)低價由於利潤少，故能削弱其他的競爭者加入之意願。

(4)產銷量大時，每單位之成本可望逐漸下降。

3.案例

例如：國內民營固網的電話費用，一開始就打低價戰。

例如：《蘋果日報》第一個月上市價格每份5元，第二個月調為10元，而《中時》及《聯合報》則從15元調降10元，以為因應。

4.圖示

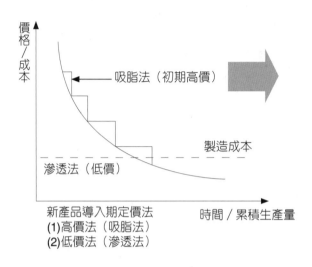

圖 3-8-1　新產品上市價格的2種不同定價法

（三）影響新產品上市定價的因素分析

　　許多因素都會對新產品的價格訂定造成影響，因此企業在定價之前，得先針對這些因素加以考慮與分析。

　　影響新產品上市定價的因素，通常可分為「內部因素」和「外部因素」：

1.內部因素

⑴成本

產品的單位成本，是新產品在定價時的基本考量標準。

⑵定價目標

定價的目標是追求利潤、維持高級形象，還是牽制競爭者？都會影響新產品的定價。

⑶行銷策略

例如：像配銷通路的選擇、廣告推廣投資大小的做法等等。

2.外部因素

⑴消費者

包括消費者的喜好、消費能力、對產品需求彈性的大小等等。

⑵競爭狀況

企業所面臨的競爭者數目、規模、行銷方式等等，都會對新產品的定價造成影響。

⑶其他環境因素

例如：政府和法令有無限制、經濟環境的繁榮與否等等。

（四）新產品低價策略

華碩易PC（Eee PC）低價NB在美國亞馬遜網站熱賣，轟動美國。

1.Eee PC為臺灣品牌爭光

全球最大購物網站亞馬遜書店耶誕禮物榜單，一向被業界視為觀察年終旺季熱賣商品的重要指標。根據該書店調查，華碩新上市的Eee PC（易PC）以低價、簡易訴求，正式擠下蘋果電腦的MacBook，躍居2007年耶誕採購季NB類的首選，並已順利搶得加州高中約1,300臺的標案單量。Eee PC不僅成為華碩開拓美國市場的利器，也為臺灣品牌爭光。

2.定價僅399美元，高度吸引美國消費群

2007年美國市場飽受次級房貸衝擊，在不景氣陰影下，業者莫不憂心銷售成長恐不如預期，華碩適時打出低價牌，定價僅399美元的Eee PC馬上引起美國消費者的高度興趣，2007年10月底於舊金山附近的史丹佛購物中心首賣，便創下銷售一空的紀錄。

根據亞馬遜書店調查，2007年消費者在耶誕旺季最想採買的品項，以NB為首選，而在各NB機種中，又以華碩Eee PC最受青睞，首度擊敗過去消費者最愛的PC品牌。如：蘋果MacBook、SONY Vaio。

事實上，定價399美元的Eee PC，就已是亞馬遜購物網站最暢銷的NB產品，其次才是蘋果的MacBook。在美國上市才兩週的Eee PC，在當地銷量已突破1萬臺。（註：此為2008年時之案例資料，現在市場已經流行平板電腦了。）

六　心理定價法（Pyschological Pricing）

心理定價法在現代企業實務上也經常可以看到，尤其在市場不景氣時更是如此。

心理定價法是針對消費者的心理而設想，希望提高或促進消費者購買的誘因感覺。心理定價法又可分為以下幾種：

（一）「奇數定價法」或「畸零尾數」定價法（Odd Pricing）

例如：廠商經常在店頭、門市、賣場上標示99元、199元、299元、399元、599元、999元、1,990元等。若定價99元，會讓消費者感受到沒有超過100元，心理層面上覺得還滿便宜的，因此就會購買。990元也是如此，會覺得沒有超過1,000元，還算可以買得下手。

（二）「每日最低價」（Every Day Low Price, EDLP）

例如：家樂福、全聯、屈臣氏、燦坤3C、美廉社等，均號稱或標榜他們店內產品的價格為業界最便宜。

舉例：

1. 全聯福利中心：實在，真便宜。
2. 家樂福：天天都便宜。
3. 屈臣氏：買貴，退差價2倍。
4. 燦坤3C：低價、省錢、技術服務。

（三）產品配套定價

例如：大眾音樂唱片行內的音樂CD或電影DVD，採取「紅綠配」的配套定價法。

（四）參考價格定價

例如：在很多報紙廣告、DM廣告、賣場現場貨架上等，均會標示「原價$3,000；現售$1,500」或「原價$1,000元；特惠價800元」等狀況。此亦屬特惠促銷價格的一種表現。

所謂「參考價格」（Reference Price），是一種理論的說法，此係指當消費者注意到某項產品時，他所聯想到或看到與該產品價格有關的任何價格訊息或線索而言。

「參考價格」一詞，又可區分為：

1.內部參考價格

指消費者自身心目中，對於某些品類商品價格的既有看法。

2.外部參考價格

指廠商或零售商提供給消費者的參考價格訊息而言。

例如：他們經常強調此產品或新品牌過去的原價多少，而現在的特惠售價是多少，或是指出與競爭對手的價格是多少，而他們比對手便宜多少錢。

3.參考價格舉例：燦坤3C店

(1)○○品牌筆記型電腦，市價46,000元，會員價45,000元；便宜了1,000元。

(2)○○品牌65吋4K液晶電視，市價38,000元，會員價36,500元；便宜1,500元。

4.宣傳DM舉例：家樂福

(1)○○○品牌洗髮精，原價190元，特惠價170元。

(2)○○○品牌沐浴乳，原價180元，促銷價165元。

七 促銷定價法（Promotion Price）

（一）促銷定價各種方法

促銷定價法是現在各種零售商賣場及各產品廠商最常使用的定價改變或促進銷售誘因的定價方法。主要是因應成熟飽和市場、經濟不景氣、買氣低迷、消費者消費保守等狀況，而採取的因應對策。此亦是最常見的定價方法。此定價方式包括：

1. 折扣價：週年慶時全館8折起，超市9折起。此係折扣定價方式。
2. 均一低價：每件99元專區產品促銷價。
3. 限量折扣價。
4. 每日一物最低價。
5. 零利率6期、12期、24期分期付款促銷活動。
6. 換季打折：全面7折起。
7. 買2送1促銷價格。
8. 第2件起8折價格（數量折扣）。
9. 買1送1。
10. 其他各式各樣名詞的定價方式出現。

（二）促銷的目的及功能何在

促銷（SP：Sales Promotion）是廠商經常使用的重要行銷做法，也是被證明有效的方法，特別在景氣低迷或市場競爭激烈的時候，促銷價常被使用。

歸納來說，促銷的目的可能包括下列：

1. 能有效提振業績，使銷售量脫離低迷，有效增加業績。
2. 能有效出清快過期、過季產品的庫存量，特別是服飾品及流行性商品。
3. 獲得現流（現金流量）也是財務上的目的。特別是零售業，每天現金流入量大，若加上促銷活動則現流更大；對廠商也是一樣，現流增加，對廠商

資金的調度也有很大助益。

4. 能避免業績衰退，當大家都在做促銷時，您不做，則必然會帶來業績衰退的結果。因此，像百貨公司、量販店……等各大零售業，幾乎大家都跟著做，不敢不做。

5. 為配合新產品上市的氣勢與買氣，有時候也會同時做促銷活動。

6. 為穩固市占率，廠商也不得不做。

7. 平常為維繫品牌知名度，偶爾也要做促銷活動，順便打廣告。

8. 為達成營收預算目標，最後臨門一腳加碼。

9. 為維繫及滿足全國經銷商的需求與建議。

茲圖示如次頁：

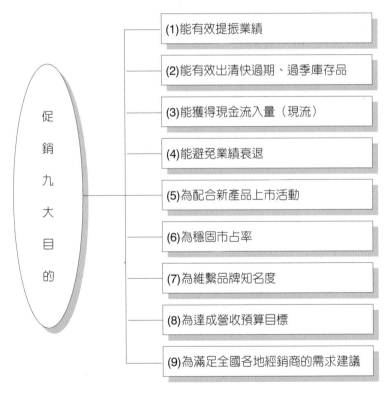

圖 3-8-2　促銷九大目的及功能

（三）促銷活動成功要素

不見得每家廠商的促銷活動都會成功，有時候也會失敗或成效不佳，促銷活動成功要素，有以下幾點：

1.誘因要夠

促銷活動的本身誘因一定要足夠。例如：折扣數、贈品吸引力、抽獎品吸引力、禮券吸引力……等。誘因是根本本質，缺乏誘因，就難以撼動消費者。

2.廣告宣傳及公關報導要夠

促銷活動若完全沒有廣告宣傳及公關報導，將會完全沒有人知道，效果就會大打折扣。因此，適當的投入廣宣及公關預算也是必要的。

3.會員直效行銷

針對幾萬或幾十萬名特定的會員，可以透過郵寄目錄、DM或區域性打電話通知等方式，告知及邀請地區內會員到店消費。

4.善用代言人

少數產品有代言人，應善用代言人做產品宣傳及公關活動引起報導話題，以吸引人潮。

5.與零售商大賣場良好配合

大賣場或超市定期會有促銷型的DM商品，廠商應該每年幾次好好與零售商做好促銷配合，包括賣場的促銷陳列布置、促銷DM印製及促銷贈品的現場取拿活動等。

6.與經銷店良好配合

有些產品是透過經銷店銷售的。例如：智慧手機、家電、3C資訊電腦等，如果全國經銷店店東都能配合主動推薦本公司產品給消費者，那也會創造好業績。

歸納如下圖：

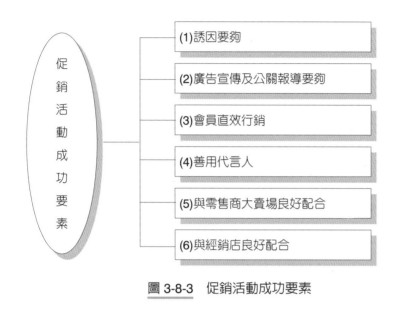

圖 3-8-3　促銷活動成功要素

八　差別定價法（**Differential Pricing**）

（一）4種差別定價法

　　差別定價法在實務上，也經常出現。其主要是因為針對消費者在不同狀況下，有不同的需求彈性。因此，在不同的狀況下，相同的產品，可能會有2種以上的價格出現或出售。這種差別化定價的出現狀況與對象或原因，可能包括了幾種：

1.因「顧客身分」不同而定價

　　例如：依成人或小孩或學生的身分而不同。例如：看電影或搭公車，區分為成人票、學生票或兒童票。

2.因「時間」不同而定價

例如：依白天或晚上而不同的價格。像遊樂區有夜間星光票；打國際電話也有白天貴些而夜間便宜些。

3.因「地點」不同而定價

(1)例如：乘坐飛機有3種航空機票價格，如頭等艙、商務艙及經濟艙等不同機票價格。

(2)例如：棒球比賽門票，內野票價高而外野票價低些。

(3)例如：大型演唱會或表演會靠近舞臺的區域票價高些，離遠一些的票價則低些，而VIP特別包廂的票價則最貴。

4.因「產品型式」不同而定價

例如：汽車有區分豪華頂級型、豪華型、陽春型等，而有不同的價格。

（二）差別定價執行的3種方式

差別定價在執行面上，主要有3種面向來加以區分：

1.依「產品線」的差異而採取不同的差別定價

例如：

(1)汽車銷售公司有不同的產品線，像豐田汽車，上有Lexus高價車產品線；中有Camry、Wish中價位車；下有Altis、YARIS等1,800c.c.、1,600c.c.的平價車等。

(2)家樂福自有品牌也有3種不同產品線，包括高價位的精選品、中價位的家樂福品牌，與低價位的超值品等3種產品線，各有差別定價。

2.依「購買者」的特性加以區分與差別定價

對區隔目標顧客市場購買者屬性加以區分，包括：

(1)年齡的不同。

(2)付費能力的不同。

(3)所得能力的不同。

(4)新顧客或老顧客的不同。

(5)職業身分的不同。

3.依「交易的數量或時機」而加以差別定價

例如：顧客買多量時與買少量時，可能的價格是不同的。

再如：產品的季節性時機，可能也會有價格的不同。暑假及過年旺季旅遊時，飛機票或國外大飯店價格就貴些；蔬菜及水果盛產期時，其價格就會稍微下滑，因為供給量大增。

（三）實施差別定價的3條件

企業實施差別定價法，應注意須具備3項條件：

(1)差別定價的所屬市場，是否有被明確的市場區隔出來。亦即不同的價格，要有明確對應的不同市場。

(2)在這區隔市場中，這些目標消費者的需求彈性應該是有所不同的。有些市場的需求彈性高一些，有些市場的需求彈性低一些。

(3)低價市場的產品不會轉售到高價市場來賣。也就是說差別化價格下的市場，彼此間是不能有自由或快速的相互流通性。這種流通性的成本一定是偏高的，或是難以實踐的，才不會造成差別定價無法執行。

九 產品組合定價法（Product Mix Pricing）

產品組合定價方式，在若干產品行業上也經常看得到。主要有以下幾種：

（一）連結產品定價（搭售定價）

此係指「主產品」（Primary Product）＋「連結」產品（Link Product）一起使用時，才更能發揮其兩者連結的定價效益。

舉例而言：

1.噴墨（或雷射）印表機＋墨水匣（或碳粉匣）之價格。

2.早期曾賣過的拍立得＋專用底片之價格。

3.化妝保養品＋周邊使用品（刷眼睫毛用品等）之組合禮盒價格。

（二）搭售（Bundling）策略

搭售定價策略即是產品組合定價的一種表現。例如：餐廳的套餐、化妝保養品的「超值包」、電腦與軟體，或是促銷型的搭售，包括買二送一、買大送小等，均屬於搭售策略的展現。

（三）產品組合定價

廠商對於產品組合的價格，通常比買單一產品的價格來得便宜一些。

舉例來說：

1.在速食連鎖店

常出現「套餐」售價的模式，它把漢堡、飲料及薯條3種個別產品，組合為一個套餐產品。如果您要單一個別買，就會顯得貴一些。

2.在威秀電影院

也是電影票＋飲料＋食品的產品組合模式，或是單獨買的模式。

（四）兩段式定價

此係指固定費用價格＋變動性單項服務價格而言。

舉例而言：

　1.水費＝基本費＋用水費。

　2.行動電話費＝基本月費＋每月使用通話費＋網路費。

　3.遊樂區收費＝門票＋各單項設施使用費。

（五）產品分級定價

產品分級定價也是產品組合裡，經常看到的定價手法。

【案例1】TOYOTA汽車有各種不同等級的售價

豐田汽車公司（TOYOTA）所產銷的凌志（Lexus）高級車有八大車系，每個車系又可再細分為2～4種車款，而每款車的價格以及八大車系的價格也都不同，大致在新臺幣140萬～400萬元之內。Lexus的產品組合裡訂有八大車系，分別有不同的價格帶對應，包括從低價到高價：IS→ES 330→RX 330→GS→GS 430→LX 470→LS 460。到2007年底時，最高價的是LS 460加長型旗艦型款車，要價400萬元新臺幣。

而在IS車型裡，又再細分為IS 200、IS 200 Sport、IS 300、IS 200 Luxury，售價在140萬～170萬元之內。

【案例2】航空公司有各種不同等級的票價

航空公司的艙等可以分為3種：

一是頭等艙：價格最貴，屬老闆級及有錢人坐的。

二是商務艙：價格居中等，屬公司高級主管、白領上班族出國、出差搭乘的較多。

三是經濟艙：價格屬較低些，是一般旅行團常搭乘的。

十 產品生命週期定價法

（一）導入期（Introduction）

1.階段特徵

　　單位成本：高。

　　銷售：低。

　　利潤：負。

　　顧客：創新者。

　　競爭者：少。

　　行銷目標：創造產品知名度。

　　例如：中華電信MOD、有線電視數位頻道、電子書、平板電腦、數位機上盒
等。

2.定價原則

　　通常以成本加成定價或消費者知覺定價為主：

　　⑴此階段產品的定價通常偏高，主要是因廠商初期投入的成本高，且消費者
對價格還不敏感。此外，較高的價格也有助於讓新產品建立較高檔的形象。

　　⑵不過在特定的狀況下（例如：要建立市場進入障礙），有些廠商可能會壓
低產品價格，犧牲獲利去提升市場占有率。

（二）成長期（Growth）

1.階段特徵

　　單位成本：中等。

　　銷售：快速成長。

　　利潤：逐漸增加。

顧客：早期採用者。

競爭者：逐漸增加。

行銷目標：追求市場占有率。

例如：液晶電視、小型筆記型電腦、變頻冷氣機、智慧手機等。

2.定價原則

◎滲透定價、顧客面定價

此階段由於競爭者投入市場，消費者也逐漸熟悉產品，加上規模經濟的效益開始出現，因此產品的價格通常會開始下降。

但是由於市場還在快速成長，因此就算產品降價，降幅通常也有限，不會引發價格戰。

（三）成熟期（Mature）

1.階段特徵

單位成本：低。

銷售：達到尖峰。

利潤：高。

顧客：中期採用者。

競爭者：數目穩定但開始減少。

行銷目標：最大化利潤，同時保護市場占有率。

例如：桌上型電腦、數位相機、數位音樂隨身聽……等。

2.定價原則

◎配合或攻擊競爭者的定價

此階段各產品同質性很高，消費者對產品也已十分熟悉，且銷售的成長幅度很有限，甚至停滯不前，廠商往往須調降價格以搶奪競爭者的客戶。

此時另一個常用的競爭方式是「促銷」。例如：打折、滿額禮等。

（四）衰退期（Decline）

1.階段特徵

單位成本：低。

銷售：逐漸下滑。

利潤：逐漸下滑。

顧客：落後者。

競爭者：逐漸減少。

行銷目標：減少支出，並且「收割」產品最後的利潤。

例如：傳統相機、傳統CRT電視、傳統底片、傳統旅館、傳統系統售貨店、傳統縫紉機等。

2.定價原則

◎降價

大部分廠商為了節省成本、資源，收穫該產品的利潤，會有計畫地逐步降價，以儘量從市場獲得資金。

但如果廠商的本身競爭力夠強，也有可能會發動價格的割喉戰，迫使其他較弱競爭者退出以占領市場。

十一　多通路定價法

（一）意義

很多日用消費品。例如：飲料類產品，在不同的場合通路，就有不同的定價。例如：一瓶可口可樂，在便利商店可能賣29元，在大賣場，由於多罐促銷，所以每罐20元，在燒烤店可能一瓶上漲到40元。

同樣是一瓶可樂，為什麼會有不同的價格呢？「消費者到便利商店，買的是『方便』；到餐廳買的是『氣氛』和『感覺』。」可口可樂業務暨行銷總監陸巍分

析，消費者在不同通路，消費習慣也會有所不同，因此需要的產品也不一樣。

（二）可口可樂定價法──通路、口味、包裝不同，價格也有差異

所有的通路策略、定價法則，最終還是要回到消費者身上。因此，可口可樂
（Coca Cola）的做法是：先將通路細分。便利商店、大賣場／量販店是主要通
路，其次是超級市場、軍隊營站及全聯福利中心、傳統柑仔店；另外，從2004年
開始重點發展餐飲通路，像速食店、小吃店、中高檔餐廳、手搖飲料店等。

（三）美粒果開拓多元通路與多元化的價格

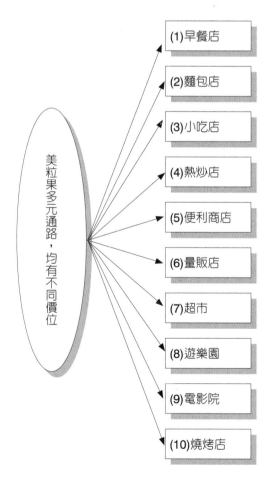

美粒果多元通路，均有不同價位

(1)早餐店
(2)麵包店
(3)小吃店
(4)熱炒店
(5)便利商店
(6)量販店
(7)超市
(8)遊樂園
(9)電影院
(10)燒烤店

圖 3-8-4　美粒果多元通路的不同價位

（四）受制於消費者對價格帶的認知及通路商要的利潤，才決定價格

「定價」說穿了，就是要消費者「買單」。因此，定價還是要從消費者端的認知開始。一旦某項產品在消費者印象中已有「定價」，就很難再改變了，以碳酸飲料來說，350毫升罐裝在便利商店裡就是24元，600毫升寶特瓶就是29元。因此，廠商的定價是從零售價而來，消費者對這個零售價的定位是在哪一個級距。例如：咖啡飲料就比碳酸飲料貴一點，然後反推回來。

第二步，要去了解這個客戶（指通路商）要求的毛利是多少。當然每一家客戶要求的毛利不一樣，中間會經過多次談判的過程，包括配合促銷的活動等，然後可以提供什麼價格。再從公司角度來看，這個價格是不是可以接受、有沒有利潤；也就是說，消費者的零售價、客戶的毛利，再加上廠商的利潤，然後產生進貨價格。

多通路發掘商機，以多包裝、多品類滿足消費者，正是可口可樂不敗的價格策略。

表 3-8-1　不同的通路，有不同的價位

通路型態	議價力量	消費者便利性	價格考慮	產品包裝	定價
①便利商店	強	高	弱	冷藏為主	最高
②全聯福利中心	強	中	中	冷藏、常溫	中等
③超級市場	強	中	中	冷藏、常溫	中等
④大賣場、量販店	強	中	強	常溫為主	低
⑤地區超市	中	低	中	冷藏、常溫	高
⑥傳統商店	弱	低	弱	常溫為主	高
⑦檳榔攤	弱	低	弱	常溫為主	高
⑧餐飲業	強	低	弱	常溫為主	高

資料來源：朱成、張鴻（2007），《經理人月刊》，頁91。

士　價格尾數（9尾數）定價分析

（一）價格尾數（9尾數）的學術性分析

陳怡安（2004）曾對價格尾數有專業研究，茲摘述一小段學術內容如下：

■9尾數是國內廠商最常使用的定價數字

價格是消費者為了獲取商品，所須付出的貨幣數量，在過去的研究中，有30%～65%的商品是採用9尾數定價（Stiving & Winer, 1997; Schindler & Kirby, 1997），國內的研究也顯示，9尾數是廠商最常使用的定價數字（樓永堅，1999），顯示9尾數存在某種意涵，主要的解釋分為三類：認知利益效果（Perceived-Gain Effect）、低估效果（Underestimation Effects），以及符碼效果（Symbolic Effects）。

（二）易取性現象（較易記憶及辨識）

在談及9尾數的效果前，需要先了解一個存在的現象：易取性（Accessibility）。易取性指的是由記憶區回想、提取某一記憶的容易程度（Fazio et al., 1982; Higgins et al., 1977），如果易取性愈高，則代表某一記憶愈容易被回想，則這個記憶被拿出來思考、處理訊息或是回答的機會也愈高（Dehaene & Mehler, 1992）。也就是說，一般人對於較短的數字，較容易辨認或記憶，對於較長的數字或是數值較大的數字，傾向使用最容易取得的數字進行概算（Kaufman et al., 1949）。有研究顯示（Tarrant et al., 1993; Schindler & Wiman, 1989），當要求受試者回答一個數字，或是回憶價格資訊時，受試者較傾向以0或5為價格尾數。其中，有研究指出（Kaufman et al., 1949），尾數出現0的機率又比5高。由於消費者對不同數字的記憶能力有顯著差異，若選擇易取性高的數字為商品價格，則價格制定者是以消費者的思考方式與其溝通，而該價格也較易被認知、記憶以及比較，同時，消費者也傾向以整數來處理較複雜的資訊（Coupey, 1994），也就是

說，商品價格尾數是0時，消費者對該價格認知及回憶的機會會提高，此價格將進一步成為消費者評估價格的參考點。

（三）9尾數的認知利益效果

9尾數相關的理論之一，則是認知利益效果。由於整數的易取性，使整數常成為消費者評估價格的參考點，這樣的情況下，會使9尾數定價的商品被消費者認知為廠商對消費者的小額回饋，稱為認知利益效果（Kreul, 1982）。有學者以前景理論（Kahneman & Tversky, 1979）來解釋高易取性的整數所造成的現象，是因為9尾數造成消費者有廠商由整數價格做小額回饋的印象。例如：消費者很可能將定價29元的產品視為「付出30元（損失）＋回饋1元（獲利）」的組合，相對而言，定價31元的產品，很可能被視為「付出30元（損失）＋再付1元（損失）」，而產生的認知利益效果（Thaler, 1985）。

（四）小結

在認知面，商品經由9尾數定價，可使消費者產生認知利益效果、低估效果，也就是說，使消費者認為購買該商品是有利可圖、划算的交易，進而有購買行為。對照行為面的研究，商品以9尾數定價的方式，的確可以增加銷售量。另一方面，9尾數定價，也有符碼效果的產生，也就是說，9尾數會影響消費者對該商品或品牌的印象，研究顯示，消費者認為9尾數的商品品質比較低，這樣的印象，很可能也影響消費者購買的行為。

（註：不過，筆者認為在不景氣時代，9尾數定價會被認為商品品質比較低的學術性說法，至少目前不太會發生。）

圭 單一費率

單一費率（flat-rate）是單一價格（lump-sum price）的現代用詞。

顧客每月或每年支付一個固定的價格，然後就可以在這段期間任意使用某個產品或服務。

單一費率應用也非常廣泛，例如：

(1)國內有線電視訂戶：每個月支付490元就可以收看所有頻道。

(2)國內4G電信費吃到飽：每個月支付499元，就可以使用。

(3)國內world-gym運動中心：每個月付費1,300元，或付年費1萬多元，也可以無限次使用運動中心的設施或課程。

(4)國內Costco（好市多）：每年付費1,350元取得會員卡，即可無限次進去購物。

(5)另外，還有吃到飽的自助餐廳也是單一費率的例子。

齿 預付收費（儲值卡）

預付收費要求用戶在享用商品之前付費，例如：

(1)星巴克儲值卡。

(2)麥當勞儲值卡（又名：點點卡）

(3)摩斯漢堡儲值卡。

(4)捷運悠遊卡。

儲值卡的功能，意圖建立顧客忠誠的服務計畫。

當然，儲值卡也會提供一些優惠措施，才會使顧客願意先付錢而後面再多次使用。

去 低價銅板經濟學——日本、美國低價零售商案例

價格在策略裡面永遠是重要議題。例如：日本大創及美國一美元店都是利用低價格創造差異化的零售模式。

（一）日本大創百元商店

日本百元商店市場規模74億日圓，其中，大創市占率為6成，第二名是Seria市占率二成，前二名幾乎寡占市場。大創今年營收額達4,500億日圓，在日本擁有3,200多家分店，海外則有近2,000家店，分布在26個國家。

大創銷售商品以日用品、文具及廚房用品為主。99%為自有品牌，商品企劃、進出口、物流一手掌握。唯有製造外包，由多達45國、1,400家公司代工生產，以經濟規模的產量，達到低價與高品質。

大創一年從海外進口十萬個貨櫃，一天至少處理200個貨櫃，供應鏈一條龍垂直管理正是催生低價銅板經濟學的商業模式祕訣；藉由下大單，壓低價格，薄利多銷。除了價格，大創商業模式有三個訴求，高品質、娛樂及獨特性讓顧客進店後有尋寶的感覺，這讓大創成為日本人公認充滿魅力零售商第一名。為了創造新鮮感，大創店裡每個月還會更換800個品項商品。

第二個關鍵是店鋪營運能力，大創強調個店經營，一年新開130家到150家店，從十幾坪都會小店，到2,000坪郊區大店都有，分店必須依坪數大小與商圈組合適合的商品。

（二）美國Dollar Tree低價連鎖店

美國百元商店之一的Dollar Tree在全美有1.5萬家分店，店坪數約240坪，主要開在城鎮，強調一美元，低價卻創造多樣化與高品質的商品，60%在美國境內生產，40%為國外進口；它的成功三要素是：低價、尋寶、便利。

它的特長是銷售知名度較低，但便宜的商品，隨著季節更換品項，一間店有25%都是季節商品，每季更換49%商品，跟大創一樣為顧客營造出尋寶樂趣。

（三）Dollar General低價連鎖店

另一家百元商店為美國Dollar General也很成功。店面約200坪以上，主要基本品、家用品、冷凍食品與少數生鮮品。它的經營模式像是小型的折扣商品店，專門開在農村，如果農村愈困苦，它愈有機會。商品價格比一般超市便宜20%～40%，它的競爭力很強。

（四）不受電商影響

在電商成長快速的時代，百元、一美元型商店也絲毫沒受到電商影響，因為100日圓或一美元的低價、實體通路的便利性，以及產品多樣化的尋寶樂趣，這樣的業態讓電商很難有切入空間。

百元商店成功祕訣是，善用消費心理學，雖然店裡不見得是百元商品，但是訴求百元就讓顧客覺得買到賺到，還加深記憶點，降低營運成本，聰明的用價格定位，讓自己在不景氣的時代持續成長。

更有啟發的是，除了低價訴求，每一家的定位都不同，大創的客層主要是年輕族群與單身，訴求時尚流行；美國的一美元商店則是訴求高迴轉率的生活快銷品。

它們的共同特徵是訴求低價，客層以家庭為主，少量日常型購買，它們都在低價之外，用定位與獨特的商業模式創造了自己的差異化，創造了持續成長與獲利率高的成績！

本個案重要關鍵字

1. 低價、尋寶與便利！
2. 獨特的商業模式！
3. 創造差異化！

4.經濟規模採購，可以降低成本！

5.每月更換800品項，創造新鮮感！

本章習題

1.試說明新產品定價法中的「市場吸脂法」之意義為何？適用情況為何？並例舉之。

2.試說明新產品定價法中的「市場滲透法」之意義為何？適用情況為何？並例舉之。

3.試說明何謂「心理定價法」？

4.試說明何謂「畸零尾數定價法」？並例舉之。

5.試說明何謂「參考價格定價法」？並例舉之。

6.試說明何謂「促銷定價法」？包括哪些方式。

7.試說明何謂「差別定價法」？會依哪4種不同而有不同的定價？

8.試說明差別定價執行的3種方式為何？

9.試說明「差別定價」的3條件為何？

10.試說明「產品組合」定價的主要3種方式為何？並列舉之。

11.試說明產品在處於「導入期」時的定價原則為何？到了成長期時又會如何？

12.試說明何謂「多通路定價法」之意義，並例舉之。

13.試說明促銷定價的目的何在？

9　價格策略全方位視野

一　價格策略綜論

（一）價格戰略的全方位架構視野

談到「價格戰略」的全方位架構視野，可以如次頁圖3-9-1所示，包括：

1.第一個視野：定價格要有3種方法或要素考量

⑴看成本多少而加碼訂定。

⑵看競爭對手定多少價格而訂定。

⑶看產品本身的定位、品質及價值而訂定。

2.第二個視野：5種價格策略的具體化

⑴新產品上市如何定價。

⑵某一產品線系列怎麼定價。

⑶二個產品線以上的產品組合策略如何定價。

⑷面對各種狀況時的價格調整策略。

⑸面對長期降低趨勢之價格策略。

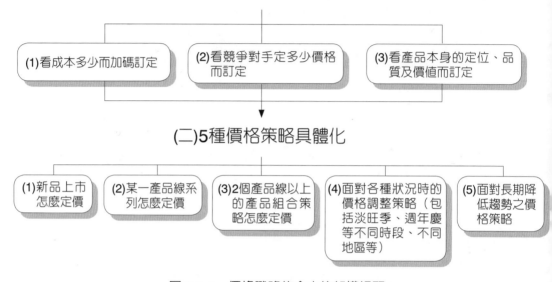

(一)訂定價格的3種方法與要素

(1)看成本多少而加碼訂定

(2)看競爭對手定多少價格而訂定

(3)看產品本身的定位、品質及價值而訂定

(二)5種價格策略具體化

(1)新品上市怎麼定價

(2)某一產品線系列怎麼定價

(3)2個產品線以上的產品組合策略怎麼定價

(4)面對各種狀況時的價格調整策略（包括淡旺季、週年慶等不同時段、不同地區等）

(5)面對長期降低趨勢之價格策略

圖 3-9-1　價格戰略的全方位架構視野

綜合上述，我們可以了解到，談到價格戰略，廠商要面對二大關鍵的問題點：

第一：在承平時代與穩定環境下，廠商該如何定價？其定價策略該如何？

第二：在激烈變動時代與不穩定環境下，廠商該如何定價？其定價策略又該如何？

尤其後者，更是現在大部分廠商所面對的共同問題。亦即，廠商彼此激烈競爭，而產業結構又呈現供過於求的狀況下，加上消費者心態保守與景氣低迷或持平的狀況下，廠商的定價策略該如何呢？

（二）定價策略的3個重點

1.找出大眾價格帶

在《藍海策略》一書裡。作者金偉燦（W.Chan Kim）和莫伯尼（Renńe Mauborgne）針對定價策略，發展出一種名為「大眾價格帶」（Price Corridor of the Mass）的工具，以協助經理人找尋正確的價位。

大眾價格帶可區分為兩個步驟，其一就是「確定大眾價格帶」，意指在定價時，除了參考同業類似的產品和服務，最好還能參照其他行業不同的產品和服務。

當年福特汽車（Ford）在為其T型車定價時，就不是和其他車商的價位相比，而是以「形式不同，但功能類似」的馬車價位相比，結果把許多傳統馬車的顧客，拉進了汽車市場。

全球知名的加拿大太陽馬戲團（Cirque du Soleil）則是基於「提供顧客一個愉快的夜晚」這個目標，吸引到形式、功能都不同的酒吧和餐廳顧客。

確立大眾價格帶的目的，旨在吸引為數最眾多的目標顧客群，並且了解顧客願意為產品及服務花費多少錢。大眾價格帶不見得是最低的價格，但是目標在於盡可能涵蓋最多的顧客。

2.定出一組價格

第二個步驟是在大眾價格帶裡，再細分不同的價位。如果產品及服務擁有專利權保護，或是公司握有強大的核心能力，就可定出高價位。反之，就應設定在中低價位。

美國出版商通常會區隔精裝書和平裝書的出版時間，以吸引不同的顧客。例如：《長尾效應》（*The Long Tail*）的精裝版在2006年7月推出，定價為24.95美元，平裝版則是2007年1月出版，定價為18.95美元。兩種定價，各自吸引不同的客群。

服飾、手機或電腦等產品，也具有相同的特性。最先得以使用、炫耀的顧客，往往是願意支付最高費用的人。至於對價格較為敏感的顧客，則自然會設法善用折扣、在不同通路間的比價，或是以一次購買大量等做法，去找尋自己認為合理的價格。

3.慎用「動態定價」法

2000年9月，一名亞馬遜網站（Amazon.com）的熟客發現，當他刪除了電腦中可被亞馬遜識別為常客的軟體（Cookie）時，赫然發現同樣一片DVD的價格，

竟然就由26.24美元，降低至22.74美元。也就是說，亞馬遜網站可能為了吸引新顧客，而在一開始採取低價策略，等到顧客成為熟客時，漸次調高售價。

亞馬遜的說法是，價格之所以因顧客差別而產生差異，純粹是進行隨機的價格測試。但隨著此議題引發軒然大波，亞馬遜只得讓支付高價的顧客進行退費，並且聲明不會再進行類似的做法。

就好像穿著光鮮亮麗去買車，業務員可能會看顧客的穿著，而給予特殊禮遇，但價格上可能就不會給予太多折扣一樣。同樣的道理，網站也可依據顧客上網購物的習性，而洞悉顧客的消費能力，以及對於價格的敏感度。

這種依據顧客特點而差別定價的做法，有時稱之為「動態定價」（Dynamic Pricing）或「價格客製化」（Price Customization），其目的皆在於讓業者能夠獲取更高利潤、吸引更多顧客。然而，若是操作過度或失當，則難免引起價格歧視（Price Discrimination）之非議。

（三）靈活的定價策略──定價前，應考量3個重要關鍵點

利潤，是企業生存發展的主要來源，從財務管理的角度來看，提高商品定價與降低成本，是獲利的不二法門。然而，很多企業在成本的撙節上，大多皆有其獨特的方法，但是在產品的定價上卻往往沒有頭緒，平白損失應得的利潤。

因此，企業在進行產品定價之前，必須先考量以下3個重要關鍵：

1.塑造「非賺錢不可」的企業文化

這聽起來似乎有點奇怪，但許多企業就真的沒有獲利觀念。很多員工認為必須給顧客大量折扣，才能吸引顧客購買，因此往往給予過低的價格折扣，使得企業大量流失應得的利潤。為了避免這個問題，企業主應讓員工存有「獲利」的觀念。例如：提供產品獲利多寡的資訊，讓員工明瞭哪些是可以創造高利潤的產品，以適時引導顧客購買這些產品；或是讓員工清楚降價時機為何。例如：為了因應競爭對手的促銷策略而提供短暫的價格折扣；最後，讓員工對自家產品有信心，不要讓員工心虛地認為，沒有提供折扣就對不起顧客。

2.善用消費者的認知價值

許多企業會以成本作為定價的考量，但善用消費者對產品的認知價值來定價，不僅可樹立產品的價值，更可因此提高獲利。例如：同一杯咖啡在便利商店、專賣店、五星級飯店，消費者的認知價值就不同。企業欲採此項定價法，必須先掌握該項產品在消費者心目中的價值為何；而企業亦可藉由提供優質的服務，來提高產品的價值。

3.想清楚行銷目標為何

行銷目標包括：求生存、利潤極大化、提高市場占有率等，企業應根據不同的行銷目標，制定不同的價格策略。例如：當產品因消費習性改變、競爭過於激烈、或生產過剩等因素而造成滯銷時，企業會把「求生存」視為最大目標，因此在定價上就會有所不同；或是企業認為擁有較高的市占率才能有效降低成本，獲得長期利潤，因此在定價策略上勢必有所調整。由此可知，企業在定價前，應仔細設想行銷目標，行銷目標愈清楚，定價策略愈明確。

（四）產品生命週期與定價戰略

產品生命週期的變化當然與定價戰略有密切的相關性。

如果就科技性消費品而言。例如：數位相機、數位MP3/MP4隨身聽、液晶電視、NB筆記型電腦、隨身碟、智慧型手機、平板電腦等資訊3C或家電產品，一般而言，其各階段的定價實現大致是：

1.導入階段

通常定價很高，銷售量不算太多。定價高是因為廠商想趁剛導入期，競爭廠商少時，多賺些錢。因此，像早期液晶電視、NB、數位相機等剛推出時，定價均很高。但過了半年、1年或2年之後供給多了，廠商相互競爭之下，價格即逐漸下滑了。

2.成長階段

此階段價格大部分會開始下滑，因為市場量衝出來了，市場需求大增，而產品零組件也有下降，故採購及製造成本也在下降中。此階段是廠商銷售量快速成長的階段，市場一片欣欣向榮。例如：現階段的NB及LCD TV（液晶電視）即是處於高速成長的階段。

3.成熟飽和階段

此階段因市場量已衝不出來了，商品的普及率很高。例如：電冰箱、洗衣機、數位相機、智慧手機等幾乎人人都有、家家都有，故只是壞掉或替換性的需求居多，故價格會更向下持續滑落，或者是促銷活動增加，或是兩者並進，以爭取各廠牌的市占率。

4.衰退階段

此階段代表此產品已面臨夕陽階段，如無創新，則價格會加速下滑，銷售量也會持續衰退，已屬黃昏產品。

總之，如下圖所示：

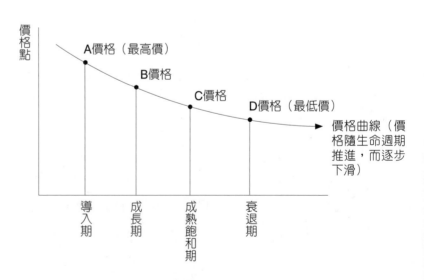

圖 3-9-2　產品生命週期與價格互動關係

（五）從產品成熟期到衰退期的策略

廠商在面臨產品成熟飽和與衰退期時，應有一些因應的對策，希望能夠再開創此類產品的第二春。

這些做法包括：

1.產品設計改善

(1)新品質價值的加入（價值感提供）。

(2)標準化、精簡化（低價格提供）。

2.完全／部分革新的新產品

市場角度活化及新市場創造。

3.降低促銷費用

4.拓展海外市場

（六）賣高價的策略

1.調漲做法

廠商即使在市場不景氣階段，有些產品或產品源或產品類別等，亦會有逆勢上揚的狀況。這些調漲的做法，大致有以下幾種：

2.必須且被迫要漲價

採取此種做法，有幾種原因：

(1)原物料、零組件均上漲，故必須跟隨上漲才行。例如：近年來全球吃的原物料石油等幾乎都在上漲中，故相關食品、飲料加工品也就跟著上漲。

(2)獨占或寡占市場。例如：臺灣加油站的行業。

3.加價但也同時加值

在調漲價格的同時，也加值產品的價值成分。例如：便利商店原來60元的便當，調漲為70元的便當，可在便當內增加一道菜，此即加值之意。再如，iPod至iPod Nano產品也增加不少功能價值。

4.增加收費的項目

過去廠商可能免費的項目，但現在可能改為要收費的狀況。例如：百貨公司地下停車場改為依消費金額多寡而降低收費，免付費電話改為付費電話，銀行其餘理財項目加收服務手續費，網路購物公司未達一定金額加收宅配費用。

5.利用全球限量名牌商品

名牌精品廠商經常利用全球限量商品或限時商品或獨特性商品，以提高想購買的消費者欲望，並且立刻採取購買行動。此種做法在名牌精品店最常見。

6.推出更高等級或革新性的產品

廠商知道舊產品要調漲價格並不容易，因此，推出新品牌及新產品系列，強調它的配方、功能、品質、效益均比上一個產品更好、更高級，故能順利調高系列性產品的售價。

（七）產品定位與價格策略案例

1.低價日用百貨館

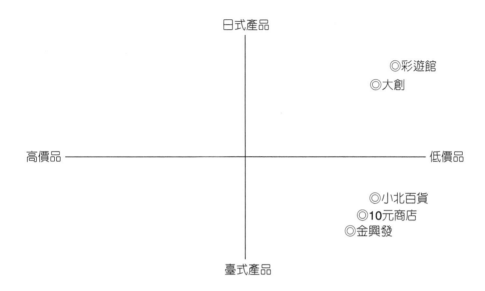

2.咖啡

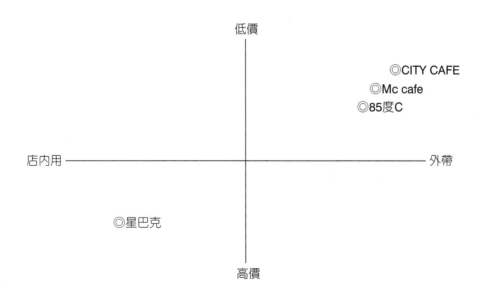

3.信用卡

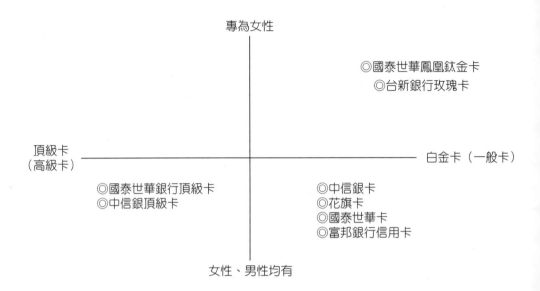

專為女性

◎國泰世華鳳凰鈦金卡
◎台新銀行玫瑰卡

頂級卡 ——————————————————— 白金卡（一般卡）
（高級卡）

◎國泰世華銀行頂級卡　　　　◎中信銀卡
◎中信銀頂級卡　　　　　　　◎花旗卡
　　　　　　　　　　　　　　◎國泰世華卡
　　　　　　　　　　　　　　◎富邦銀行信用卡

女性、男性均有

4.超市

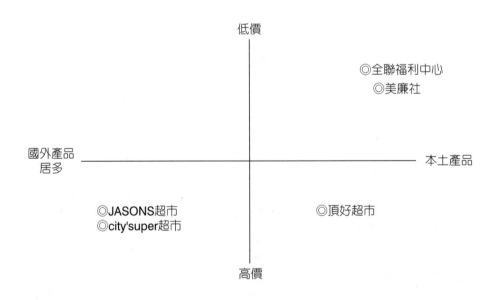

低價

◎全聯福利中心
◎美廉社

國外產品 ——————————————————— 本土產品
居多

◎JASONS超市　　　　　　　　◎頂好超市
◎city'super超市

高價

（八）網路商品價格較低的原因

網路商品價格通常會比實體零售據點商品較便宜的原因有幾點：

1.網路設店（Net Store）成本較低

實體零售據點的開支成本比較大，例如要裝潢費、房租費、人事薪資費、庫存費、促銷廣告費、電費、冷氣費⋯⋯等，算起來固定成本加上變動成本，不算低。

但在網路上設店或經營網路購物，則比較不需有店面費及人員在店內的人事費，只要有一個總公司辦公場所，再加上可能的物流倉庫備貨就可以了，故其成本是比較低的。

2.全球化

網路具有超連結的全球化，任何一個國家消費者均可上網採購，因此在產品採購議價來源方面，就可以取得較低的優勢。

3.物流宅配業的進步與普及

網路購物早期令人擔心的是物流宅配業的配合，包括送貨速度慢、天數多及送貨成本偏高等兩項因素。但隨著國內宅急便的不斷進步與普及，使這方面的問題得到克服。現在在臺北都會區，送貨6小時至24小時即可到，全國各地區在隔天至五天內即可送到。另外，宅急便送貨成本也被降低，網購業者如果每天出貨量大的話，每件配送成本可以壓到70～90元之間，較過去的120～150元已下降很多了。甚至，現在網購業者對網路消費者的送貨費，也漸漸以免費配送來吸引消費者上網採購。

4.Web-EDI化的發展

在B2B、B2C的網路下訂單、出貨、及結帳、收款等，均有全面朝向網路介面化的即時電子資料交換（Web-EDI），此種數位科技與網路科技的發展，也大大降低了內部財會作業的營管作業成本（Operational Cost）。

5.進入障礙低、彼此競爭激烈

　　網路購物業者基本上來說，進入障礙不算太高，並不需要龐大的數十億、數百億固定投資金額，而經營Know-how也不會特別難。目前這部分的人才及應用套裝軟體（ASP）不少，所以操作或想創業並不難。因此，在這種狀況下，使競爭者增多，不免會發生同業降價競爭的事件。另一方面，為吸引傳統到實體店面購買的消費者轉到網購，也需一些低價格的誘因才行。

6.精簡行銷通路層次

　　網購業者大部分也向原廠採購進貨，非不得已才會轉向代理商或經銷商發展，故在傳統行銷通路層層剝削下，網購業者似乎可以更加通路扁平化，因此進貨成本可低一些，售價自然就可以跟著降低。

7.資訊情報取得低廉，消費者進行比價較容易

　　由於網購在消費者線上操作查詢產品價格的速度非常快，會造成消費者做比較與分析，最後才下單購買。此價格資訊的完全透明化、快速化及完全對稱化，令產品也朝低價方向發展。

8.從消費者端看，低價才能使他們從實體轉到虛擬通路來購物

　　要改變傳統消費者到實體零售據點去接觸購買的習性及慣性，網購廠商必然需要提出一些令消費者改變行為與認知的方法或手段，而低價正迎合了年輕網購族群的一個最大利益點（Benefit）及獨特銷售量點（Unique Sales Point; U.S.P.）。這也是網購業者可以存活的基本本質之一，否則高價網購的營運模式（Business Model）是不容易成功的。

網路購物商品價格較低的原因

(1)網路設店（Net Store）成本較低

(2)全球化

(3)物流宅配業的進步與普及

(4)Web-EDI化的發展

(5)進入障礙低、彼此競爭激烈

(6)精簡行銷通路層次

(7)資訊情報取得低廉，消費者進行比價較容易

(8)從消費者端看，低價才能使他們從實體轉到虛擬通路來購物

圖 3-9-3　網路購物商品價格較低的原因

（九）產品組合策略（向上、向下發展策略）圖示

如次頁圖3-9-4所示，企業在思考及規劃產品向上及向下發展策略時，可與目標客層及所得客層加以對照。包括：

1.向上端發展

即發展推出高附加價值及高價位產品，且以鎖定高所得客層為主軸。

2.向下端發展

即發展推出低附加價值及低價位產品，且以鎖定廣大低所得客層為主軸。

3.平行端發展

即以中價位產品及中所得客層為主力。

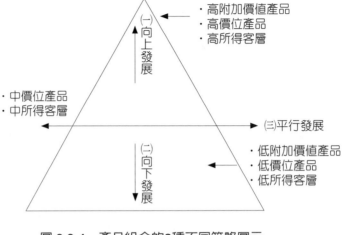

・高附加價值產品
・高價位產品
・高所得客層

(一)向上發展

・中價位產品
・中所得客層

(三)平行發展

(二)向下發展

・低附加價值產品
・低價位產品
・低所得客層

圖 3-9-4　產品組合的3種不同策略圖示

舉例：

1. TOYOTA汽車

　(1)向上端發展：例如Lexus汽車，價位在150萬元～400萬元之間。

　(2)向下端發展：例如Yaris、Altis等價位在50萬元左右。

　(3)平行端發展：例如Camry車型價位在70萬元左右。

2. 另外，像麥當勞速食、捷安特自行車、Apple iPhone手機……等產品，也有同時向上端及下端產品發展推出的實際狀況。

（十）日本麥當勞的價格策略─用附加價值與品質，提高價格

　　日本麥當勞曾經歷一段「賤賣」漢堡的歷史。 1995年，漢堡的售價從210日圓降價到130日圓；到了2000年，非假日的時段，一個漢堡只賣69日圓；2002年，漢堡價格多次搖擺調整，從69日圓漲價到80日圓，後來又從80日圓調降至59日圓。至到2006年5月，一張貼在門口的告示，才暫時讓公司從低價的暴風圈中脫身。

各位顧客：

　　感謝您長期以來對於日本麥當勞的支持，為了提供更好的味覺與品質，提升

食材的品質管理，引進新型系統讓您能夠享用到剛做好的商品，因此，即日起部分商品的價格進行調整。

我們會以為您提供更好的服務、更高的價值為目標，以滿足您的需求……。

因為引進新型系統縮短現點現做的時間，改變以往大多數商品「做好之後放在保溫區等待點餐」的做法，加上強化食材的品管，此次共有6成商品調漲。此次調漲，顯示了日本麥當勞會長兼執行長原田泳幸的價格策略進入另一個階段：提升附加價值，以服務決勝。

2004年3月起接任的原田泳幸認為，一個漢堡只賣59日圓的價格，並不能說是一種失敗的策略，端看是否有一套長期且完整的價格策略。因為，產品發展生命會經過3個階段：以技術或商品賣點打開市場、靠價格戰把市場做大及以附加價值與服務搶攻別人的市場。

日本麥當勞在2005年4月，推出「100日圓單點、500日圓套餐」策略，雖然吸引顧客，卻無法提升利潤。2005年10月，日本麥當勞推出蝦堡，在短短4週之內就狂賣1,000萬個，單價270日圓的高定價策略，成功跳脫低價路線的固有形象，同時獲得年輕女性的新客層。

原田泳幸認為，價格策略必須因時制宜。有時候，必須先放棄利潤導向，用低價策略增加來客數，以確保市占率。接著，一邊維持顧客的回流率、一邊提高顧客每人平均消費額。這時候，就要以研發高價位商品及調升高價位產品比例的策略，一步步達到成長的目標。

（十一）定價，已成為數位時代新顯學！

⑴定價是一個快速又有效的經營績效改善手法，如果定價得宜，便能立即改善利潤。隨著科技的進展，定價這件事變成新顯學。

⑵因為數位讓差別定價有更多可能性，衍生的新議題可分五類：全通路定價、動態定價、個人化定價、創新收入模式、新的數位產品或服務的定價。

⑶根據研究，線上購物的消費者，超過一半在意價格便宜。進入全通路時

代，似乎意謂著售價全面下跌，但不必然如此。

　　深入到各品類和品項去做區隔，清楚定位每個品類在線上商城扮演的角色。我們曾協助一家零售客戶，根據消費者的消費習慣與價格彈性去區隔品類，作為其全通路定價策略的一環。有些品類的銷售主力還在實體店面，線上就不用打折太多；有些品項，大家都已在網路上買，那就是關鍵線上購物商品（Key Online Items)，此時價格就必須在線上很有競爭力。

(4)定價的關鍵是，要由消費者的想法出發。譬如，奶粉與衛生紙會上網買（定價時要考慮物流成本）；但衝進商店裡買冰，通常是馬上要吃的，線下價格就不用與線上一致。

(5)動態定價與個人化定價做最好的是亞馬遜。以微波爐的銷售為例，亞馬遜曾為了測試消費者的價格彈性，一天變化價格九次，由744到871美元。個人化與動態定價通常不會改牌告價，而以促銷型態出現。

(6)未來商店看板價格可能都是參考用，消費者可能會依個人情況不同，收到不同的折價券，最終付的錢也不一樣。

二　全球化下的國際價格趨勢

（一）國際定價兩個不同的抗衡因素：差異化因素與一致性因素

　　同一個產品。例如：一瓶可口可樂、一個麥當勞漢堡、一包泡麵、一個LV名牌包包、一碗餐飲店的煮麵等，在不同的國家，可能會出現不同的價格。

　　例如：在1990年代初期，筆者到中國北京市的超市去買東西時，看到一瓶可口可樂的定價是人民幣3元（約新臺幣12元）；而當時臺灣可口可樂一瓶則為20元左右。到了2008年再去看時，一瓶可口可樂的定價是人民幣5元（約新臺幣20元），與臺灣的價格相去不遠了。顯示北京或上海的物價水準已與臺北差不多了。

　　同樣在日本，2008年一瓶可口可樂的價格大概150圓日幣（約新臺幣45元），比臺灣至少貴一倍以上。

　　看來，一瓶可口可樂在臺灣、中國及日本等3個國家地區，都出現不同的價

格。我們稱此為國際性品牌在世界各國的不同國際定價。

那為什麼會出現有些國際定價會相同、有些卻會不同的狀況呢？這主要有兩大類因素影響著國際品牌的國際定價之相近或差距很大。

1.影響國際定價「相近性」或「一致性」因素

(1)公司政策

關於品牌全球化／標準化趨勢。

(2)外部因素

①貿易障礙在各國是否瓦解。

②運輸成本是否降低。

③國民所得水準是否接近。

④第三者的介入（真品平行輸入問題）。

⑤傳播／資訊的普及與發達程度。

⑥民眾消費力的程度。

2.影響國際定價「差異化」或「不一致性」因素

(1)市場因素

①競爭環境。

②製造成本狀況。

③顧客消費行為／偏好。

④國民所得差距遙遠。

(2)外部因素

①通貨膨脹高。

②匯率變動大。

③法規嚴格。

④關稅高。

（二）國際定價走廊

美國兩位學者專家羅伯・道隆（Rober Dolan）及赫曼・塞門（Herman Simon）則針對國際定價在各國間的未來趨勢研判，認為未來「價格一致性」因素會影響比較大，因此，各國同一個產品的價格應該會拉近。

為此，他們兩位提出了「價格走廊」（Price Corridor）的概念。如次頁圖3-9-5所示：

在右圖中，兩條價格曲線隨著歲月時間而相互靠近，定價差異化縮小中，而趨近一致性。

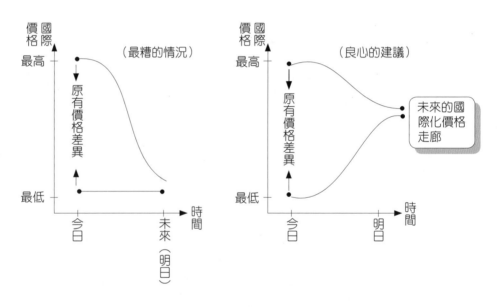

圖 3-9-5　國際價格的可能走向

資料來源：Robert. J. Dolan與Herman Simon著，劉怡怜、閻蕙群譯，《定價聖經》，藍鯨出版，2000年，頁150。

（三）本書作者的看法

基本上來說，這二位美國學者專家的看法，大致上是對的方向。

不過，就目前當下而言，部分的國際化產品在各國的定價狀況，有些還是有差距的。例如：在日本東京、美國紐約、英國倫敦、法國巴黎等大都市及高所得

地區，其國內及國際產品定價仍然比臺北偏高不少。上述城市的物價水準幾乎是臺北的2～3倍，也就是說一瓶飲料臺北若賣20元，東京的價格則為40元～60元之間。電腦價格也是一樣，臺北的筆記型電腦如果一部是3萬元，東京則要7萬元以上。

同樣的，在越南、印尼、寮國、馬來西亞、菲律賓等比臺灣落後地區的國際產品價格，也比臺灣更低一些。

因此，國際定價大方向是朝一致性走，但仍有部分差異化情況存在。

（四）「價格與效益定位圖」的繪製3步驟

1.定位圖3步驟

美國知名行銷學者李察‧達凡尼（Richard D'Aveni）曾在2007年11月《哈佛商業評論》中，撰寫一篇有關〈價格與效益定位圖〉（Price Benefit Positioning）的好文章，透過此圖，可以達成下列目的：

第一：可以深入了解價格與效益之間的關係；

第二：可以追蹤競爭地位的長期變化並剖析競爭者的策略；

第三：可以預測市場未來趨勢。

以下摘述哈佛教授李察‧達凡尼對繪製價格與效益定位圖的3個步驟，他認為：

步驟1：界定市場

先定出有意進入的市場界線。首先要找出顧客的需求，儘量納入可以滿足這些需求的產品與服務，才不會因為出現一些新競爭對手、新技術或罕見的產品能夠滿足那些顧客需求而措手不及。

其次，選擇你想研究的國家或地區。如果顧客、競爭對手或產品使用方式有很大的地域差異，最好限制研究的地域範圍不要太大。最後，要研究某種產品的整個市場，還是只研究其中某個市場區塊？針對零售或批發市場？要追蹤產品或品牌？你可以更動分析的架構，繪出不同的競爭定位圖。

步驟2：選定價格並確認主要效益

必須決定比較什麼價格：是初始價格，還是涵蓋生命週期成本的價格；價格是否納入交易成本；是否採用搭配其他產品銷售的套裝價格。最後如何抉擇，就全看你研究的市場中，顧客究竟以何種價格作為購買決策的基準。

確認主要效益，找出能解釋最大部分價格差異的效益。策略成功與否，要看顧客對這些特色的評價，而非公司的看法。要知道顧客的評價，必須列出市場上所有產品或品牌的效益，再蒐集相關資料，以了解顧客對這些效益的感受。

取得產品效益與價格資料之後，就可利用迴歸分析，找出哪種效益最能解釋價格差異。

步驟3：標出位置、畫出預期價格線

確認主要效益後，就可以畫出一張定位圖，做法是根據價格與主要效益的等級，把市場上每家公司的產品（或品牌），在圖上以一個點來標示，透過共同基準來顯示競爭者的相對位置。

最後，必須畫出「預期價格線」，也就是最能代表圖中各點的一條線。預期價格線顯示，顧客為了獲得不同等級的主要效益，平均願意付出多少價錢。定位圖可以協助公司看清競爭態勢，確認顧客重視的效益，找出競爭者較少或根本沒有對手的市場空間，也可以在主要效益與價格的關係變動中發現商機，並協助公司預測對手的策略。

2.定位圖的分析功能

哈佛大學教授李察‧達凡尼認為，此圖可以達成以下的分析功能：

(1)這樣的分析，也可以讓企業評價無形效益。許多公司努力以無形效益來留住顧客，在工業市場尤其明顯。它們投入大量金錢提供附加服務，卻不確定顧客是否真的需要這些服務而願意掏腰包。如果能計算無形的次要效益究竟可以賺進多少溢價，就能避免虛耗資源。

(2)再來，可以預估效益價值的變動。在消費者持續要求不同效益的市場，公司可以利用價格—效益方程式超越對手，包括決定未來要用多少成本、開發哪些特色，並推估再過多久必須推出具有差異性的新特色。

(3)為了擴大價格—效益圖的應用，可以在圖上加入更多資料，深入進行價格

一效益分析，預先發現這種變動，尋找阻力最小的途徑。另方面，預測對手的策略意圖，先下手為強，根據市場趨勢預測來畫圖，就是一個做法。

⑷價格—效益分析可以發出預警，針對競爭威脅提出因應對策，還能讓高階主管看到更多可能性。不過它和所有策略架構一樣，並不是萬靈丹。每張圖對競爭地位變動的原因都有好幾種假設，主管必須運用自己對產業的知識加以研判，找出正確的策略。不過，價格—效益圖可以讓主管根據事實做決策，避免因為一廂情願的錯覺，犯下嚴重錯誤。

（五）折扣戰略的4種操作方法

目前市面上常見的折扣戰略運用可分為4種：

1.數量折扣

這可說是最基本的數量定價策略，當顧客購買超過一定的數目，其所買的所有產品都以那個區間的優惠價格計算。

這種定價策略最適合針對大量採購的顧客，也就是那些在合約期間（例如：1季、1年）中，對於產品有著固定需求、累計總量很大的顧客。

由於採購量大，他們往往是對價格非常敏感，會尋求市面上所有的選購方案，不斷地談判，以便達成最滿意的交易。像是報社每天都要出刊，累計下來，1年印刷紙張的用量就非常驚人，紙漿與紙張供應商為了抓住這種大客戶，對於報社往往會給予比別人更優惠的價格。

2.訂單數量

顧客訂單上的數量愈大，每單位的加工、運輸成本就愈小。為了鼓勵消費者一次訂購很大的數量，廠商通常根據訂單上的購買數量給予折扣。

這種定價法和「數量折扣」看起來有點類似，但兩者最大的差異在於，數量折扣的價格往往是雙方協商後的結果，而其計算的基礎，是預先推估未來一段期間內顧客所需的總量，所以顧客每次下單數量不一定會很大，但在合約集計期間內，累積出很大的總量。而「訂單數量」則是顧客一次下很大的單，廠商在確知

顧客實際需求量後，再依原價一次給予折扣。

3.分步折扣

也叫「分批折扣」或「兩段式價格制」，其優惠折扣發生在超過某一數值的購買量後決定，也就是以初始定價計算至某一個數量後，其餘單位再以較低的價格計算。

這種定價方式的代表例子就是「多人同行優惠」。像是餐廳的「情人優惠」，第一位顧客必須支付原價，但同行的第二位可能以半價就能享受到同樣的服務；或更進一步的「多人同行一人免費」，鼓勵家庭一起出遊。

當然，數量的累計也不一定要在一次購買中完成，像航空公司的哩程紅利優惠也是此類型定價法的另一種應用。當消費者搭乘的哩程數累積到一定數量，就可用以折抵機票費用或免費升等，這也是要求消費者必須先消費到一定的量之後，才能享受優惠的分步折扣。這類型定價法最大的優點就是既可鼓勵顧客增加購買數量，又不必降低該數量以下那部分商品的價格。

4.兩部分定價法

這是指將一個產品的收費分為兩部分，由一筆固定費用加上一筆額外的每單位價格組合而成；也就是說，顧客付一筆固定費用取得購買產品的權利，再依實際使用狀況支付單位邊際價格。

手機通訊費用便是典型的例子。電信公司先收取一筆月租費，再依實際使用狀況向消費者收取通話費。當然，廠商可以用較低的固定費搭配較高的邊際費用，或較高的固定費配上較划算的邊際價格，讓顧客自行選擇最划算的計費方式。

或許有人會覺得數量折扣是廠商精心設計的價格陷阱，不過正如《好價錢讓你賺翻天》一書中，對折扣有句非常實際的評語：「沒錢的人需要低價格（價值），有錢的人愛低價（心理）。」數量折扣，以最實際的金錢回饋，刺激消費者的購買衝動，折扣愈大，愈能碰觸到顧客認為自己撿到便宜的心態，價格愈低，就愈能吸引顧客購買較大的量。只要消費者有預算限制，依照數量定價，永遠都是廠商最好用的定價策略。

（六）價格調整4種策略方法

產品之價格常隨時間與空間而有所調整及變化；一般較常見的價格調整策略（Price Adjusting Strategy），大致可涵蓋下面4種，概述如下：

1.價格折扣與折讓

⑴現金折扣（Cash Discount）

有時為鼓勵客戶提早付款，會給客戶折扣優待。例如：企業界常有付現金就給予5%折扣，表示只付95%之貨款即可。這5%意味著利息費用。

⑵數量折扣（Quantity Discount）

當客戶一次進貨量超過一定數量或金額時。賣方往往給予若干比例或定額之折扣。例如：某產品每件100元，當購買量一次超過1,000件時，可能每件價格降為98元。或是用加贈多少件方式獎勵。

⑶季節性折扣（Seasonal Discount）

銷售常會遇到淡旺季的不可避免現象，因此，賣方為了促銷庫存產品，常會降低產品價格或拉長支票票期給賣方。

⑷功能性折扣（Functional Discount）

為了獎勵通路成員在運輸車輛、倉儲空間、積壓存貨或大量銷售等功能性協助賣方之貢獻，也常會給買方在價格上的若干折扣。

2.促銷定價

係指將產品之定價拉在目標下之價格，以吸引客戶上門購買。例如：業界常慣用的「清倉大拍賣」、「結束營業對折賣」、「週年慶大特賣」、「節日大優待」、「買二送一」、「買2,000元送200元」或是「第二件起5折價」等琳琅滿目之花招。

3.差別定價（Discriminatory Pricing）

由於在行銷時面臨不同的狀況，因此對價格之使用，也常有不同的基礎，分別是：

⑴顧客基礎不同

不同的顧客對相同的產品與服務，所願支付之價格也不同。例如：公車票價有區分老年優待、學生軍警優待以及一般定價等。再如：唸企管碩士班的EMBA及一般學生，也是不同的學費定價，EMBA會較貴些。

⑵地區基礎不同

例如：一般縣市所銷售的產品就會比大都會來得便宜一些。此外，像電影劇院之特區與包廂的定價就比一般區域來得貴些。還有一些水果在鄉下原產地就比都市便宜些。

⑶時間基礎不同

例如：週日的打折價格、百貨公司週年慶時間的大特賣，或限時搶購等之產品價格，均較一般時段來得便宜。例如：遊樂區晚上的星光票，就比白天便宜些。

差別定價有其必須具備之條件（差別定價之條件）：

　①此市場是可以區別的，而且有不同的需求強度。

　②支付低價格的客戶，沒有辦法將此產品移轉到較高價格的市場。

　③競爭者沒有機會在公司定價高的市場，以較低價格銷售。

　④從事市場區隔及差別定價後之銷管成本支出，不會高於從差別定價中所獲之收益。

　⑤此方法是否會引致客戶抱怨或違反政府法令。

4.國際貿易報價定價

此即以消費者所在地為基礎，而予以訂定不同價格，又可細分如下：

⑴FOB與CIF的定價法

所謂FOB，英文為Free on Board，原為國際貿易上之一種報價方式，另一種為CIF（Cost+Insurance+Freight）。

FOB以簡單的話來表達，就是指產品出了本工廠之倉庫後，到達出口港岸或飛機場上為止，期間所發生之運費，由工廠負責支付。而CIF則是指產品必須全程負責安全的送到國外客戶手上，因此其報價成本，還包括海空運費及保險費。

（七）獲利公式：V>P>C（價值＞價格＞成本）

二種主要獲利來源。「低成本」或「創新價值」就企業實務來說，廠商在市場激烈競爭中，能夠獲利的二種主要來源，包括：

1.低成本競爭力

透過各種規模經濟化及控制各種成本、費用，自然就能產生比較低成本的優勢，然後，就能產生較高的獲利可能性。如果成本居高不下，獲利自然就被壓縮了。

2.創新價值競爭力

低成本競爭力畢竟有一個極限，不可能無限制的把成本壓下去或縮減下去。因此，另一方面，更為重要的是創新價值，創新價值的空間、發展及可能性是永無止境的，也是最值得著力的地方。創新價值的方向，包括：(1)原物料的創新；(2)零組件的創新；(3)設計創新；(4)功能創新；(5)品質創新；(6)耐用創新；(7)美感創新；(8)便利創新；(9)服務創新；(10)包裝創新；(11)包材創新；(12)命名創新；(13)品牌創新；(14)促銷方法創新；(15)廣告手法創新；(16)銷售地點創新；(17)口味創新；(18)煮法創新；(19)製造過程創新；(20)技術創新；(21)事業經營模式創新等，各種均具有價值的創新內容及創新呈現。

因此，我們可以這樣總結：

$$V>P>C（Value > Price > Cost）$$
$$（價值＞價格＞成本）$$

在上式中，成本是最後的因素，而價格是成本加上一定比例的利潤之後，即形成價格。最後，則是創新的價值，其利潤又高於一般性的價格。因此，公司全體部門及全體員工，均應朝「創新價值」而努力。

（八）123法則

所謂「123法則」即是「價值多1倍，售價多2倍，而獲利即多3倍」之意。因此，還是要從產品價值的提升及創新而做不斷的努力及突破，才是卓越企業基業長青之道。

但是，如何讓企業能夠不斷創新產品的價值，不斷提升產品的附加價值，這就有賴於公司全員、全部門的各種努力，包括：

⑴建立創新價值的企業文化及組織文化之風氣。

⑵制定具有高度激勵性與鼓舞性的創新制度、辦法及規章，依法、依機制而行。

⑶應鼓勵全員做「創新提案」，全員大家一起來發揮創意與智慧。

⑷企業老闆及最高執行長應帶頭重視創新價值與提升附加價值的經營理念，以燃起這種創新的氣氛及熱情。

⑸不斷招聘、挖角及充實公司內部各種創意型及價值創新型的各部門優秀人才。成為一個創新價值的堅強人才團隊。

總之，每個員工應牢牢記住「123法則」，從創新產品價值著手，即可獲利倍增，避免長期做苦工。

【案例】P&G技術委外與產品創新是成長的重要支撐

1.技術委外，加速產品開發力

P&G公司全球有7,500名研發技術人員，每年P&G投入費用高達18億美元之多。P&G公司過去以來，不斷開發出優質的產品，都是靠背後無名英雄的技術。因此，P&G除了以「行銷」知名外，「技術」其實也是支撐P&G今日世界第一地位不可欠缺的力量。

自2001年起，在P&G執行長拉富雷（A. G. Lafley）決心帶動下，P&G開始大幅轉變研發的政策，以積極的態度及做法，大幅引進外部的技術、取得外部技術、運用外部科技人力，擺脫過去只靠自己研發部門的策略性大改變。拉富雷執行長開始提出「C&D戰略」（Connect & Out Develop）。意指以自己公司的智財

權為基礎，大量結合外部公司或外部工作室的資材與技術資源，為二合一的組合連結（Connect），然後開發出更多、更好，及更新的優質產品（Develop）。自從C&D企業戰略落實推動之後，P&G公司透過外部技術取得而開發出的新產品，已高達100個之多，目前已占全公司新產品總數的30%，未來很可能進一步提升到50%，此代表著外部技術與研發力量，支持著P&G公司成長力道的一半之大，其影響力十足明顯。

不過，外界均好奇，為什麼像P&G這麼巨大的全球化企業，還需要仰賴外部來源的研發與技術呢？負責P&G技術部門的副總經理拉利‧休斯頓坦然表示：「公司內部的技術能力，已經無法面對成熟市場產品大幅度創新的可能性了。這是內部化能力的侷限。P&G科技研究人員雖然高達7,500人之多，但是與全世界相比，跟P&G事業領域相關的科研人員，根據我們估計，全球大概有高達150萬人之多。他們都是很好的技術創新來源，他們都有不同於P&G技術人員的專長領域，為什麼不好好運用相當於200倍P&G技術人力的科技人才呢？」

事實上，P&G公司早已深刻體會到，如果在日用品這種成熟市場中，繼續研究開發下去，將會是條死胡同。事實已證明，如此做法不僅新商品上市風險高，也浪費了不少的研發經費，獲利更不會得到成長。

自2001年起，用P&G技術與研發「外部化」（Externalization）的結果，顯示P&G的每年研發費仍維持過去的水準，但研發費用占營收額的比例，卻呈現穩定的下降趨勢。過去，在2000年時，此比例最高是4.7%，到了2004年已降到2.5%。總結而言，P&G技術委外的成果就是，在一定的R&D經費下，公司的營收保持年年成長，而獲利也不斷上升。可以說這是一個成功的「技術委外」（Outsourcing）政策。

2.產品創新是成長的重要支撐

其實，早在2001年P&G執行長拉富雷要推動C&D策略之時，即引發內部研發技術人員的大力反彈及不滿，他們總以：「以P&G公司組織的巨大及優良，難道還會不如外面的人嗎？那是不是也承認了P&G的技術不行了呢？」作為反對的藉口。

可是，有膽識與魄力的拉富雷執行長卻不為所動，也不改變堅定的信念，他

決意告別過去數十年來，100%仰賴自我研發部門與人力的政策。拉富雷曾意志堅定地表示：「P&G公司並不在乎這個產品是誰開發出來的，是內部也好，是外部也罷，只要是對公司最終營收及獲利都有貢獻的，這就是P&G所要的。一切皆以P&G的公司利益來決定。」

面對股東大眾及法人投資機構要求成長的聲音，過去10年來，P&G公司的年平均獲利額成長，均達到12%的高成長卓越績效表現。被譽為是長期以來，全世界最優良的日用品第一大公司。

P&G公司年營收額達618億美元，每成長5%，即代表著要增加35億美元的營收，這個數據對任何一位CEO領導者的壓力都很大。拉富雷執行長即表示：「面對激烈競爭與成熟飽和的日用品市場，以及在每年相同產品，其價格大部分都不斷呈現下滑的狀況下，對新產品的投入開發與既有產品的持續改良，都是支撐未來成長所不可欠缺的重要關鍵所在。因此，P&G過去3、4年來，大力向世界各國各地區公開募集創新的技術、獨特的研究開發及深具市場潛力的新產品構想等基本政策，仍將會擴大持續下去。」

雖然P&G已位居世界第一大日用品公司，但為了保持它在產業與市場上的持續性競爭優勢與領導地位，P&G仍然積極且有效地透過策略性綜效併購方式；以及技術與研發外部化政策，大舉利用分布在全球各國150萬名豐厚的技術人才寶庫，來壯大及充實自身的產品開發與技術創新能力。這就是P&G能夠維持營收及獲利年年成長的終極密碼所在。

（九）多元市場的多元價格──價格最佳化，使營利最大化

1.最佳價格＝最高獲利

價格最佳化是研究如何訂出最佳價格（Optimal Price）來達到最高的獲利，採用價格最佳化的意義，在於讓企業賺到最多的錢。

一般來說，企業的獲利可以用一個簡單的數學公式來計算：

獲利（Profit）＝價格（Price）×數量（Volume）－成本（Cost）

根據這個數學公式，不難看出企業要賺錢，營業額或是價格乘以數量，必須要高於成本；換句話說，收入要多於支出。如何賺最多的錢，就要靠降低成本的同時，還能增加營業額，所以價格及成本直接影響企業的營收。而價格所具有的彈性，又比縮減成本所具有的空間要來得大，因此，增加消費者心中的產品價值，進而增加營業額，會比起控制成本、減少開銷，所收到的效果要來得大。

2.多元市場的多元價格

⑴單一價位與多元化價位對獲利的不同影響分析

國內保險精算師專家洪曉夏（2007）曾在一篇文章中，提出「價格最佳化」的新概念，值得本書及讀者們深入了解其意涵。她說：

在今天這多元化的市場中，單一化的定價模式，很顯然的會失去某些賺錢的機會。圖3-9-6中很容易看出單一化定價在X價位下，可賣出Y單位，而深色正方形的區域則代表公司的營業額，兩個三角形則代表所失去的賺錢機會。

在價格最佳化下，公司早已洞悉不同類型的消費者所願意付的最高價錢，而由此來決定售價。因此，採用多元化的定價模式，朝向價格最佳化的目標前進，企業不僅賺取原本圖3-9-6中深色的獲利區，同時也將銷售量推廣到兩個三角形裡。圖3-9-7中的深色獲利區，也因三種不同的售價，而比圖3-9-6的面積要大，在這種情況下，企業可賺更多的錢。

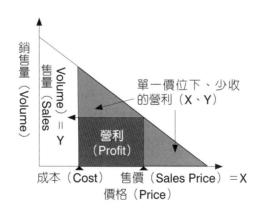

圖 3-9-6　單一價位vs.營利

資料來源：洪曉夏（2007），《管理雜誌》第391期，頁90。

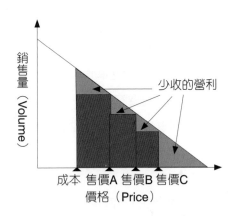

圖 3-9-7　多元化價位vs.營利

資料來源：同前圖。

⑵價格最佳化

如以銷售曲線與營利曲線來看，銷售曲線反映不同的價格對銷售量所產生的影響，通常價格愈高即會造成銷售量的減少，而成反比的銷售曲線，加上幾乎成正比的成本曲線，形成一個弧形的營利曲線，如圖3-9-8，這時，就不難找出產品的最佳價格。

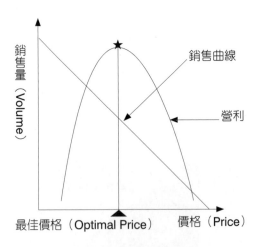

圖 3-9-8　價格最佳化圖示

資料來源：同圖3-9-6，頁40。

⑶小結

由此看來，以成本為底，加上企業所想要獲取的利潤，用這兩個變數來定價的模式，終究會被淘汰。成功的定價，必須先透澈了解消費者對價格的反應，換句經濟學的用語，便是要能衡量消費者對價格的彈性需求度（Price Elasticity），並以數量化的方式來看價格對銷售量的影響。

除此之外，多元化價位的產生，得要從消費者的價值觀來考量。航空公司之所以有商務艙及頭等艙的票價，就是因為乘客覺得更大的座位及更好的服務，值得付出比經濟艙更多的價錢。如果消費者不覺得價格能直接反映產品的額外附加價值，企業就很難以此來做差別定價。

⑷多元化價位，也不是萬靈丹（洪曉夏，2007）

精算師也表示：多元化的定價方式雖可讓企業賺到最多的錢，但並非任何情況都適用。如果產品數量不能隨消費者需求而增加，也就是產量有一定限制時，企業想要獲取最大利潤，價格單一化是唯一方法。如圖3-9-9中，當售價等於X時，可達到最佳的獲利；當售價高於X時，銷售量減少，利潤也減少。

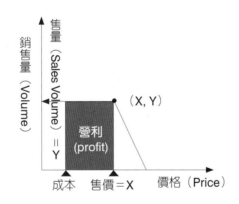

圖 3-9-9　產量限制下的單一價位vs.營利

資料來源：同圖3-9-6，頁40。

舉例來說，假設某班自強號列車天天載滿乘客，鐵路局受到現有座位的限制，無法以不同票價來增加業績。在這限制之下，為了達到最佳獲利，便可將票價提高到乘客所能接受的最高價位，因為一旦超過最高價位，乘客就寧可搭乘別種交通工具，這時鐵路局的價格策略就無法達到最佳化。

⑸企業應該有一套周全的定價策略

　　總而言之，任何企業是否有一套周全的定價策略，來朝向價格最佳化的理想境界呢？每一類型的客戶都有其供需曲線，好好利用這個供需曲線來定價，就能讓不同類型的客戶都購買你的產品，銷售量自然增加，進而達到最佳的獲利。

（十）特殊性的定價模式思考

　　掌握顧客情報，根據消費型態而定不同價格。

　　國內汽車保險公司精算部主管洪曉夏（2006）是位精算師，她曾在一篇文章提出一個定價的觀念，實際上，雖不可能經常發生，但在某些地點、地區或狀況下，也有可能發生及應用。不過，重點仍在於她表達了定價應該有明確的顧客情報時，才會定出對獲利最好的價格。

　　茲摘述她在這篇文章的一些新定價觀點，如下：

　　趕著九點鐘前進公司的上班族，在早上非得買一杯咖啡來提神，他可能不介意多付一些錢來買這一杯咖啡。反過來說，很多會貨比三家、留意價錢的消費者，一杯咖啡多個一兩塊，可能都是他考量要不要在這家咖啡店消費的因素。

　　以下借用一個簡單的例子，並以數字化的形式來看一家咖啡店如何利用消費者的不同特性來定價。

　　一杯咖啡成本為20元，根據一般市價，一杯咖啡售價可賣到65元。

　　A類型顧客：上班族趕上班，願意花80元買一杯咖啡。

　　B類型顧客：學生族沒什麼錢，只願意花65元買一杯咖啡。

　　C類型顧客：觀光客不知當地行情，願意花100元買一杯咖啡。

　　在不知道顧客類型之下，一杯咖啡定價65元，一天可賣出200杯，單杯盈利45元，淨盈利共9,000元。

　　如果我們知道顧客類型及他們所願意付的價錢，淨盈利即可從9,000元增加到10,625元（上升18%）。

表 3-9-1　運用定價策略提高盈利

不知顧客類型及他們所願意付的價錢

①	②		③	④	⑤：②×④
顧客類型	購買人數	願意出價	售價	單杯盈利	淨盈利
A	50	未知	65	45	2,250
B	125	未知	65	45	5,625
C	25	未知	65	45	1,125
共計	200				9,000

表 3-9-2　知道顧客類型及他們所願意付的價錢

①	②		③	④	⑤：②×④
顧客類型	購買人數	願意出價	售價	單杯盈利	淨盈利
A	50	80	80	60	3,000
B	125	65	65	45	5,625
C	25	100	100	80	2,000
共計	200				10,625

製表：洪曉夏

　　俗語說「知彼知己，百戰百勝」，以定價模式掌握顧客的情報，致勝的關鍵就在其中。

（十一）一家商店的商品與價格組合

　　國內連鎖加盟促進協會祕書長李培芬（2007）依據其多年的業界經驗表示，一家商店的商品與價格的組合，大致會有3種組合體。如下：

1.帶路商品

　　出清、限量或特價商品，又稱集客商品，可有效吸引或帶動顧客入店消費，營運重點並非利潤導向。

2.利潤商品

為銷售的焦點，通常一家賣場八成的獲利來自於二成的商品，此二成的商品即為利潤商品，是銷售的重點。

3.組成商品

就像一齣戲有主角也有配角，商店中的商品也是如此，少了組成商品，無法烘托利潤商品的重要性，同時組成商品也有豐富賣場的功能。

想要挑戰價格的屋頂，創造利潤空間，可從內向與外向雙重著力，內向的部分是成本的控制、供應夥伴深化與開發以及主題創意陳列；外向的部分有新商品、獨家商品與品牌聯銷等方式。

合作開發新品，同時也要引進新供應商，增加商品來源與管道。賣場陳列也很重要，應融入商店主題與創意，在陳列上做突破，這是賣場經營者內向的投入。

外向的投入部分，目標是對準顧客，重點在建立差異化，讓顧客無法比價，價格屋頂即可築高，同時引進新品與獨家商品，降低價格敏感度，直接訴求價值的提升。另外與其他知名品牌聯合銷售，利用品牌效應，降低對促銷或折扣活動的依賴，追求量價均揚的效果。

（十二）定價應考量消費者心理與行為研究

國內創業顧問專家呂仁福（2007）認為，產品定價除了考慮成本多少、需求多少、供給多少等因素之外，還需要考量到消費者心理與行為研究，他的分析如下：

消費者心理與行為研究，係因行銷追求顧客滿意，就必須了解消費者心理及行為模式：

(1)以9為尾數的定價法。

(2)零售業者採取「帶路雞定價法」：選擇銷路最好的幾樣商品或服務，訂出遠低於市場的價格，吸引顧客上門，一旦入店就有可能買其他的產品，尤

其是臺灣顧客屬隨機性購買。

⑶採高價策略：也與消費者心理有關。例如：奢侈品或精品的定價很高貴，因為它代表社會地位或特權。

⑷價格代表品質：高價位代表品質好，便宜沒好貨。

（十三）3類不同產品分類，有不同的價位法則

國內行銷專家葉益成（2007）認為，一般消費者對產品有3種分類及不同的價位看法：

1.經常性用品

因客戶對品牌喜好和流行性的要求皆低，同業間產品在價值層面上是差異極小且供過於求，消費者常以方便和便宜為取決，如日常生活用品。

2.非經常性用品

因必需性較低，客戶一般不會經常購買，價位可以比較高，如珠寶等奢侈品。

3.特殊用品

因客戶對產品有堅持與要求，價位可以更高，如醫藥、古董等。

企業若能掌握上述3類產品的特性與價格的關聯，應對得當，就能獲利加乘。

（十四）任意降價會形成的可能反效果

廠商如果任意降價，有時候也要思考它的負面點，包括：

1.犧牲利潤

尤其價格彈性低時，甚至會造成虧損。

2.引發價格戰

當降價時競爭對手立即跟進，白忙一場。

3.影響長期銷售量

降價刺激短期銷售量，促銷過後即大幅下滑。

4.易降難漲

促銷以不打折送贈品、加量不加價，比直接降價佳。

（十五）了解價值、訴求價值、定價值而非定價格──對服務性
　　　　產品的定價方法

東吳大學企管系副教授林陽助（2006）曾在《突破雜誌》一篇文章中，很精闢的指出對服務性產品的定價，企業所須採取的態度是「了解價值、訴求價值、定價值而非價格」的做法。茲摘述林教授的觀點如下：

價格的形成最主要受到三個因素的影響，首先為公司的成本結構，其次為競爭者的成本、價格與產品，第三個則是顧客的需求及其對產品服務特色的評價（即傳送給顧客所感受到的價值）。

今天企業經理人已認知到貨幣性價格（Monetary Price）不是消費者為獲得產品與服務所做的唯一犧牲。因此，需求不只是貨幣性價格的一個函數，它也受到其他成本所影響。非貨幣性成本（Nonmonetary Costs）代表消費者在購買和使用一項服務時所認知到的其他犧牲來源。時間成本（Time Costs）、蒐集成本（Search Costs)，以及精神成本（Psychic Costs）經常被作為是否要購買或重購某一服務的評估項目，且有時比貨幣性價格更受到重視。顧客有時願意以金錢來換取這些其他成本。

因此，企業對服務性產品的定價，要採取的態度是「了解價值、訴求價值、

定價值而非定價格」的做法。

（十六）飲料價格怎麼定？

　　國內價格專家顧問傑希行銷顧問公司負責人朱成先生，對國內飲料價格有豐富的專長及經驗，茲摘述朱負責人對這方面精闢的一篇文章看法如下：

　　單一通路不可能滿足所有需求，你的產品可能需要透過不同的通路服務，讓滿足顧客需求時更有彈性。飲料業的通路型態可分為：便利商店、全聯福利中心、超級市場、大賣場及量販店、地區超市、傳統柑仔店、檳榔攤以及餐飲業。

　　就飲料業來說，通路主導議價力量，飲料廠商一般不會在商品上標示定價，而是由通路貼標。那麼，通路是如何定出商品價格呢？

　　便利商店比較麻煩的是要「找錢」，所以便利商店只希望廠商的價錢是以「5元」為單位，比如15、20、25元；如果你想定個有創意的價格「18元」或「12元」，可能沒辦法執行，因為找零錢麻煩。

　　廠商的定價，基本上是消費者的零售價，這個價錢到了不同通路會有彈性。假設在便利商店1罐可樂的售價是20元，報價後，店家也同意了，成本價可能是14、13元。這20元到了超市，可能賣19、18元，到量販店，可能賣17、16元，但因為只賣6罐裝，可能去個零頭，所以賣90元，促銷賣85元（因為數量跟單價有關）。

　　國內飲料市場的價格其實相當穩定，所以你只有一個方法，追隨定價。如果你想走高價位，就只有做冷藏，因為冷藏價格一定比常溫高；再者，消費者對咖啡的認知，會比茶高級，所以某些品類價格能夠提高，是因為消費者認為「那個理由我相信、我接受」。因此，廠商在推出新產品時，要維持高單價，但要維持高價，就要在品牌上下工夫。

個案分析：價格個案模擬與因應對策

　　何明師是一位精明能幹的業務員，從小在澎湖長大，刻苦耐勞的生活習慣造就了他堅忍不拔的精神，從事業務工作15年以來，憑著他憨厚的個性、誠懇的態度，擁有很多知心的客戶，也因為這樣長年累積下來的客源，所以，頂立實業公司的業務得以順利發展。

　　頂立實業公司從事南北雜貨的批發，近年來因為WTO的關係，頂立實業的老闆吳志中開始兼營食品進口業務，透過頂立多年來的信譽所累積的客戶，很多商品都能夠順利的銷售。

　　何明師是吳老闆志中最倚靠的業務大將，負責業務操盤，並帶領20名業務人員，歷年來發展順利，業績平步青雲。

　　最近3年來，由於兩岸交流頻繁，連帶中國的南北雜貨走私進口，衝擊著南北貨市場，價格直直落，不論是香菇、海帶、干貝、魷魚、枸杞、人參、蓮子、髮菜、海參、鮑魚、魚翅等中國貨蜂擁而入，價格低得令人咋舌，何明師手下的業務人員每天都把市場價格回報，頂立實業的進價早已超過市場上的價格，頗令他束手無策。

　　何明師很清楚中國貨的品質等級不能與頂立實業的貨色相比，但是，雜貨店卻以價格比較來決定進貨，所以，造成頂立實業的業績大受打擊。何明師如今面臨抉擇的十字路口，他心想，應以多年來累積的商譽，不做低價及品質不好的次等貨來維持市場，堅持銷售品質保證及貨真價實的路線，可是，業務員的意見是，以中國貨為副，進口貨為主，用雙面夾殺的方法，來維持業績於不墜，跟隨市場才是聰明的方法。

（一）堅守價格，安內攘外

　　面對這兩個抉擇，何明師一方面為了維護頂立的商譽，不辜負客戶的殷切期盼，價格雖然貴一些，做起生意心安理得，尤其當他看到報紙及電視上報導那些黑心商品時，就慶幸自己沒有被牽扯在內，中國貨的危機，殺傷力很大，不得不

小心提防。

但是，眼見銷售額的下降，他也擔心，是否會犯了「曲高和寡」的禁忌，而業績下滑，利潤節節下降，畢竟市場上的價格被破壞之後，很難回頭，死守舊有的經營方法，恐怕很難維持原來的局面，那麼，過去努力的結果豈不付之東流？

堅守品質、堅守價格、維護商譽是他一貫的做法，也是頂立實業的踏實做法，但是，眼看中國貨的衝擊，又不能不回應，真是令他左右為難，坐立難安。

最近他將和老闆吳志中討論未來的經營方針，假如你是何明師的顧問的話，您建議他怎麼做，才能擬定一套有效的因應對策呢？

面對市場的激烈競爭，儘管頂立實業的商品品質絕不輸中國貨，卻仍然面對低價的衝擊，個人建議，因應對策應從以下三個重點著手：

1.堅守價格、樹立形象

頂立實業公司多年來一直維護著良好的信譽，很多商品都能順利的銷往各地，代表商品價格實在且品質也在標準之上，若是因為中國貨低價惡性競爭的衝擊而一再的削價競爭，只是貶低了自己商品的價值，應該要堅守價格，但是也要做到讓消費者覺得物有所值，才是真正的因應方法，就像即使市面上仿冒氾濫的國際精品LV、GUCCI等品牌並不會因此降低商品價格，但消費者仍願意花高於仿冒品數十、甚至數百倍的價格購買其商品，因為他們知道商品物有所值。

2.堅守品質、維護商譽

既然要堅守價格，所以在品質上就更要堅持，如果商品本身品質不佳，消費者又怎麼會覺得物有所值，所以跟上游供應商協定要求，約束品質的穩定，以維持公司產品形象是十分重要的，雙方必須達成共識，若是商品出問題，相關的賠償事項或因應措施，都是必須詳細討論以維護頂立的權益。

市面上黑心商品負面消息新聞不斷，可挑選部分價較昂貴或是較具爭議為黑心貨的產品，申請檢驗與中國貨做比較或區隔，並且也可在產品上附上檢驗書，以作為產品的品質保證，也維護頂立多年來的商譽。

3.穩定原有客戶、開發新市場

古有明訓，凡事必須先安內再攘外，頂立實業首先要讓員工充分了解公司理念以及商品在市面上的定位，要是連公司員工都因為中國貨的低價衝擊而對公司商品失去信心，又怎麼能說服顧客？唯有上下一條心，才能共同創造佳績。

請業務員更加勤於拜訪客戶，穩定原有的客戶，也可對業務員擬定業務上相關獎勵方式發放績效獎金，若開發出新的客戶，就給予適度的獎金以示鼓勵，漸漸累積愈來愈多的客戶。

提供新產品給客戶試用。仿效市面上的滿額送；贈送的產品可讓客戶自選，或是贈送客戶有需要但不曾向頂立實業選購的產品，讓客戶有機會試用及了解商品，拉近與客戶之間的距離，使業務推銷上的產品多了一項機會。

開發新的產品，與市面上流行或提倡的觀念做結合。例如：強調養生觀念或是高營養價值等商品，以擴大市場網羅不同需求的顧客群，也可藉此機會提高消費者對頂立實業公司的印象。

若是能充分從以上三個重點做努力及改善，相信以頂立實業公司多年來在業界的好評及實力，必定能度過難關，唯有堅持信念、堅守品質走出自己的路，才能獲得這場割喉戰的最後勝利。

（二）找出控制方法

面對於市場低價的問題，何明師應該先去評估自己公司的產品，在消費者心目中之地位到底如何？而在市場上是否具有領導特質呢？另外，頂立實業公司所賣的產品，是否能趕得上市場潮流呢？何明師可以從諸多因素來對老闆吳志中老闆做分析。

1.從市場競爭態勢來探討

頂立實業公司在整個市場中，他所提供之產品，能與其他同業的競爭者抗衡嗎？如果可以的話，就可以採取自己的策略路線。但是，在這過程中也千萬不能忽略小的組織，畢竟，小的組織能夠彈性變化，這是老舊的公司比較不能去適應

的。

　　除此之外，何明師也可以跟老闆建議，可以從市場區隔面來想對策的因應方法。譬如說：透過不同族群（年齡、性別、地理位置）等對象分析，來區分他們對不同產品之喜愛程度。這樣才能真正達到不同顧客群之滿意度，也可以與競爭對手做有效的區隔。相對的，公司的獲利也就會跟著提升。

2.不斷的提供創新的產品

　　頂立實業公司，不只對進口產品有研究，也需要不間斷的提供消費者不同產品的樣式、口味。面對著競爭的環境，業務人員需要試著去了解顧客還沒滿足的部分。最後，把意見回報給總公司的負責進口的人員。因此，才可以真正達成好的溝通平臺，而提供創新產品販賣。

　　另外，提供創新之產品也有個好處。那就是可以去吸引更多未開發的顧客，而原本的顧客，也可以讓他們了解到頂立實業公司對顧客的用心，維繫了彼此的情感。

　　換個角度來思考，也可以說頂立公司能創造品牌的最好時機點。因為，只要代理的食品大家滿意度極高的話，也可以間接創造頂立實業公司的知名度。這樣，何嘗不是種好的方式呢？

3.「為誰何戰、為何而戰」之確定方向

　　公司未來的方向是如何呢？是為了價格而戰，還是為了顧客忠誠度而戰呢？何明師可以跟老闆討論一番。我個人認為，市場上的低價不過是一時的，但是顧客是長遠的。不只提供顧客良好的品質，也應該讓顧客覺得買到的商品有「賓至如歸」的感覺。低價雖然是一項策略，但是真的可以長久維持顧客的心嗎？這是值得思考的。

　　就以賓士轎車來說，它所提供的價位極高。但是，為何銷售量依然居高呢？因為，它賣的是安全、氣派，讓顧客在外面能顯現出他所買的車子之高貴、價值。

　　可見低價並非是一條絕對的道路，當大家都走這樣的路，那就不能顯現出其產品價值之特色了。

4.透過電腦科技來建立快速報價機制

　　面對市場價格波動的問題，頂立實業公司應該馬上建立線上報價機制，以因應對手的小動作。有時，市場價格的變動牽動著組織整體的原本策略。然而，只要能迅速了解到市場上之動態，就可以讓上級的經理能馬上決定下個策略，不至於讓公司處於被動挨打的情況，顯現出公司的應變能力。

（三）衡量定位／市場區隔的策略與戰術運用

　　兩岸雖未正式開放三通，但因公開或地下的商業貿易活動頻繁，已衝擊著臺灣很多當地的產業，案例中的頂立實業也深受其害，面對中國低價南北雜貨傾銷的困擾，建議吳志中老闆與何明師，首先應重新思考頂立實業的營運策略與戰術，可由下列的不同策略來衡量。

1.短線做法──保銷售業績、降營業利潤

　　(1)配套戰術

　　　①推出頂立實業的產品副品牌，產品以低價的中國食品南北雜貨為主。

　　　②採不同的產品包裝，應以大包裝（重量多）或南北綜合雜貨組合包裝為宜，塑造俗（便宜）又大碗的感覺。

　　　③不同的銷售通路區隔，專注在重要量販通路，可考慮另組業務團隊負責，以防業務角色錯亂，有利於副品牌產品銷售與推廣。

　　(2)策略執行優缺點

　　　①短期內應可繼續頂立實業的營運業績成長，可回應業務的反映與抱怨。

　　　②因低價競爭，一段時間之後，市場秩序將會更加混亂，營業利潤也將更加降低。

　　　③一旦媒體再報導中國黑心貨事件，都會影響銷售業績。

2.長線做法——保持營業利潤、犧牲銷售業績

⑴配套戰術

①尋找差異化的產品與設計創新有價值的產品包裝，與中國貨明確區隔，擺脫低價的市場競爭。

②堅持產品的篩選與品質控管，塑造成進口食品南北雜貨的「精品」，持續穩住與提升頂立實業公司的「形象」。

③精選最有助於接觸市場區隔後，「目標客戶」的銷售團隊與配銷通路。

④建立良好的批發與零售關係，致力加強通路效率／產品周轉率，給予較高的利潤（通路）與獎金（業務）。

⑵策略執行優缺點

①吳志中老闆與何明師必須花費精神與時間，做內部業務團隊的溝通，並取得共識和支持。

②短期間也許會降低頂立實業的營運利潤與業績的成長。

③但如看長期，品質與商譽就是最好的廣告，一旦被消費者肯定，只要堅持下去，利潤與業績必可持續成長。

上述二個策略因各有其優劣勢，正確的評估做法，應該是回歸市場基本面來考量：

⑴公司產品定位務須明確化

確定頂立實業的產品定位是 —— 高品質保證、高價值的進口食品南北雜貨，或是一般品質（無保證）、低單價的中國食品南北雜貨。

⑵重新檢視目標客戶與區隔目標市場

依據確定的產品定位重新檢視目標客戶，並將高價位與低價位市場明確區隔，配合通路的調整，搭配不同的策略與戰術。

從企業永續經營的角度來看，身為何明師的顧問，個人較偏好建議採用「長線做法」，長痛不如短痛（銷量與利潤的掙扎），只要做好正確的決策（Do The Right Thing），並規劃完整的配套戰術（Do The Thing Right），堅持且落實在執行面，相信必可百戰百勝，並使得頂立實業公司的業務順利發展。

四 通路商自有品牌發展現況與對價格破壞的影響

（一）意義

通路商自有品牌，其意係指由通路商自己開發設計，然後委外代工，或是研發設計與委外代工全交給外部工廠或設計公司執行的過程，然後掛上自己的品牌名稱；此即通路商自有品牌的意思。

此處的通路商，主要指大型零售通路商，包括：便利商店（7-11、全家）、超市（頂好、惠康）、量販店（家樂福、大潤發、愛買）、美妝藥妝店（屈臣氏、康是美）；此外也包括百貨公司自行引進的代理產品（新光三越百貨、遠百、SOGO百貨等）。

（二）通路商品牌（PB）與製造商（全國性）（NB）品牌之區別

1. 早期的品牌，大致上都以製造商品牌（或稱全國性品牌）為主，英文稱為Manufacture Brand或National Brand（MB或NB）。包括像統一企業、味全、金車、可口可樂、P&G、聯合利華、花王、味丹、維力、雀巢、桂格、TOYOTA、東元、大同、歌林、松下、SONY、Nokia、裕隆、Moto、龍鳳、大成長城、舒潔、黑人牙膏……等，均屬於全國性或製造商公司品牌，他們都是擁有自己在臺灣或海外的工廠，然後自己生產並且命名產品品牌。

2. 而到了最近，通路商自有品牌出現了，其英文名稱可稱為Retail brand（零售商品牌）、Private brand（自有、私有品牌）或Private label，英文簡稱PL，即指零售通路商品牌。此係指零售商也開始想要有自己的品牌與產品了。因此委託外部的設計公司與製造工廠，然後掛上零售商自己所訂出來的品牌名稱，放在貨架上出售，此即通路商自有品牌。目前，包括統一超商、全家便利商店、家樂福、大潤發、愛買、屈臣氏、康是美……等，均已推出自有品牌。

（三）通路商自有品牌的利益點或原因

　　為什麼零售通路商要大舉發展自有品牌放在貨架上與全國性品牌相競爭呢？這主要有以下幾項利益點：

1.自有品牌產品的毛利率比較高

　　通常高出全國性製造商品的獲利率。換言之，如果同樣賣出一瓶洗髮精，家樂福自有品牌的獲利會比潘婷洗髮精製造商品牌的獲利更高一些。

　　過去，傳統製造商成本中，品牌廣宣費及通路促銷費用占比頗高，幾乎達到40%左右。但零售商自有品牌在這40%的二個部分，幾乎可以省下來，最多只支出10%而已。因此，利潤自然高出3成～4成，既然如此，何必全部跟製造商進貨，自己也可以委託生產販賣，這樣賺得更多。當然，零售商也不會完全不進大廠商的貨，只是說要減少一部分，而以自己的產品替代上市。

　　舉例：

・某洗髮精大廠，一瓶洗髮精假設製造成本100元，加上廣告宣傳費20元、通路促銷費及上架費20元，再加上廠商利潤20元，故160元賣到家樂福大賣場，家樂福自己假設也要賺16元（10%），故最後零售價定價為176元。

但現在如果家樂福自己委外代工生產洗髮精，假設製造成本仍為100元，再分攤少許廣宣費10元，並決定要多賺些利潤，每瓶想賺32元（比過去的每瓶16元，增高1倍），故最後零售價定價為：100元+10元+32元=142元。此價格比跟大廠採購進貨的176元之定價仍低很多。因此，家樂福自己提高了獲利率、獲利額，也同時降低了該產品的零售價，消費者也樂得來買。

2.微利時代來臨

　　由於國內近幾年來國民所得增加緩慢，貧富兩極化日益明顯，M型社會來臨，物價有些上漲，廠商加入競爭者多，每個行業都是供過於求，再加上少子化及老年化，以及兩岸關係停滯，使臺灣內需市場並無成長空間及條件，總的來說，就是微利時代來臨了。面對微利時代，大型零售商自然不能坐以待斃，因此就尋求自行發展且有較高毛利的自有品牌產品了。

3.發展差異化策略導向

以便利商店而言，小小的30坪空間，能上貨架的產品並不多，因此，不能太過於同質化，否則會失去競爭力及比價空間。因此，便利商店也就紛紛發展自有品牌產品，例如統一超商有關東煮、各式的鮮食便當、Open小將產品、7-11茶飲料、嚴選素材咖啡、CITY CAFE現煮咖啡……等上百種之多。

4.滿足消費者的低價或平價需求

在通膨、薪資所得停滯及M型社會成形下，有愈來愈多的中低所得者，愈來愈需求低價品或平價品。所以到了各種賣場週年慶、年中慶、尾牙祭以及促銷折扣活動時，就可以看到很多的消費人潮湧入，包括百貨公司、大型購物中心、量販店、超市、美妝店、或各種速食、餐飲、服飾等連鎖店均是如此現象。

5.低價可以帶動業績成長，又無斷貨風險

由於在不景氣市況、M型社會及M型消費下，零售商或是量販店打的就是「價格戰」（Price War）。因此，零售通路業者可以透過他們自己的低價自有品牌產品，吸引消費者上門，帶動整體銷售業績的成長。

另外，更重要的是，此舉也可以避免全國性製造商品業者不願配合量販店促銷時的斷貨風險。

（四）什麼自有品牌產品最好賣

並不是每一樣自有品牌產品都會賣得很好，必須掌握幾項原則：

第一：與人體健康品質並無太大想像關聯的一般日用產品及簡單性產品。
　　　例如家樂福的牙線、棉花棒等產品市占率即達70%。大潤發的大拇指衛生紙在店內市占率第一，其次是燈泡等。

第二：與知名全國性品牌形象的產品類別能有所避開者。例如：自有品牌的沐浴乳、化妝品、保養品等就不會賣得太好。

第三：自有品牌產品若能具有設計、功能、包裝、成分、效益等獨特性與差異化，則亦能賣得比較好。

（五）國內各大零售通路商發展自有品牌現況

1.統一超商經營自有品牌現況

⑴自有品牌占總營收2成，約200億，是Make Profit主要來源

7-11及7-SELECT等二種自有品牌產品以鮮食食品、飲料及一般用品為主，目前已有200種品項，2011年度約占總營收占比的2成，約200億元，7-11希望從高價值感來做切入，發展自有品牌，以獨特性及與消費者情感的連結度，以及「創意設計、安心、歡樂感」為主軸，滿足消費者平價奢華的需求，破除一般消費大眾認為自有品牌即是「量多價低」的觀念。最近7-SELECT並喊出「平價時尚，正在流行」口號，廣告宣傳非常成功。

2007年，7-11以低於一般商品售價的包裝茶飲料切入市場，並邀請日本知名設計師為產品及包裝設計操刀，一上市即拿下銷售第一。包括礦泉水、咖啡及奶茶等較不受季節性影響的飲料也陸續上市，通路自有品牌對於既有的市場將出現洗牌作用，已經讓所有的製造業者備感壓力。

依照過去統一超商上市公司的財務年報來看，其毛利率約30%，而稅前獲利率約在5%～6%之間。未來，如果自有品牌營收占比提高到3成、4成或5成時，其毛利率及稅前獲利率也可能會跟著拉高。故自有品牌產品，在統一超商內部也被稱為「Make Profit」（創造利潤）的重要來源。

⑵統一超商自有品牌名稱與品項

①CITY CAFE（現煮）。

②思樂冰。

③鮮食商品：御便當、飯糰、關東煮，飲料、光合農場（沙拉）、速食小館（米食風港點、餃類、麵食、湯羹）、麵店（涼麵）、巧克力屋（黑巧克力、有機巧克力）。

④Open小將：經典文具收藏品、生活用品、美味食品、飲品、零嘴。

⑤嚴選素材冷藏咖啡。

⑥7-11茶飲料及7-SELECT多種產品。

⑦其他（陸續開發中）。

2.家樂福自有品牌經營現況

家樂福的自有品牌涵蓋類別很廣,從飲料、食品、橫跨到文具、家庭清潔用品、大小家電,應有盡有,品項約有2,000多種,占總營收的1成。

⑴提供自有品牌的三大保證

保證1:傾聽心聲,確保新品開發符合需求。

傾聽消費者的期待,經專業的市場分析後,進行開發新產品。

保證2:嚴格品選,確保品質合乎期待。

與市場領導品牌比較後,品質等同或優於領導品牌,但售價低於市價10%～15%。

保證3:精選製造廠,確保製程嚴格控管。

家樂福委託SGS臺灣檢驗科技股份有限公司專業人員進行評核及定期抽檢,以控管其作業符合標準。

(註:SGS集團服務於檢驗、測試、鑑定與驗證領域中,遍布全球1,000多個辦公室及實驗室,提供全球性網狀服務、品質及驗證服務。)

⑵以顏色區隔不同等級的商品(2007年底修正推出3種等級)

①白底搭配紅色商標,是賣場中最低價系列「家樂福超值商品」(Carrefour Value),品項涵蓋數量超過600種,以低於市場領導品牌20%到30%的價格,吸引沒有特定品牌喜好的消費者;包括衛生紙、洗衣精、米等。

②藍底或是反白商標設計的「家樂福商品」(Carrefour Product),強調品質與市場領導品牌不分軒輊,但價格低了10%到15%,目前有1,600種商品。

③黑底加上金色LOGO特別標榜高品質及獨特性的「家樂福精選商品」(Carrefour Premium),從產品概念、原料到生產流程,都以符合嚴格標準為原則。

3.屈臣氏自有品牌經營現況

屈臣氏自有品牌的品項大約占店內商品的5%左右，營業額占總營收的1成以上，包括藥物、健康副食品、化妝品和個人護理用品，乃至於時尚精品、糖果、心意卡、文具用品、飾品和玩具等，自有品牌品類幾乎橫跨所有17個品類，總計也有400個品項，平均每10位來店的顧客中，就有1位選購屈臣氏的自有品牌商品，以銷售業績來看，自有品牌商品過去3年營業額，每年都有2位數成長。

屈臣氏自有品牌名稱與品項如下：

(1)Watsons：吸油面紙、溼紙巾、衛生紙、袖珍面紙、紙手帕、廚房紙巾、盒裝面紙、衛生棉、免洗褲、免洗襪、輕便刮鬍刀、輕便除毛刀、嬰兒用品系列、電池。

(2)miie：沐浴用具、美妝用具、髮梳用具、棉織品。

(3)小澤家族：洗髮精、沐浴乳、護髮霜、造型系列、染髮系列。

(4)蒂芬妮亞：護膚系列──洗面乳、化妝水、乳液、面膜、吸油面紙、護手霜等。

(5)歐芮坦：家用品系列──洗衣粉、洗衣精、室內芳香劑、衣物芳香劑、除塵紙。

(6)男性用品： 洗面乳、洗髮精、沐浴乳。

(7)吉百利食品：甘百世食品。

(8)okido：凡士林。

(9)優倍多：保健食品。

4.大潤發

大潤發的自有品牌「大拇指」，目前有1,500多項，包括：衛生紙、家庭清潔用品、個人清潔用品、燈泡、礦泉水、包裝米、飲料沖調食品、休閒零食、罐頭、泡麵、調味料、內衣襪帕……，應有盡有，滿足顧客生活需求。以食品類最多，其中，業績最好的是寵物類商品，其次是照明與家具類。其他商品以抽取式衛生紙賣得最好。

5.愛買

　　愛買「最划算」的品牌，以平均低於領導品牌10%到20%的價格，推出食品雜貨、文具、五金、麵條、醬油等日常用品，其中衛生紙銷售量居所有自營品牌商品之冠。商品總數約400支，平日「最划算」系列業績可達整體的2%左右，每週二會員日則可飆高至5%。未來會主推酒類的自有品牌，還將衛生紙、飲用水等產品占比提高至30至35%。

　　茲列示國內三大量販店目前在自有品牌的操作狀況，如表3-9-3：

表 3-9-3　國內三大量販店自有品牌經營現況

公司	自有品牌商品數量	總店數	自有品牌名稱	自有品牌的營收占比
家樂福	2,100支	60家	①超值（低價） ②家樂福（平價） ③精選（中高價）	600億×10%＝60億
大潤發	2,000支	23家	①大拇指 ②大潤發 ③歐尚	450億×10%＝45億
愛買	1,000支	19家	①最划算 ②衛得	200億×10%＝20億元

資料來源：2012年2月1日，《經濟日報》。

（六）製造商從抗拒代工，到變成合作夥伴

　　從最早期的製造商採取抵制、抗拒、不接單的態度，如今，已有部分大廠商改變態度，同意接零售商的OEM訂單，成為「製販同盟」（製造與銷售同盟）的合作夥伴。包括永豐餘紙廠也為量販店代工生產衛生紙或紙品，黑松公司、味丹公司……等也代工生產飲料產品。

　　主要原因有如下幾點：

　　⑴製造商體會到低價自有品牌產品，已是全球各地的零售趨勢，這是大勢所趨，不可違逆。

　　⑵A製造商如果不接，那麼B製造商或C製造商也可能會接，最後，還是會有競爭性。既然如此，為何自己不接單生產，多賺一些生產利潤呢？

⑶製造商如悍拒不接單生產配合，那麼，往後在「通路為王」時代中，將會被通路商列入黑名單，對往後的通路上架及黃金陳列點的要求，將會被通路商拒絕。

（七）日本通路商發展自有品牌概況

日本零售流通業發展自有品牌的歷史，比臺灣要早一些。因為日本7-11公司的自有品牌營收占比已達到近50%，遠比臺灣統一超商的20%還要高出很多，顯示臺灣未來成長空間仍很大。

另外，日本大型購物中心永旺（AEON）零售集團旗下的超市及量販店，在最近幾年也紛紛加速推展自有品牌計畫，從食品、飲料到日用品，超過了3,000多個品項，目前占比雖僅5%，但未來上看可達20%。

日本零售流通業普遍認為，PB自有品牌的加速發展，對OEM代工工廠而言，很明顯地帶來的好處之一，就是它可以有效帶動代工工廠的成本競爭力之提升，各廠之間也有了切磋琢磨的好機會與代工競爭壓力。

〈日本PB商品以低價策略鯨吞市場〉

率先在日本開啟這個新事業的AEON集團及7-11，他們所發展的「PB商品」之銷售，在短短2年內成長了3到4倍。成功的新事業模式，立即引起各大超市及超商紛紛爭相效法。

在一片PB商品開發熱潮當中，尤其以大型知名超市集團AEON的動作最為驚人。他們光是擁有的自有PB品牌就有5,000種項目，而平均價位比起一般市販商品（NB）便宜15～20%，每年的總銷售金額更高達2,600億日圓（約764億臺幣）。

日本市場通路競爭白熱化，單店營收持續下滑，也使得日本PB大戰愈演愈烈，戰火甚至由超市、便利商店等民生消費通路延燒到家庭用品連鎖店和藥妝店。

日本知名家庭用品連鎖店「CAINZ HOME」以大力推動PB商品聞名。在全日本擁有158店鋪的這家知名家庭用品連鎖店，更開發了從日用雜貨到多功能廚具

組，甚至連家電用品業也有所謂的PB自有商品。這些PB商品占了店裡全部商品的10%左右。不但如此，「CAINZ HOME」自創的PB商品價格，平均比一般全國性品牌商品便宜20%～30%。而在短期的未來，他們計畫將店內的PB商品比率提升到30%。

眼看PB勢力愈來愈大，NB若不強化其產品的競爭力，其實是很容易被PB商品所取代。

（八）零售通路PB時代來臨

1.PB時代環境日益成熟

從日本與臺灣近期的發展來看，我們似乎可以總結出臺灣零售通路PB（自有品牌）時代確已來臨。而此種現象，正是外部行銷大環境加速所造成的結果，包括M型社會、M型消費、消費兩極端、新貧族增加、貧富差距拉大、薪資所得停滯不前、臺灣內需市場規模偏小不夠大、以及跨業界線模糊與跨業相互競爭的態勢出現及微利時代等，均是造成PB環境的日益成熟。

而消費者要的是「便宜」、「平價」，而且「品質又不能太差」的好產品條件，此為「平價奢華風」之意涵。

2.全國性廠商也面臨PB的相互競爭壓力

PB環境愈成熟，全國性廠商的既有品牌也就跟著面臨很大的競爭壓力。全國性廠商的品牌市占率，必然會被零售通路商分食一部分。

（九）全國性廠商的因應對策

而到底會分食多少比例呢？這要看未來的各種條件狀況而定，包括：不同的產業行業、不同的公司競爭力及不同的產品類別等3個主要因素而定。但一般來說，PB所侵蝕到的，有可能是末段班的公司或品牌，前三大績優全國性廠商品牌所受影響，理論上應不會太大。因此，廠商一定要努力：(1)提升產品的附加價

值，以價值取勝；⑵提升成本競爭力，以低成本為優勢；⑶強化品牌行銷傳播作為，打造出令人可信賴且忠誠的品牌知名度與品牌喜愛度。此外，中小型的廠商可能必須轉型為大型零售商OEM代工工廠的型態，而賺取更為微薄與辛苦的代工利潤，且行銷利潤將與他們絕緣。

五　如何強化顧客忠誠度

最近，美國有一項調查報導指出，美國消費者對品牌的忠誠度有下降趨勢，反而朝向低價商品購買。

在不景氣時期，以及面對品牌忠誠度下降的今天，廠商有哪些措施可以強化顧客的忠誠度，茲簡述如下：

（一）發行會員卡

很多零售商或連鎖店都會發行會員卡，例如Happy Go卡、家樂福的好康卡、全聯福利中心的福利卡、誠品書店的誠品卡、燦坤3C的燦坤卡、屈臣氏的寵i卡、星巴克隨行卡……等。這些會員卡都會有折扣價格優惠或紅利積點回饋，確實可以鞏固一些較高忠誠度的顧客，如果活卡率高一些，再度回購率也就跟著高了。

（二）部分商品線降價回饋

面對顧客流失轉向低價品牌產品，廠商必然也要採取一些應對措施，即是針對部分產品線也將採取降價回饋的對策，以挽留一些老顧客，這也是不得已的措施，至於降價的產品線及降價幅度，須視整個市場的景氣狀況再做深入分析。

（三）定期舉辦大型促銷活動

廠商可以配合通路商的計畫或是由自己發動，推出大型的促銷活動。這些大型促銷活動，像會員招待會、週年慶、年中慶、特賣會、各種及節慶活動，都可以推出折扣促銷、滿千送百促銷、滿額贈、大抽獎、免息分期付款……等各式各樣促銷活動。促銷活動必然可以吸引客群提振買氣，並且吸引顧客忠誠回購。

（四）推出低價新產品，有物超所值感

廠商對產品的降價措施，自然是不得已的，因為往後要再回升，恐怕也不是那麼容易。因此，廠商可以從推出另一低價品牌的新產品，以因應景氣低迷的時代。當然，這種低價產品的品質水準仍要顧及，要努力做到「平價但東西仍好」的物超所值之要求。

（五）改善產品，持續強化產品力

廠商應定期對產品的包裝、包材、外觀設計、成分、內容……等做出具體改良、革新與改變措施，讓顧客有耳目一新的感覺，以留住顧客的忠誠度。產品夠好，仍然可以吸引留住大部分的客戶群，不至於有太大比例倒向低價品牌。

（六）加強與通路商的合作及獎勵措施

通路商對廠商的銷售成績扮演重要角色，包括大型連鎖零售商或各縣市經銷商、代理商等，廠商都應該密切配合這些通路商，適時提出合作促銷案或獎勵經銷商辦法等，然後再由這些通路商發揮挽留顧客的功能。

（七）強化服務的功能

精緻與美好的服務，其實也是產品力的一環，顧客的忠誠度有時也會因完美

的服務與比較好的服務，而固定使用某種品牌產品。因此，對於與顧客相關的購買前、購買中及購買後之服務，都一定要有很好的標準作業規範及優良員工的執行才行。因此，服務對顧客忠誠度有加分的效果。

（八）推出全新產品

不景氣時期及顧客忠誠度下滑，廠商不應逃避，更應正面迎戰，想辦法推出更創新與迎合市場需求的產品。例如：像美國蘋果電腦推出iPod之後，又推出iPhone手機全新產品，對蘋果迷而言，更加鞏固他們的忠誠度。當然，全新產品必然要投入一段時間去規劃及研發，因此廠商要有時間的急迫感才行。

（九）善用包裝式促銷方法

顧客忠誠度有時候反映在賣場裡，因此，現在愈來愈多廠商都重視店頭的包裝或促銷方法，以買3送1、或買3特惠價、或買就附送贈品等方式，以留住顧客的忠誠度。

（十）選用適當的代言人

顧客忠誠度有時候也會與優良的代言人產生連動性。例如：林志玲幫OSIM代言「美腿機」、五月天幫中華電信5G手機代言……等，都帶來不錯的銷售成績。

（十一）發行會員刊物

有些化妝品、壽險、健康食品等廠商會對他們的會員寄發刊物，透過這些會員刊物，希望鞏固更高的忠誠度與偏愛度。對部分消費者而言，此舉也會有些許效果。當然，在會員刊物裡，也會對會員們有一些優惠的措施。

（十二）適當的廣告量投入，以維持曝光度

忠誠度下降，也有可能是廣告量投入太少所引起，而被消費者遺忘了。因此，即使在景氣低迷時，廠商應在適當的時間，投入適當的廣告量，以維持曝光度、形象度及忠誠度。

（十三）適當媒體公關報導，提升企業形象

企業形象、品牌形象與顧客忠誠度仍有高度相關性。好的企業形象，就能帶來更鞏固的忠誠度，因此，廠商必須透過適當的媒體公關報導，提升正面的企業形象。而適度的公益行銷活動，也是必要的支出項目之一。

（十四）通路多元化，更便利買到東西

面對銷售通路的多元化，廠商應盡可能使銷售通路更加多元化，包括網路購物、電視購物及一些新崛起的實體通路購物等，均要努力上架，使消費者能更便利的買到東西，如此，便利與忠誠度才會連結在一起。

（十五）贈送異業合作的折價券、優惠券及禮券

消費者對廠商施予一些優惠措施，當然都是歡迎的，尤其是家庭主婦對這些都很喜歡。因此，廠商可以爭取一些異業合作的折價券、優惠券、禮券等，贈送給常往來的顧客會員們，也是鞏固忠誠度的做法之一。

總結來說，面對忠誠度下滑的行銷環境裡，如何提供更好品質、更多附加價值、更高物超所值感以及更好的優惠價給顧客，將是對行銷人員的一項強力挑戰及努力方向。

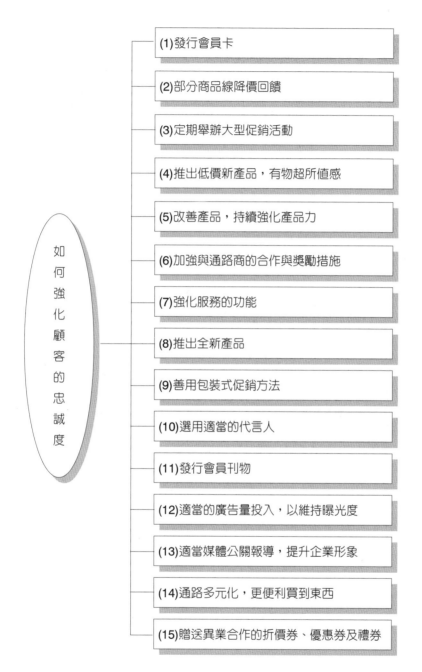

圖 3-9-10　強化顧客忠誠度的措施

1.請圖示價格戰略的全方位架構視野內容為何？

2.請列示莫伯尼及金偉燦二位學者專家對定價的3個重點為何？

3.請列示定價前，應考量3個重要關鍵點為何？

4.請說明產品生命週期與定價戰略之關係為何？

5.請列示產品從成熟期到可能的衰退期時，應有哪些對策做法？

6.請說明廠商對調漲價格的做法有哪些？

7.請說明何謂「國際價格走廊」？未來的趨勢為何？試圖示之。

8.請說明「價格─效益定位圖」可以達成哪些目的？其3步驟為何？

9.請說明「折扣戰略」的4種操作方法為何？

10.請說明有哪4種價格折扣與折讓？

11.何謂國際貿易上的FOB定價？CIF定價？

12.請詮釋「獲利公式：V>P>C（價值>價格>成本）」之意涵為何？

13.請詮釋「123」法則為何？

14.請說明何謂「價格最佳化」？

15.請說明一家商店的3種可能商品組成為何？

16.請說明定價應考量到消費者哪些心理及行為研究？

17.請說明如果任意降價可能會形成哪些反效果？

18.試說明網路購物的產品售價為何會比較低一些？

19.試圖示產品定位與價格策略的二、三個案例？

20.試說明產品組合向上、向下策略與定價策略有何關係？

21.試說明大型零售通路商為何要推出自有品牌？其原因或利益何在？

10 全球定價策略

一 影響全球定價決策的3大類要素

（一）產品競爭力因素（Product Factor）

　　產品本身的新舊程度、產品差異化與獨特性程度、產品是屬於消費性或工業性等，均會左右定價的高低。例如TOYOTA汽車的Lexus品牌在臺灣也採取高價位。但像雀巢咖啡、麥當勞、肯德基、可口可樂等，均屬於較生活化的產品，就難以採取高價。再如微軟Windows採取高價，因其具有差異化與獨特專利權優勢。

（二）公司政策與成本因素（Company Factor）

　　公司因素包括：

　1.全球行銷策略；

　2.本土行銷策略；

　3.成本效益之經濟性因素。

　　例如以生產據點與生產成本來說，日本Nissan汽車在日本生產的成本，一定比在臺灣生產的成本要高，因此若用進口的，則零售價必然高些。但如果在臺灣生產，則價格應該會比日本低些。再如戴爾電腦大部分由臺灣及中國OEM工廠協助代工，成本才會低，在市場上的售價也就會低些。

（三）當地市場因素（Market Factor）

影響全球產品定價的市場因素有5大項，分別是：

1. 當地消費者的消費能力條件如何？
2. 當地國政府對此產品之法令限制如何？
3. 當地國的競爭同業，或是外商同業的競爭激烈程度。
4. 當地國外匯匯率變動程度。
5. 當地國的市場狀況如何？

【案例1】自身公司產品競爭力因素

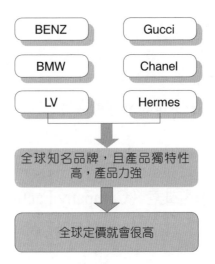

【案例2】當地國市場環境因素

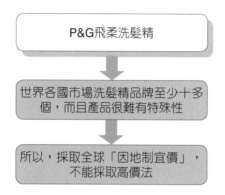

【案例3】考慮各國製造成本之不同

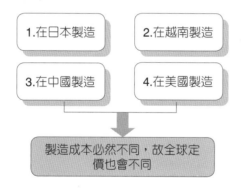

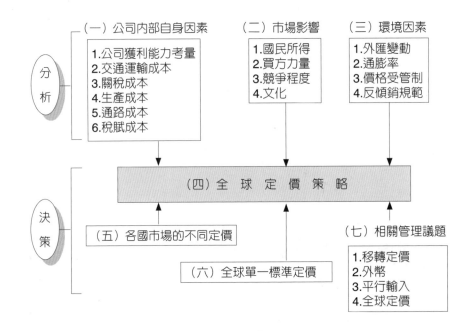

1.全球標準價（World Standard Price）。

2.市場差異或因地制宜價（Market Differential Price）。

（一）全球標準價

（二）全球標準價適用品類

（三）全球「因地制宜」定價的採用品類

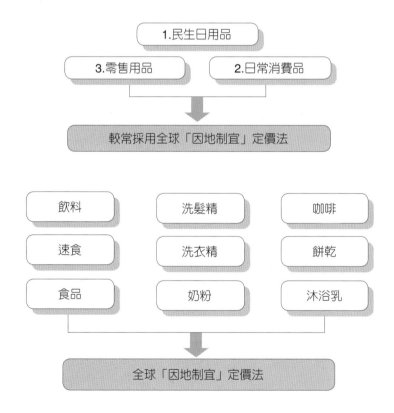

（四）採取全球「因地制宜」價格之原因

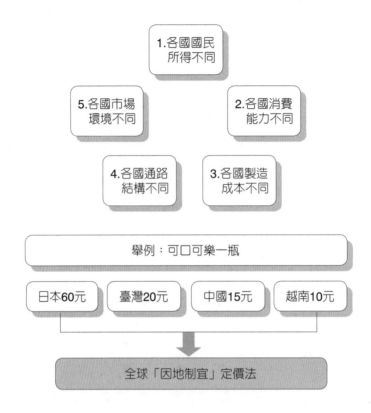

四　國際行銷定價方法（Pricing Methods）

（一）成本導向定價法（Cost-Orientation Pricing Method）——成本加成方法

　　所謂成本加成法，係指在成本之外，再以某個成數百分比為其利潤，此即成本加成法。例如：以某牌70吋液晶彩色電視為例，若其成本為20,000元，給經銷店進價為32,000元；則其加成數六成（60%），利潤額為12,000元，採用此方法之理由為：

1.簡易易行。

2.對利潤率及利潤額之掌握較為清晰明確。

這個方法是到目前被使用最廣泛、最普及的方式，目前一般行業平均合理的加成率大概為50%～70%之間。

加成比例： 平均50%～70%	損　益　表
出廠成本：1000元／1件 ＋ 加成利潤：　700元 賣出價：　1,700元	營業收入：1,700元 －營業成本：1,000元 營業毛利：　700元
加成率：70%	毛利率 $= \dfrac{700元}{1,700元} = 41\%$

成本加成法（Mark-up）

（二）名牌精品尊榮價值定價法

此種定價方法是較特殊的，它不以產品成本為基礎，而是以顧客對此產品知覺及所認定之價值，作為衡量及訂定價位之主要依據，此種定價方法與前面我們所提的「市場目標與產品定位」頗有一貫化之效果，在現代化行銷策略運作之下，已有愈來愈多高級品牌之消費品，採取此種方法。

因此，廠商應打造出可信賴的及高知名度品牌，才會有比較好的價格。

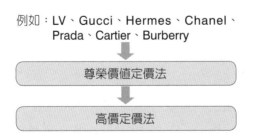

例如：LV、Gucci、Hermes、Chanel、
Prada、Cartier、Burberry

↓

尊榮價值定價法

↓

高價定價法

（三）需求導向定價法（Demand Orientation Pricing Method）

1.市場競爭定價方法（Competition Pricing）

此係指某一廠商所選擇之價格，主要依據競爭者產品價格而訂定，大部分廠商還是會看整個市場競爭的狀況後，才會訂定一個價格，尤其在「完全競爭市場」下，由於競爭者眾多，產品差異化小，故不可能有太高定價。

2.追隨第一品牌定價方法（Follow-the Leader Pricing）

此係指追隨市場第一品牌的價格而訂定，這是在第二、第三品牌無法超越第一品牌時，不得不採取的策略，也是經常看到的，此時大家都避免陷入低價格戰。

3.習慣或便利定價方法（Customary or Convenient Pricing）

某些產品在相當長時間內維持某一價格，或因某一價格可使付款及找零方便，使得零售廠商或顧客視為當然，故稱之，例如：報紙10元、飲料30元、御便當70元……等。

五 國際行銷「新產品」適用2種不同定價法

（一）市場吸脂法（Market-Skimming Price）——高價策略

1.意義

所謂市場吸脂法係指公司以定高價位方式，迅速在短期內獲取最大的投資報酬，又稱吸脂定價（skim-the-cream pricing），係為高價之策略。

2.案例

例如：智慧手機、NB電腦、液晶電視、投影機、iPad、Smar TV、數位相機

等產品,十幾年前剛推出時,定價都很高;但一段時間後競爭增加,就逐步下降價格,但還是有很多國外高級轎車、服飾名牌精品的價格仍一直很高。

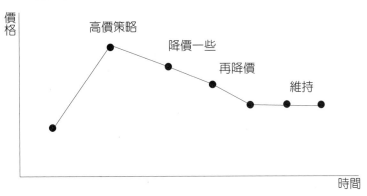

例如:iPod、iPhone、iPad
剛上市半年內,用高價策略

新產品定價:吸脂法(高價法)

3.適用情況

(1)消費者願意支付高的價格去買此產品。

(2)此產品之需求彈性低且無替代性。

(3)高價能塑造高品質之形象。

(4)高價之基礎在於某個利基市場的市場區隔化,且不致引起太多競爭對手加入。

(5)適用於名牌小規模生產之產品。例如:某些限量生產的名牌手錶、名牌服飾、名牌手機。

(6)產品具有某獨特之性質或專利保障。

(7)屬於新技術之產品(新產品),具有創新價值。

(8)屬於產品生命週期第一階段的導入期,讓有錢人、有能力的人來買,故可取高價。

（二）市場滲透定價法（Penetration Price）──低價策略

1.意義

所謂市場滲透法，係指公司以低價位方式，冀求獲取初期市場較大的市場占有率，掌握品牌知名度與吸引更多客戶；又稱「滲透定價法」（Penetration Pricing），係屬低價之策略。

2.適用情況

(1)消費者不願以高價購買此產品，例如：食品、飲料、香菸、速食麵、口香糖、報紙等。

(2)消費者對價格的敏感度極高，低價能廣受歡迎。

(3)低價由於利潤少，故能削弱其他的競爭者加入之意願。

(4)產銷量大時，每單位之成本可望逐漸下降。

(5)廠商希望能爭取更大的市占率，成為市場的領導品牌。

(6)基於薄利多銷的概念，雖然單位利潤低，但銷量大，故仍能賺錢。

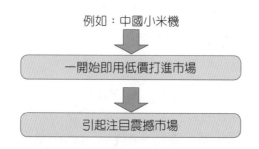

例如：中國小米機

↓

一開始即用低價打進市場

↓

引起注目震撼市場

新產品定價法：市場滲透定價（低價法）

六 全球品牌定價策略：高、中、低價並進

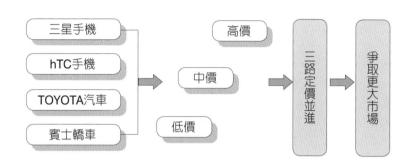

七 全球品牌定價策略
──一般民生、日用消費品不易定高價

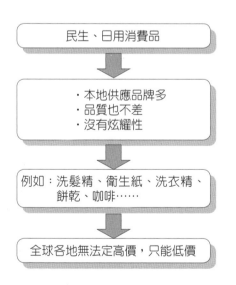

八 國際行銷：認識損益簡表

（一）損益簡表項目

①營業收入（Q×P→銷售量×銷售價格）
－②營業成本（製造業務稱為製造成本，服務業稱為進貨成本）
③營業毛利（毛利額）
－④營業費用（管銷費用）（管理費用+銷售費用）
⑤營業損益（賺錢時，稱為營業淨利；虧損時，稱為營業淨損）
±⑥營業外收入與支出（指利息、匯兌、轉投資、資產處分等）
⑦稅前損益（賺錢時，稱為稅前獲利；虧損時，稱為稅前虧損）
－稅負
稅後損益（稅後獲利）（或稅後虧損）
÷在外流通股數
每股盈餘（Earning Per Share; EPS）（意指每股為公司賺多少錢）

（二）合理的毛利率大約30%～40%（3成～4成）

營業收入10億　　　　　　　　營業收入10億
－營業成本 7億　　　　　　　 －營業成本 6億
營業毛利 3億　　　　　　　　 營業毛利 4億

$$毛利率 = \frac{3億}{10億} = 30\%$$　　　　$$毛利率 = \frac{4億}{10億} = 40\%$$

毛利率若低於3成

1.「毛利率」降低

·比較難賺錢
·獲利就會降低

2.代表「定價」也就降低了

3.代表「獲利」也就降低

（三）國際行銷：從損益表看，如何才能賺錢

1.營業收要夠（業績要好）
2.營業成本要低些（成本控制要好）
3.毛利要夠（毛利率要合理，30%～40%）
4.營業費用要低些（管銷費用控制要好）

> 每月、每年就能正常獲利賺錢

（四）國際行銷：如果不賺錢，應檢討什麼？（從損益表上分析）

1.營業收入為何不夠？業績為何不夠好？應如何做才會好？

2.營業成本為何偏高？如何降低？

3.營業毛利率為何偏低？如何提高？

4.營業費用為何偏高？如何降低？

（五）國際行銷：兩大檢討面向是否賺錢？

（六）國際行銷：日本資生堂、美國麥當勞、美國P&G日用品、日本Panasonic……如何能在臺灣賺錢？

1.成本因素

要降低成本（故必須在臺灣或中國投資設廠，不宜從日本、美國直接貿易進口）。

2.行銷因素

(1)要打造品牌，故要做長期性廣宣活動與公關活動。
(2)要有定期促銷折扣活動，以吸引買氣。
(3)定價要合宜，不能不合理太高，要有物超所值感。

（七）全球品牌降低成本做法

九 國際匯率升值／貶值與定價關係

（一）海外行銷必先認識「匯率」

何謂匯率（**Exchange Rate**）

所謂匯率，就是指一國貨幣單位兌換另一國貨幣單位的比率。例如：1美元兌換30元新臺幣，故美元與新臺幣之間的兌換比即為1：30，此即兩國之間的貨幣兌換匯率。由於有匯率的存在，因此國內及國外物價才有比較的基礎，然後也才能進行兌換及購買。

（二）匯率升值與貶值

當相對於其他貨幣，一國的貨幣價值上升時，即稱為升值。反之，一國貨幣價值下降時，即稱為貶值。

例如：常態時，美元對新臺幣匯率為1：30，但若因某些因素，而使比率調整為1：28時，即代表新臺幣升值了。升值的意義，是指我們可以花比較少的錢，即可換到1美元；而貶值的意思即是要花較多的錢，才可以換到1美元。

（三）匯率變動對出口商及進口商有利及不利的影響

1. 對出口商：較愛臺灣貶值。
2. 對進口商：較愛臺灣升值。

（四）舉例：臺幣升值時，從1：30到1：28

1. 對臺灣出口商：不利（美元報價更不易有競爭力）。
2. 對臺灣進口商：有利（美元報價具有競爭力）。

（五）舉例：歐元大幅上漲時，就是臺幣貶值，臺灣進口商、代理商的代理產品將會漲價，可能不利銷售！

1. Benz、BMW汽車售價上漲。
2. 歐系品牌精品、化妝品亦會上漲。

（六）歐元升值：BMW汽車進口到臺灣的成本也上升，市場售價也會拉高

1. 過去：歐元對新臺幣匯率：1歐元對40元臺幣。

   則一部10萬歐元的BMW進口，需用400萬元臺幣去買入進口。
2. 如今：歐元對新臺幣匯率：1歐元對45臺幣。

   則一部10萬歐元的BMW進口，需用450萬元臺幣買入進口。
3. 故：BMW汽車泛德代理公司的進口成本增加了，故在臺灣售價也會調升，恐不利市場價格及銷售。

（七）歐元貶值：蘭蔻、Dior、CHANEL化妝保養品進口到臺灣成本下降，故定價有向下調降空間，有利銷售

1. 過去：1歐元對40元臺幣。

   進口一筆1,000萬歐元的蘭蔻保養品要花4億元臺幣支出。
2. 如今：1歐元對35元臺幣。

   進口一筆1,000萬歐元蘭蔻保養品，現在只要花3.5億元臺幣支出。
3. 蘭蔻、迪奧歐系化妝品可望調降在臺灣的專櫃產品的定價，會增加銷售業績。

（八）臺幣升值：日本Lexus汽車進口到臺灣成本下降

1. 過去：臺幣與日圓匯兌率為1：0.35。

   則一部1,000萬日圓的Lexus，須支付臺幣350萬元。

2. 如今：匯兌率為1：0.3。

   則一部1,000萬日圓的Lexus，僅需支付臺幣300萬元，進口成本省了50萬元臺幣。

3. 臺灣Lexus汽車代理商，每賣一部車可多得50萬元獲利，或可反映售價調降，以增加銷售量。

（九）美元貶值，臺幣升值：美國COACH進口到臺灣成本下降，定價有下調空間，有利銷售

1. 過去：1美元對33元臺幣。

   進口一批1,000萬美元的COACH皮包品牌產品，須支付3.3億元臺幣。

2. 現在：1美元對28元臺幣。

   如今只要支付2.8億元臺幣。

3. 省了5,000萬元臺幣，故進貨成本下降，利潤可增加或定價有下調空間。

（十）臺灣進口商、代理商、外商在臺子公司

1. 歡迎臺幣升值。

2. 歡迎歐元、日圓、美元貶值。

   如此，進口價錢可以便宜些，在臺灣國內的行銷定價也可以再降價，促進銷售及提高利潤。

（十一）對臺灣出口商

1. 歡迎臺幣貶值。

2.歡迎日圓、歐元、美元升值。

可多做出口外銷的生意，以外幣報價的訂單競爭力提升。

（十二）臺灣出口商：臺幣升值，不利出口商

某電腦外銷工廠對國外客戶的報價，若：

1.匯兌率：1美元對30元臺幣時，一部電腦100,000臺幣，報價美元為3,333元。

2.匯兌率：1美元對28元臺幣時，一部電腦100,000臺幣，報價美元為3,560元。

故美元報價更高了，外國客戶可能不會接受，而取消訂單。

第四篇

∙∙

定價策略案例篇

引言：

　　本篇為定價策略案例篇，此等案例均很簡短，易讀易懂。在教學方式上，建議最好採取個案教學法，在每次上課前，先指定哪些同學或小組，必須在上課前先閱讀若干案例，並請同學在上課時先做導讀並述說心得，然後老師再做結語或引發相關討論。相信此種授課方式，會比老師單方面上課之效果為佳。

PART

4

11 定價環境變化趨勢、平價策略與高價策略

本章乃作者蒐集歷年定價策略之相關案例，以市場之實作，期鑑往知來，創造定價策略上更精準的效果與利潤。

一 定價環境變化趨勢

【案例1】百貨公司全力搶攻M型兩端客層

1.「M型社會」話題，搶攻M型右端高消費貴婦的荷包

百貨週年慶大戰從每年9月底起引爆，幾乎各家業者都搭上當前最紅的「M型社會」話題，搶攻高消費貴婦的荷包。

太平洋SOGO臺北店週年慶期間，累積消費超過百萬元的發票筆數就超過50筆，有的人光是累積的發票加總起來就多達四、五百張，厚厚一大疊，有人甚至為了換滿額贈品或抽大獎，還不惜跟別人買發票湊高消費的總金額，成為週年慶贈品處的另類插曲。此外，在週年慶的宣傳戰上，也看得出來業者有多麼積極地向貴婦招手。

太平洋SOGO在20週年慶的DM上直接端出5克拉裸鑽，以逼近千萬元的價格吸引貴婦。雖然活動結束後買家還是沒有現身，卻已經達到宣傳效果。就連新光三越天母店及中和環球購物中心等業者，也不斷強打珠寶、名品區的單筆業績表現有多麼風光，就是要搶搭這股M型社會的熱潮。

全臺百貨單店業績之王太平洋SOGO忠孝館在短短12天的週年慶，就扛了下半年三分之一以上業績的重責大任。能夠獲選登上忠孝館DM的廠商，自然多了吸引消費者上門的機會。

2.低價商品也賣得嚇嚇叫

百貨業者搶攻M型社會兩端的客層,高單價商品及低價促銷的商品同樣賣得嚇嚇叫。太平洋SOGO復興店週年慶圓滿落幕,在多了復興館助陣下,12天的業績較去年同期多3成,新加入的復興館就有8億元的佳績。

【案例2】跨國大企業搶進窮國市場,搶食金字塔底層商機

1.雀巢及聯合利華進攻40億人口的窮國市場

世界約有40億人口生活在貧窮線以下,過去數十年來這個窮人市場幾乎乏人問津,但近年來已成為雀巢、聯合利華(Unilever)等大型跨國企業兵家必爭之地。經濟學家估計,全球窮人每年的購買力相當於5兆美元。

世界約有60%的人口,每天的生活費不到2美元,以往企業大都認為此一族群不具購買力,但現在這些企業改變想法,認為窮國市場成長快速且活力十足。《金字塔底層大商機》一書作者普哈拉(C.K. Prahalad)說,若以美元計價,似乎很難展現窮人的購買力;但在商品成本較低的新興市場,他們的影響力不容小覷。

2.開發窮國買得起的產品及價格

進軍窮人市場,創新扮演關鍵角色。企業須開發窮人買得起的新產品,並想出新穎的銷售方法。例如:聯合利華的印度部門Hindustan Unilever公司,為鄉下窮人開發一種省水的去汙粉,並建立名為Shakti的鄉村銷售網,僱用3.1萬名婦女在逾10萬座村莊挨家挨戶銷售肥皂、洗髮精、去汙粉,以及其他產品。這種直銷模式也成功運用在斯里蘭卡、孟加拉和莫三比克等國家,引起其他公司的仿效。

【案例3】市場需求減弱——國內航空市場，愈來愈冷

1.航空載客量較民國85年大減55.8%；受高鐵及北二高影響

據統計，2007年國內航線樞紐松山機場，航機起降架次與載客量均為1993年以來最少的一年，載客量則較1996年大幅減少55.88%，而2008年第一季的載客量也較2007年減少24.41%。

交通部航政司長林志明認為，二高全線通車後，因公路網愈來愈綿密，開車民眾激增，加上國道客運業的班次多、價格便宜，不只搶走部分航空旅客，連臺鐵營收也受到影響，現在高鐵通車營運後，對經營國內航線的四家業者與臺鐵，衝擊將會更大。

在載客量方面，2007年載客量為673萬人次，平均每日客運量1.84萬人次，較94年每日2.08萬人次，減少了11.54%，較85年每日4.17萬人次，減少幅度高達55.88%。顯示航空業面臨旅客大量流失的危機。

2.高鐵笑，航空哭

2008年高鐵通車後，挾其強大的運輸能量與較航空業便宜的票價，搶走不少航空旅客，使得2008年第一季松山機場載客量僅127萬人次，較去年同期的168萬人次，運量足足掉了2.44成。呈現出「高鐵笑、航空哭」的局面。

【案例4】臺中地區大飯店供過於求，住房率下降

■ 住房率從80%降到60%

如果遇到臺中飯店業者，只要問到住房率、業績表現等數據，業者總是搖頭、苦笑，「臺中飯店愈來愈難經營了！」業者有感而發地說。在僧多粥少下，臺中飯店市場2007年首季平均住房率不到60%，而且，住房價還不斷向下修正，與2年前住房率高達逾80%相較，形成強烈的對比。

事實上，自從2007年下半年開始，臺中飯店業者早已明顯感受到中科效益不

再，尤其清新溫泉度假飯店、裕元花園酒店、亞緻大飯店等3家新飯店的加入，一口氣增加了500多間新客房，過去，每逢連續假日便一房難求的景象，早已成為歷史。

不僅如此，因為看好兩岸三通所帶來的觀光旅遊商機，現有飯店業者例如日華金典酒店，擴增了200多間客房；而永豐棧麗緻酒店的二館也加入營運，客房數也有一、兩百間，皆計畫走平價路線，吸引中國觀光客。

【案例5】臺灣麥當勞早餐調漲5元

1.因國際原物料價格持續上揚，麥當勞不得不漲價

速食業「漲」聲再起，麥當勞宣布，因國際原物料價格持續上揚，2007年12月12日起，包括火腿蛋堡、滿福堡早餐的單點或套餐，以及薯餅、冷飲等調漲5元，漲幅在7%至25%，就連麥香魚也從39元促銷價恢復為69元，民眾大喊吃不消。

2.調漲商品價格比較

麥當勞漲價商品（2007）

①火腿蛋堡餐 65/30→70/35	②豬肉滿福堡餐／單點 65/30→70/35
③滿福堡餐／單點 65/30→70/35	④附餐（大薯或搖滾沙拉、大玉米濃湯、冰炫風） 40→45
⑤漂浮冰咖啡／奶茶 40→45	⑥小杯／大杯柳橙汁 30/35→35/40
⑦小杯飲料20→25	⑧薯餅20→25
⑨蘋果派20→25	⑩麥香魚39→69

【案例6】速食麵價格調升，每包貴3元

1.泡麵廠為反映成本，陸續調漲多款售價

泡麵原料麵粉和棕櫚油漲幅驚人，統一、維力、味丹等三大速食麵業者為反映成本，陸續調漲多款泡麵售價，平均漲幅6%至20%。有35年歷史的統一肉燥麵也變貴，10年來首度喊漲，漲幅逾15%，袋麵從13元漲為15元，碗麵從每碗17元漲為20元。

繼統一米粉、冬粉年初調漲後，統一麵、阿Q桶麵、滿漢大餐等泡麵系列也將調漲，每包貴2元至3元，統一碗麵漲幅逾17%、袋麵漲幅逾15%、阿Q系列漲幅約7%、滿漢大餐漲逾6%，每碗售價飆至48元。另外，統一新鮮屋蘋果多、檸檬多等部分飲料也調漲價格，由15元調漲為17元。

2.泡麵、飲料近期漲價訊息

品　　項	原　　價	調漲後	漲幅
①統一麵（碗麵）系列	17元	20元	17.6%
②統一麵（袋麵）系列	13元	15元	15.4%
③統一新鮮屋蘋果多、檸檬多等系列飲料	15元	17元	13.3%
④阿Q桶麵系列	28元	30元	7.1%
⑤統一滿漢大餐系列	45元	48元	6.7%
⑥維力泡麵	量販通路漲幅約10～15%		
⑦味味A等味丹出品泡麵	量販通路漲幅約10～20%		

資料來源：《蘋果日報》財經版，2007年10月1日。

【案例7】原物料漲價，迫使連鎖咖啡店也計畫調高價格

原物料漲價波及到連鎖咖啡烘焙連鎖業者，包括85度C咖啡烘焙連鎖、金鑛咖啡、丹堤咖啡等業者，已感極大壓力，強調若原物料再漲，就會調高零售價格，漲幅約在5%到10%。

1.85度C咖啡蛋糕

85度C咖啡蛋糕專門店已和原物料供應商在洽談2017年度合約，目前牛奶、麵粉、乳酪等烘焙原料價格，已上漲10%到30%，據了解，若是供應商不願調低漲幅，85度C明年可能會調整零售價格5%。

85度C行銷企劃部總監楊欲奇說，原物料採購是1年一約，現在已在談2017年的價格，即使漲價壓力很大，目前仍未有調漲計畫。若真的要反映成本，將會先調高麵包價格，35元的平價蛋糕則會盡力守住不漲價的關卡。

85度C目前有超過310家店，其中90%以上是加盟店。2011年受到基本薪資調漲、原物料漲價等壓力，許多加盟店的獲利漸少，使總部開始討論漲價的可行性。

2.金鑛咖啡

金鑛咖啡也面臨極大的漲價壓力。雖然整體原物料成本上漲30%，但金鑛卻逆向思考，將50元的蛋糕調低價格，希望擴大蛋糕零售價的差距，預期未來可能同時販售低至30元、高到100元的蛋糕。

金鑛咖啡副總經理吳隆吉說，預計下個月可落實調整蛋糕價格，未來35元的蛋糕占比約20%、100元蛋糕占10%、50元蛋糕仍占70%。希望藉著提升蛋糕的價值與價格競爭力，以增加市場差異化。

【案例8】麥當勞要漲價，大麥克套餐115元

1.7年來最大動作，成本上漲壓力吃不消

速食業龍頭麥當勞將調漲主要套餐和單品價格，套餐漲幅最高達6.6%，單品則以小薯條調漲25%最大。這是麥當勞7年來首度大規模調漲商品售價，預期將引起速食等其他餐飲業者跟進調漲。其中，漢堡王已開始研究漲價的最佳時機。

麥當勞從1984年1月來臺後，20多年間有三、四次類似此次規模的全面性漲價，最近一次是在1999年的9月，當時超值全餐一次調漲10元，漲幅達11%。

臺灣麥當勞公關部經理李賜蘭表示，因應國際食品原物料價格屢創新高，將自9月1日起調整商品售價。其中，至少八款的主要套餐全面調漲6元；單品部分，中、小薯條全面調漲5元，這使得小薯條從20元漲到25元，漲價達25%。

但另一方面，麥香魚及麥香雞超值餐則降了4元，由99元變為95元。同時，購買超值全餐換附餐的「升級價」，也由原來加10元調降到加5元。

2.利用尾數計價法

另外，麥當勞並運用尾數計價法：將長銷商品大麥克套餐由109元漲為115元，漲幅5.5%；另一項熱賣商品六塊麥克雞塊套餐從99元漲為105元，漲幅達6.6%，這使得套餐售價的尾數全部從「9」元變成「5」元。個位數字看起似乎變小，但價格已經變貴。

3.麥當勞漲價表

品　　名	原　　價	新　　價	漲跌幅（%）
①大麥克餐	109元	115元	5.5
②六塊麥克雞塊餐	99元	105元	6.6
③二塊麥脆雞餐	129元	135元	4.6
④勁辣雞腿堡餐	119元	125元	5.0
⑤板烤米香堡餐酥嫩雞腿	129元	125元	-3.8

資料來源：《經濟日報》，2007年8月23日。

【案例9】3家鮮奶產品價格齊上漲

■味全、光泉、統一3大鮮乳廠漲價

國際食品物資短缺、價格飆升，國內相關食品、麵粉等大宗物售價也蠢動。包括味全、光泉、統一等三乳品廠已調漲乳品價格；麵粉及飼料不排除近期就會漲價；砂糖價格也蠢蠢欲動。這波食品及相關原物料價格上揚，再度挑動消費者緊張神經。

農委會近期發函給各大乳品廠，同意酪農調漲生乳收購價格，並由公告後的1個月內實施，每公升調漲3元，乳品業者收乳成本將從原先的22元提高到25元，漲幅高達13.6%。包括味全、光泉、統一等三大乳品業者，確定漲價，並通知各大通路自8月調整售價，但漲幅仍在評估中。

【案例10】通路為王──大型連鎖量販店剝削上游產品供應商

1.上架費達售價的30%

量販店天天打出市場破盤價，目的在於吸引消費者上門，但是，外界可能不知道，量販店不斷提高來客數，看的不是消費者口袋裡的錢，而是數萬件商品背後的眾多供應商，這才是零售業者真正的大金主。一件商品在量販店內銷售，上架費即占售價的30%，供應商還要額外支付贊助費、銷售達標獎金等；便利商店挾著據點優勢，幫許多機構代收貨款，金融代收利潤已超過整體淨收的20%以上。這些都證明，現在零售通路只是「服務」消費者，只要能吸引更多的消費者，就能向供應商要求更好的條件，帶動利潤成長。

臺灣零售業發展商幾度競爭，操作策略也愈來愈靈活，帶動獲利模式也逐漸改變。最早時，零售業就是靠著賣東西給消費者賺錢，供貨價格與零售價之間的價差，就是通路業者的利潤，消費者掏出的金額，與通路利潤具有直接的關聯。

2.龐大的每日現金流量是重點

然而，當通路的競爭愈來愈激烈，商品的價格愈殺愈低，量販業者都爭相打出破盤價，部分商品的售價甚至低於定價，便利商店的價差空間也被壓縮，通路業者已經無法再從商品價差中賺得利潤；所幸零售業的規模都愈來愈大，帶來龐大的現金流量，零售業每天拿著這些現金進行周轉投資，可能帶來可觀的投資收益，成為另一階段的主要獲利模式。

二 廠商「低價、平價（降價）策略」

【案例1】國內景氣低迷，平價連鎖超市受高度歡迎

儘管國內消費市場景氣冷颼颼，但平價連鎖超市近來表現異軍突起，三商集團旗下的美廉社目前有300家分店，定下2017年增加100家目標，可達400家規模，營收可翻倍達60億元。而龍頭全聯福利中心面對美廉社來勢洶洶，2018年也將積極展店提高市占率，總店數上看1,000家，營收挑戰1,000億元。

1.美廉社

點多、店小、投資金額低，三大策略奏效，拓點快；專攻社區型平價市場；價格低為其優勢。

三商集團主管分析，美廉社能力抗國內景氣低迷，在1年時間內快速展店至50家，主要關鍵在於美廉社「點多、店小、投資金額低」的三大策略奏效，當初美廉社要進軍零售通路市場，就是比照國外「折扣店」的營運模式，專攻社區型平價市場。

該主管強調，美廉社主要競爭優勢在於產品價格，店面設計講究簡單不鋪張，每家店的規模控制在50坪上下，1家店投資金額不超過200萬元，而初期首要展店地區鎖定在次級戰區，如三重、新莊等。

「因為店面規模不大，我們更能進駐社區，也因為投資金額不高，使得投資回收快，更有利於急速拓點。」也因為展店策略成功，使得美廉社2011年營收成長率高達800%。

展望2013年，三商集團主管分析，2012年美廉社展店速度再加快，預計1年拓展100家，使得總店數達200家，由於每個店投資金額不高，因此可透過點點相連的方式，串聯起完整的銷售網絡。

2.全聯福利中心挑戰1,000家店，營收額上看1,000億，加碼生鮮品營運

同樣強調低價的全聯社，目前家數已達900家，為平價連鎖超市龍頭，同樣以鄉村包圍城市策略崛起，每年開店都有近百店規模，預估2017年家數可增50家。

因已達到900家規模，預期2017年業績將會超過1,000億元，年成長幅度超過30%以上，2018年營收更將挑戰1,000億元。

全聯總經理蔡建和表示，2012年全聯店數才突破600店，短短1年時間再開了近100家店，最高紀錄曾有1天要去5家店參加剪綵。

【案例2】美國1美元廉價連鎖店，進入零售業主流

1.喜歡到1美元店撿便宜

美國經濟成長減緩加上美元走弱，美國民眾出現捨棄至大型連鎖量販店消費，改到「1美元商店」購物的現象，民眾紛紛想要找尋超值便宜的商品。

業界認為，1美元商店正從零售業的配角進入主流，消費者積極在這類型小商店搜尋更多物品，甚至連高收入者也喜歡至1美元店撿便宜。

2.快速增加的1美元連鎖店

美國廣播公司（ABC）報導，根據美國全國零售聯盟的資料顯示，從2000年以來，在1美元店購物的家庭數量幾乎增加1倍。全美十大零售業者中，連鎖1美元店就達5家，共有1萬8千多家店面，年營業額超過360億美元。業界分析，1美元店的業務祕密之一，是大量購買庫存過多、停產的商品或倒店貨，包括許多名牌商品，因而能壓低售價。1美元店現在開始擴展領土到新地區，甚至進入高級住宅區林立的郊區，使1美元店顧客組成發生變化。

【案例3】臺北Motel（精品旅館）因競爭者過多，價格崩盤

1.有業者開始棄守「2小時1,500元」的價位

由於競逐者愈來愈多，臺北都會精品汽車旅館市場開始出現結構性變化，在市場胃納有限的情況下，多數業者開始棄守「2小時1,500元」的休息價位。並紛紛改變定價政策，試圖力挽狂瀾、刺激消費。

位在大直的ISIS的台北戀館，原先休息定價2小時1,680元，唯由於這個暑假來客未如預期，故推出「3小時1,500元」方案促銷。

2.汽車旅館已供過於求，各家利潤將被稀釋

臺北薇閣董事長許調謀並舉2007年暑假汽車旅館市場的市況為例，他表示，根據薇閣開幕前4年的經驗，暑假是汽車旅館的旺季，業績會較平日高出10%到15%。但是2007年由於市場競爭，薇閣在這個暑假的營收不但未增加，還較往年下滑了10%左右。許調謀指出，假設淨利率抓在30%，則營收少了10%，不啻意味著總利潤少了33%。從市場經營面看，許調謀認為對投資者而言，2007年的變化是一大警訊。

許調謀認為，精品汽車旅館產業完全是衝出來的產業，市場氾濫的結果，雖不至於像葡式蛋塔般幾近滅絕，但可能會像KTV產業般，因為選擇愈來愈多，業者的利潤也將被稀釋得愈來愈薄。

【案例4】Payeasy網站，推出網路平價化妝保養品一舉成功

1.網路購物通路成本低，造就小而美的本土品牌

臺灣化妝保養品多是日系、歐系品牌的天下，國內大財團（如台塑）才有這個本錢進軍競爭激烈的化妝保養品市場。不過，網路購物、電子商務的興起，因為通路成本低廉，無需實體店面及電視廣告，造就出小而美的本土品牌。其中最成功的要算是Payeasy獨家合作的兩個美妝、保養品牌。Payeasy以優厚的拆帳比

例，與自創品牌達人分享利潤。其中月營業額貢獻度超過1億元的牛爾老師，外界推估每個月的拆帳金額上看新臺幣千萬元，而彩妝達人Kevin 2007年整體營業額上看2億，估計每個月也有上百萬的拆帳收入。

2.定價策略在300元～500元之間，符合網路年輕消費者可接受範圍

出過多本如何運用化工材料DIY保養品的牛爾，曾在國際知名品牌保養品公司擔任教育訓練講師，他說過，保養品不一定要這麼貴，Payeasy認為網路通路較實體通路有成本低廉的優勢，因此，將通路成本合理回饋給消費者，牛爾的保養品、Kevin彩妝品，定價都介於臺幣300元至500元之間，這個定價策略也符合網路年輕消費者可接受的範圍。

3.售價只有專櫃品牌二分之一，很快受到網友歡迎

以Kevin闖出口碑的水粉雙層水粉底為例，該款粉底的概念最早由某大日系品牌推出，由於妝效輕薄、又相當適合臺灣溼熱的夏天使用，但該日系品牌水粉底35毫升要價1,800元，Kevin的水粉底30毫升只要420元，許多小女生因而一試成主顧。

牛爾的產品也走類似的模式，專櫃保養品當紅的成分，不論是Q10、胜肽、還是植物萃取，很快就會在牛爾的產品中看到，而且售價只有專櫃品牌的二分之一、甚至更低，因此很快受到網友的喜愛。

【案例5】低價策略經營低價市場

中國康師傅低價礦泉水，拓展大陸農村市場有成。

1.大動作拓展礦泉水市場，先瞄準低價的農村市場

相較於果汁與茶飲料，礦泉水單價雖低，卻是康師傅2007年產能擴充的重心，一口氣將生產線由原先的36條增加到67條，手筆之大讓外界詫異，不過從長期耕耘中國農村消費市場角度來思考，或許就可找到答案。

業界分析，康師傅除在即飲茶已經取得第一名，且市占率逼近50%立於不敗

之地，2007年大動作發展礦泉水市場，則是為了瞄準農村市場鋪路。

2.中國大陸農村市場人口高達8億人，用鄉村包圍城市策略

中國農村人口高達8億人。是大都市的2倍以上，隨著中國十一五規劃建設現代化農村的目標，未來二級以下城市的成長潛力，將遠勝於大都市。對於康師傅這些國際性大品牌來說，農村是一個全新的市場，對下一階段的市場爭霸，具有決定性指標；誰輸了中國農村市場，注定失去長期競爭力。

農村與鄉鎮的特色之一是所得低、對於價格敏感度高，一般高檔的方便麵與果汁、茶飲料消費力較低。礦泉水單價普遍介於人民幣1.2至0.8元間，相較於一般茶飲料與果汁動輒達人民幣3元至3.5元，更容易被一般消費者接受。

康師傅先透過低價的礦泉水拓展農村市場，建立品牌知名度，隨著農村所得提升，再逐步導入中高價產品，將事半功倍。

【案例6】臺北資訊月，液晶電視大打價格戰

1.資訊月LCD TV成為熱門產品，掀起價格戰

資訊月登場，液晶電視成為熱門商品！由於面板價格上漲，監視器價格下殺空間不大，不過液晶電視卻掀起價格戰，明基強打32吋國民機19,880元，奇美則打出買52吋液晶電視送22吋監視器，兩大品牌都喊出資訊月液晶電視銷售倍增，挑戰1,000臺的目標。

2.LCD TV普及率僅25%，成長空間很大，成為業者促銷主力

奇美品牌事業群副總經理鄭良彬表示，臺灣監視器市場相當成熟，而液晶電視普及率僅約20%至25%，還有成長空間，成為業者促銷主力。2007年臺灣液晶電視市場由去年48萬台成長到2007年達85萬台，成長率達77%，預估2008年臺灣液晶電視出貨量將突破100萬台，達110萬台左右。

3.即使是賠錢貨，也要硬著頭皮跟進

不過2007年面板價格一路飆漲，品牌、通路業者擔心影響買氣，只好忍痛吸收成本。監視器小幅調漲價格，液晶電視卻仍是不漲反跌，特別是32吋液晶電視，年底檔期價格下殺到2萬元以下，廠商直喊吃不消。鄭良彬認為，32吋液晶電視最健康的價格應在2.39萬元到2.49萬元間。不過，無奈32吋是主力市場，雖然是賠錢賣，還是得硬著頭皮跟進。

（資料來源：《工商時報》，2007年12月2日。）

【案例7】資訊展低單價數位相機銷售佳，市價降幅2～3成

1.臺北資訊展，5,000元～7,000元低價數位相機熱賣

資訊月展開後，消費型數位相機開始降價及加碼贈品激烈促銷，網購業者也與展場同步降價，並另贈特殊贈品吸引消費者上門。不過，業者指出，由於經濟不景氣，排擠到民眾購買非生活必需品的支出，因此，2007年資訊月期間，低單價數位相機賣得比往年好，其中以又以5,000～7,000元左右的機種銷量較大。

2.網路購物公司同步降價

資訊月展場人潮擁擠，YAHOO！奇摩數位相機館產品經理趙啟祥表示，不少網友並不希望去人擠人，而網購與展場同步降價，下單量也跟著激增，在這些訂單中，5,000～7,000元以下的低單價數位相機相當受到歡迎，但低單價產品不代表廉價商品，以目前這個價位的數位相機，包括防手震、臉部對焦及600～1,000萬畫素，這些主流的基本規格都包括在內，功能不見得比較陽春。

3.數位相機市價持續下降，平均降幅在2～3成間

網購業者說，消費型數位相機從2007年第一季新品上市到第三季時，平均降幅約在二至三成，平行輸入產品也就是水貨產品，跌幅更逾三成，第四季新機上市加上年底資訊月期間，原廠和通路商不斷下殺數位相機價格，平均降幅也有一至二成以上，即使新機種價格也約落在10,000～12,000元，是消費者挑精揀肥的好

時機。

【案例8】Yahoo奇摩拍賣網站低價吸客

■ 集合700家家電賣家成立低價專區，比實體通路便宜2成價

國內最大入口網站Yahoo！奇摩宣布成立。「Yahoo！奇摩拍賣家電聯盟」，集合線上700家家電賣家成立專區。除方便網友搜尋比價外，也比實體通路便宜約二成，像索尼（SONY）40型液晶電視售價約64,000元，比3C賣場低約6千元，日立（HITACHI）新款六門冰箱也比賣場便宜約1萬元。

Yahoo！奇摩品類經理郭奕麟說：「Yahoo！奇摩拍賣家電聯盟」目前已經有超過16萬件商品，在成本較低以及網路商品比價方便的壓力下，價格比實體通路要低約二成，如SONY 40型液晶電視，在燦坤3C的11月會員招待會售價為69,900元，但在該網站只要63,999元。

另外，日立六門超變頻冰箱售價69,000元，也比燦坤會員招待會的79,900元，便宜10,900元，國際牌（Panasonic）13公斤的滾筒洗衣機售價36,000元，也比燦坤會員招待會的41,900元便宜5,900元。

【案例9】降價策略──王品聚火鍋推出330元平價套餐

餐飲業者也是這一波漲風中，受影響最深的產業。餐飲業者指出，由於房屋的租金不斷上揚，近幾年，餐飲業的利潤已被壓縮得很小，現在又碰上食材不斷上揚，不漲價真的不行。

王品旗下的聚火鍋就打算推出新的套餐。因應漲價風潮，有別於其他品牌調高價格，這一次，聚火鍋反其道而行，推出330元的平價套餐，足足比原來的套餐便宜了100多元。

【案例10】日本精工公司ALBA平價錶衝出買氣

■ 不景氣期間，搶到年輕客層

日本鐘錶大集團精工則以平價的ALBA搶灘。

業者2006年簽下歌手黃立行代言後，ALBA去年秋冬業績就比春夏大幅成長1倍，2007年上半年也有50%以上年增率。

由於ALBA是精工旗下最低價的品牌。主力價位在5、6,000元，加上定位在時尚、休閒，在這波不景氣期間，反而搶到不少年輕客人，也擠壓到不少萬元起跳鐘錶品牌的市場。

【案例11】美國漢堡王低價超值策略

1.漢堡王推出美元超低價雙層吉士堡，衝擊勁敵麥當勞熱賣的吉士漢堡

《華爾街日報》報導，全美第二大速食連鎖店漢堡王擬試賣1美元雙層吉士堡，此舉可能在美國速食市場點燃漢堡折扣戰火，首當其衝的預料是麥當勞熱賣產品——吉事漢堡。

漢堡王的全球行銷、策略及創新總裁克萊（Russ Klein）在向員工和加盟店宣布這項試賣消息的電子郵件上寫道：「1美元雙層吉士堡預料是延續營業額成長和擴張漢堡市場之版圖的最有利武器。」漢堡王訂於明年（2008）起，開始在美國三個市場販售1美元雙層吉士堡，且宣稱會比麥當勞的雙層吉事漢堡大上30%，不過，漢堡王並未說明這三個市場是哪三個。

2.速食業掀起折扣戰火

雙層吉士堡原價一個超過2美元，有時候會調降到比華堡（漢堡王的旗艦產品）便宜幾美分。美國的漢堡王門市大多數在賣超值餐時只提供小華堡這個選擇，但在洛杉磯的漢堡王門市，有幾家已經在賣99美分雙層吉士堡，時間已有數週了。

通常，漢堡王加盟店可以自產品售價反映當地市況。

雙層吉事漢堡已多年名列美國麥當勞1美元優質產品項之一，且是優質主力，被視為極具市場吸引力，尤其對喜歡找便宜好貨的消費者而言。

美國速食業在2000年和2003年的漢堡折扣戰，讓許多業者產生不小損失。

克萊表示，在超值產品的排名上，漢堡王落後麥當勞和溫蒂漢堡的差距達二位數。克萊指出，根據市調結果，漢堡王的超值餐之銷售額，約占漢堡王總營業額的12%，麥當勞的1美元優值選銷售額，占麥當勞總營業額的23%，溫蒂漢堡的超值餐之銷售額，約占溫蒂漢堡總營業額的25%。

【案例12】好市多堅採付費制度，並以低價回饋消費者

1.臺灣好市多（COSTCO）收費會員突破200萬人，業績年年成長，獲好評

2007年11月9日，好市多（COSTCO）臺中店開幕前夕，好市多臺灣區總經理張嗣漢私底下發了一封Mail，感謝所有同仁們的努力，讓臺中店的付費會員突破5.2萬人，創下全球好市多單店入會人數最高紀錄，對於臺中店的驚人表現，就連他自己也深感意外。

正確來說，好市多臺中店在「買一送一」促銷期間，一共吸引了10餘萬名會員入會。當天專程從美國飛來臺灣參加臺中店開幕慶的好市多全球總裁吉姆・辛尼格，對張嗣漢的能力讚賞不已。

在臺中店加入營運後，好市多目前在臺灣的分店已達13家，入會人數累積達200萬人。正當其他量販同業都在為營收衰退而苦惱時，好市多2006年8月至2007年7月底創下150億元營收，較前年度大幅成長了14%；其中，好市多臺北內湖店單店年營收逾50億元，是全臺業績最高的「量販店王」。

2.好市多時刻想著為消費者省錢，獲得消費者認同

好市多的商品為何可以比別人便宜？「一般量販店的出發點是如何多賺一點錢，但好市多卻時刻想著，如何為消費者多省一點錢」，張嗣漢說，一般量販店的毛利率逾20%，但好市多將毛利率壓縮在14%以下，扣掉所有開銷後，淨利最多

1～2%。

張嗣漢表示，為了讓會員能以最低價位享受最高品質的服務，因此以會費收入補貼部分開銷，而將省下來的成本，直接回饋給消費者，所以，好市多精簡人事、賣場就是倉儲，就連他辦公室的地板，也與好市多賣場一樣，都是水泥地，沒有豪華的裝潢。

「事實證明，好市多這種不以壓低進貨價格而犧牲商品品質的做法，已獲臺灣80萬名會員的認同。」張嗣漢認為，好市多已在臺灣消費者心中營造出「量販業的精品店」形象，成功地與一般量販同業做了市場區隔。

3.40%是商業會員，平均客單價是一般量販店的2～3倍

張嗣漢表示，好市多的會員區分為一般會員與商業會員，例如泰豐，就是商業會員。他說，一般量販店商品種類多達2萬種，但好市多僅有4,000多種，但好市多的平均客單價在3,200元，是一般量販店的2、3倍，其中，商業會員僅占40%，創造的業績，卻占了好市多年營收的60%，商業會員的購買力驚人，也是好市多積極深耕的主力會員。

4.續卡率達80%，居亞洲之冠

張嗣漢頗有信心地說，臺灣好市多的顧客忠誠度高，續卡率達80%，居亞洲國家之冠，不過，相較於美國本土的續卡率超過90%，「好市多在臺灣的續卡率還有很大的成長空間。」

5.好市多比一般量販店便宜10%以上

張嗣漢不僅要說服大股東認同付費制度，他還要讓好市多的付費會員了解到，這張會員卡「不滿意可以全額退費」、「商品買貴可以退差價」等雙重保證，而且，相同的商品，好市多比一般量販店便宜10%以上，對於經常來消費的付費會員來說，買愈多、省愈多，連帶也將1,200元卡費賺回來了。

6.目前在全球擁有592多家分店,每年營收超過500億美元的美商好市多

　　好市多全臺擁有10家分店,分布於臺北、新竹、嘉義、臺南、高雄及臺中。

【案例13】臺北美麗信大飯店打造出大飯店的平價奢華風

1.國內第一個BOT平價大飯店,平均房價被觀光局規定在2,400元以下

　　開幕剛滿1週年的美麗信酒店,是國內第一個平價旅館BOT案,雖然爭議不斷,從2006年9月份開始,住房率就一直領先全臺各大觀光飯店。美麗信營運不到半年時間,就有如此亮麗的成績,美麗信的成功經驗,已經成為國內飯店業新典範。

　　美麗信酒店是一個很特別的產物,為了迎接中國觀光客來臺,政府擔心飯店房間數不夠,特別釋出臺北最精華的地段,讓飯店業者經營平均房價約2,400元的平價旅館。沒想到美麗信酒店胸懷大志,他們不只是想經營一般的平價旅館,而是房價媲美五星級觀光飯店的一流觀光飯店。

　　光是硬體設施部分,美麗信酒店就砸下了9億元,硬體設施美輪美奐,軟體設施也都比照五星級飯店的水準,聘用大批精通英、日語的人才,但在觀光局的要求下,平均房價卻只能維持在2,400元的水準。

2.靠其他收入來彌補低房價

　　美麗信酒店需要攤提占營收約四成的籌辦費用,還要負擔比照五星級觀光飯店標準的人事成本,但卻不能拉高平均房價,只能靠餐飲、SPA和其他收入來彌補,只要是能賺錢的地方,美麗信的經營團隊絕不錯過。雖然經營得辛苦,但美麗信經營團隊在站穩腳步後,所得到的成果卻十分豐碩。

3.平價奢華風的意涵:六星級的硬體設施,但收費標準只有四星級

　　朱榮佩表示,面對不景氣,就要提供更物超所值的商品。有人說,要吸引消費者就要走「平價奢華風」。

但究竟什麼樣的商品才算符合平價奢華標準，她認為，平價奢華風就是「要在舊價值中，創造一個新的路線和信仰」，美麗信所做的，就是在國內飯店業界，創造了一條新中間路線。

她指出，每個行業的主要客層都不盡相同，對主要客層鎖定在中高階層消費者的飯店業者來說，所謂平價奢華風，以前是指五星級設施、四星級收費，但面對競爭激烈的市場，消費者要的是「六星級店的硬體設施，但收費標準只有四星級」，而美麗信酒店剛好就是這樣的產品。

【案例14】中型吃到飽餐廳，平價受歡迎

1.價格只有大型餐廳的一半，迎合消費者需求

國內消費者市場逐漸出現兩極化發展，為迎合消費者需求，再度興起一股吃到飽的風潮。新一代吃到飽的餐廳標榜精緻，地點也從租金較便宜的二級商圈，逐漸轉移到一級商圈。吃到飽市場大戰一觸即發。

和上閤屋、欣葉及饗食天堂等面積動輒上千坪的大型吃到飽餐廳相較，新一代吃到飽餐廳的營業空間僅約百坪，菜色也不如大型吃到飽餐廳多樣化。只選取有特色的類別；雖然菜色較少，但價格只有大型餐廳的一半，頗受消費者喜愛。

2.「吃飽無罪」餐廳

臺北市公館東南亞戲院旁，最近就出現一家名為「吃飽無罪」的燒肉冰淇淋餐廳，月租金就高達4、50萬元；而提供的冰淇淋種類多達五種品牌，包括雙聖、莫凡彼、卡比索、聖堤雅及手工義大利冰淇淋，一個人要價450元，開幕後就吸引大批人潮。

吃飽無罪餐廳表示，消費者口味千變萬化，新一代吃到飽餐廳在食物變化上會更用心，現在只有靠地點和服務決勝負，一級商圈租金雖高，但只要有獲利空間，仍值得一試。

3.永樂日式創作料理店

老字號的上閣屋也看好這塊新市場,在館前路開設「永樂日式創作料理」,月租高達60萬元,投資1,600萬元,以神戶啤酒壽喜燒為賣點。壽喜燒提供60多道單點的日式料理,每人消費價不到600元。

永樂日式創作料理表示,市場不景氣,但消費者的要求更為嚴格,希望享受奢華,但又不願意花太多錢,業者只有以量制價,想辦法壓低利潤才能達到消費者的要求。

至於地點選擇,永樂日式創作料理指出,現在消費者吃飯,不但要求好吃,也講究氣氛,因此租金和裝潢費用都不能省。

4.中型吃到飽餐廳,也有努力之處

不少大型吃到飽餐廳個人消費要7、800元甚至更高,中型吃到飽餐廳因省掉快炒或蒸煮類的菜色,不需聘請大廚,人事成本較低;加上租金略低,可提供更好一點的食材。每人只要350元到500元,就較容易吸引消費者。

但中型吃到飽餐廳也有隱憂。由於菜色較少,如何掌握消費者的口味、創造新菜色,提升服務品質,就成為各家餐廳決勝的關鍵。

【案例15】平價車狂吸首次購車族

「2011年車市不好,福特上半年沒有推出新車款,展示中心來客數下滑了足足四成。」福特六和營銷經理黃清亮說:「我們決定放手一搏!」主攻M型低端的客層。

福特六和旗下的Tierra已經賣了10年,算是基本車款,1.6升要價45.9萬元,6月起2個月直接打出39.9萬元的低價,幾乎跟1.3升的小車等價。看車人數馬上暴增120%。

黃清亮說:「它是很務實的車,訴求省油、該有的配備都有、不華麗。很受中南部與預算不多的首購族歡迎。」

6月Tierra的銷量高達1,034臺,比起前1個月的430臺高出2.5倍。

Tierra的6月銷量不但占福特全車系近五成,同時也讓睽違國產車排名已久的

福特,以這款車又站上國產車銷量第五位。

【案例16】路易莎咖啡:平價咖啡也有高品質,大舉展店突破16億營收

1. 為了那杯好喝的咖啡,創辦人黃銘賢準備4年,一年學技術、一年配製咖啡豆配方,還參加咖啡大師競賽,提升自我水準之後才敢開店。

2. 黃銘賢當初從那間月營的只有60萬小店做起,耗費11年時間,讓路易莎成為擁有311間分店,營收16億元的飲品集團,站穩全臺本土最大平價咖啡連鎖品牌龍頭寶座。

3. 能有今日成績,全繫於黃銘賢10多年前對咖啡市場的觀察。那時台灣的咖啡市場,可分為精品咖啡及平價咖啡二大體系,但似乎還缺少一塊,連鎖咖啡市場還是空白的。因此,他萌生創業念頭,想要突破重圍,就要逐步替路易莎建立精緻,平價二大優勢,才能提升競爭力,找到不一樣的定位。

4. 為了做出品質達標的咖啡豆,路易莎打造一組包括尋豆師、烘豆師及杯測師共14人的專業團隊,包括世界各大咖啡大師競賽的評審等多人,每日烘出2噸咖啡豆,在時程內運送到全臺分店使用。

   其中,4名專業尋豆師挑選具備高含水量,風味飽滿,沒有苦味、碳味的高海拔生豆,一旦挖出好咖啡豆,即使無法和產區殺價,也照樣不顧成本,收購進貨。

   挑出好豆之後,再由烘豆師、杯測師及咖啡師聯手把關,先以生豆檢定儀,測量咖啡豆的含水水度、密度,保存時須全程恆溫、恆溫機制,再使用最佳設備烘豆,黃銘賢投資生產線的金額早已超過1億元臺幣,只是2臺頂級烘豆機就分別要價千萬,相較坊間連鎖咖啡店,一台烘豆機只要50萬元。

5. 早期路易莎設點以巷弄為主,以坪數較小外帶店為主力,知名度低也相對在地。而要搶奪消費者眼球,就得站到大街上跟國際品牌一較輸贏,增加

曝光度。黃銘賢將擴大經營分依二線，他維持每年開放60家加盟名額，仍保持巷弄外帶店的型態，確保獲利。再者，他擴大直營店鋪比例，以能見度高的街邊店為主力，目標是迅速拓展品牌知名度，因此刻意造地在黃金地段中的「次佳」地點，既能抓住人流，也避免租金壓力，確保收支平衡。目前，路易莎80%店面，都設有內用座位。

6. 歷經11個年頭，黃銘賢表示：「當我只在乎咖啡，在乎喝到咖啡的消費者，我相信終有一天，他們也會回過頭來重視我。」

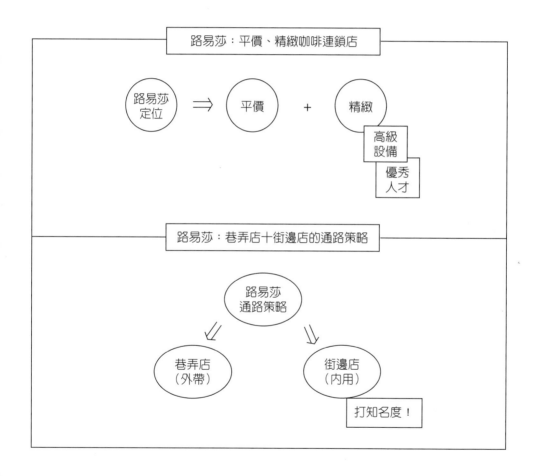

【案例17】不景氣時期，美國低價折扣零售商獲益多

1.低價零售商受惠大

油價飆漲、信用緊縮，美國年終購物季整體銷售業績不會太好。但隨著消費者心態轉趨保守，沃爾瑪等折扣零售商可望成為最大受惠者。

原油和商品價格不斷上漲，據統計，目前單是食物、汽油和能源的支出，就幾乎占去美國民眾一般消費預算的20%。更別說因為信用緊縮和房屋貶值，讓消費者花錢的時候會更斤斤計較。

較高檔的精品百貨公司，由於消費主力多屬於金字塔頂端的顧客，信用緊縮或股市重挫，對他們的消費能力並無太大影響，但如果像花旗集團或摩根士丹利這類大型金融機構受創，這些投資大戶就會有感覺。

如此一來，不少原來喝星巴克（Starbucks）、背COACH包的顧客，可能都會改到平價咖啡館和一般服飾店消費，所以折扣商店、大賣場和藥妝店就成為最大受惠者。

以沃爾瑪為例，第三季獲利成長8%，優於市場預期，分析師也看好該公司2017年底銷售額，認為目前的情況對沃爾瑪這類平價折扣商較有利。

2.網路商也是低價主戰場

網路則是另一個戰場。沃爾瑪和百思買（Best Buy）2007年的線上促銷活動從22日起跑，沃爾瑪2007年在網路上提供的折扣商品數量，是2006年的2倍。百思買則在網站上增加客戶評價欄，並從上週起推出西班牙語網頁。

追蹤商店促銷活動的網站Deal-taker.com創辦人瑞波波特表示，零售商希望客戶盡量到網路上採購，可以降低他們的經營成本。

【案例18】統一超商推出「超商量販價」，以低價對抗量販店

繼中元促銷檔期首度推出「超商量販價」，業績較2016年同一檔成長一倍後，7-11再度挑戰量販店，挑出3大類商品，其中以民生日用品類別的43項，平均

降幅15%，降幅最大。由於此項類別占整體營收比不到一成，但毛利卻很高，統一超此刻做法，無疑得犧牲利潤，以量制價提高來客數。統一超商營運長謝健南表示，希望藉由此次價格策略，提升每項單品的業績成長一至二成。

　　正值政府提出庶民經濟主張、公布新生活物價指數之際，7-11也祭出「新經濟政策」，以「平價、特價再降價」的三價策略，鎖定民生日用品、自有品牌7-SELECT及量販預購便等三大類200項商品，展開最大規模的價格行動。

【案例19】85度C咖啡，正式進軍內地市場

1.預計開出50家連鎖店

　　經過8個多月籌備，85度C於2007年底前在上海開了兩家直營旗艦店，福州路店預定12月5日開幕，第二家店位於茂名北路與威海路口，在聖誕節前可試營運，預計2008年在杭州、蘇州等長三江城市，將開50家連鎖店。

　　孫武良指出，在上海，咖啡飲料仍屬於高檔次消費，大眾喝咖啡的風氣尚未形成，還需要時間培養。因此，85度C在長三角的發展策略，將以烘焙麵包、蛋糕來帶動咖啡飲料市場，兩家門市都設有烘焙麵包專區，年營業額設定在人民幣1,300萬元。

2.採取臺灣的平價策略，售價接近上海市的大眾消費者，而且品質掛保證

　　如同在臺灣的平價策略，85度C咖啡的售價很接近上海大眾消費，麵包3元起、蛋糕5元起，咖啡則賣8元到12元間。孫武良說，麵包3元連上海人都說便宜，希望利用平價麵包帶動人流。

　　雖然平價，孫武良說，品質絕對掛保證。目前上海原物料飆漲，對85度C展店計畫影響不大，因為與採購商簽的是年度合約，採取大量採購及預控成本，這次上海開店還從臺灣調了6位五星級飯店烘焙主廚來教作與管控品質。

（註：此為2016年資料，85度C咖啡目前在中國已開店200家，臺灣300家，合計兩岸
　　　500家；並且已在臺灣掛牌上市。）

【案例20】上海壹咖啡主攻外賣咖啡，每杯只賣10元人民幣

■臺商壹咖啡在深圳、廈門及上海設立據點，仍走外賣平價咖啡路線

在臺灣打出「誰說35元不能喝好咖啡」的壹咖啡，在深圳、廈門布點後，上個月也悄悄在上海人民廣場設了兩處小型店鋪。一如在臺風格，壹咖啡走的是外賣飲料路線，一杯咖啡只賣10元人民幣。

壹咖啡廈門營運部經理黃光海指出，壹咖啡登陸先從華南地區開始，在臺商聚集的深圳與廈門均已各設一個店面，長三角地區的都市則從上個月開始啟動。

在上海，壹咖啡選在人流眾多且觀光客聚集的人民廣場設點，於廣場地鐵站的9號與人民公園各開一間店。

外賣咖啡每杯賣10到12元不等，先試試上海人對平價咖啡的接受度。

【案例21】臺灣瑞軒廠商VIZIO液晶電視品牌在美國市場大賣

1.拿下美國液晶電視第一品牌，擠下SONY及三星國際大廠

瑞軒代工的VIZIO液晶電視在美國「黑色星期五」創下銷售佳績，4天內賣出7.8萬台的佳績，較平常成長一倍。VIZIO切入液晶電視領域3年，即拿下美國液晶電視市場的第一品牌，擠下SONY、三星等國際大廠，創造另類臺灣之光。

瑞軒副總邱裕平接受採訪時表示，美國黑色星期五從22日到25日的第一波耶誕節檔期，平面電視大受歡迎，VIZIO品牌合計電漿電視的平面電視銷售量共達9萬台（電漿電視為1.2萬台），數字是平常的2倍，預估第四季80萬台的銷售目標將可順利達成。VIZIO的耶誕佳績也為大股東瑞軒、鴻海集團與董事長郭台銘帶來最好的耶誕禮物。

2.新力研究為何瑞軒公司能做到高品質，但售價只有新力的三分之二

VIZIO品牌平面電視自2005年起開始，在美國的COSTCO與Sma's Club兩個大賣場上架銷售，2006年第四季時，VIZIO的市占率迅速攀升至6.5%，進入全美第

五大品牌，從2007年第三季，VIZIO已成為全美數一數二的平面電視品牌。有別於電視機傳統上都是在電子賣場販售，VIZIO打破傳統，改在大賣場販賣，不僅創下了銷售佳績，也打破了美國人數十年只在電子賣場購買電視的習慣，創造了新的商業模式，甚至連品牌大廠SONY都把VIZIO電視買回去拆開來看，研究為何VIZIO能有不錯的畫面品質，售價卻只有SONY的一半或三分之二。

3.VIZIO在COSTCO大賣場銷售，打破過去在資訊3C賣場販售的模式

吳春發表示，過去美國人購買家電商品多半到消費性電子產品連鎖賣場，VIZIO品牌電視透過會員制連鎖賣場COSTCO熱賣後，出乎市場意料之外，打破美國人購買家電產品的消費習慣，也讓COSTCO成為瑞軒重要的合作夥伴。

4.50吋電漿電視機以999美元低價促銷，賣得暢銷

邱裕平指出，從黑色星期五之後的銷售數字來看，32吋液晶電視占35%，37吋約22%至23%，42吋為20%，50吋電漿電視則以999美元低價促銷，也創下銷售1萬臺佳績，超出瑞軒的預期。

他說：「2017年銷售的特色是，沒有做很多的低價促銷，可是賣得很好，85%都是以原價賣出，只有15%以促銷價賣出，顯示液晶電視的價位已可被消費者接受。」

5.內地生產並借重美國行銷人才，成功打造臺灣電視機品牌

以瑞軒為製造大本營，由吳春發主導，生產以中國蘇州占七成，臺灣占三成的兩岸優勢，行銷則以王蔚操盤，借重美國的行銷人才，總部設在加州Irbine，成功在美國打造華人自有品牌。

2006年擴大賣出近80萬臺，已讓美國市場對VIZIO的竄起感到好奇，2007年可望銷售250萬到260萬臺。2011年底在北美市場占有率衝上11.6%，排名第二位，僅次於三星。

【案例22】亞洲航空壓低成本，進軍低價長程航空市場

1.低價航空公司，證明也能走長程航線市場

　　走低價路線的航空公司，始終難以擺脫只能飛短程航線的宿命。但創建亞洲第一家低價短程航空公司——馬來西亞的亞洲航空公司（AirAsia）——且在短短不到6年間，就將其建造成亞洲乃至全球最成功低價短程航空公司的費南德斯（Tony Fernandes），卻決定挑戰這項宿命，另外成立名為AirAsia X的附屬航空公司，在2007年11月首航從馬國首都吉隆坡到澳洲黃金海岸的低價長程航線。

　　幾個月後，亞洲航空公司規劃的第二條長程航線，從吉隆坡到中國杭州，也將開航。2008年10月或11月時，該公司以英國倫敦為起降點的第一條歐洲長程航線也將達陣。

2.從吉隆坡到英國倫敦來回機票，只要13,400元新臺幣

　　費氏把握東南亞航空市場自由化的契機，成功讓亞洲航空公司在亞洲地區站穩腳步，迅速茁壯，接下來，他將藉著進軍低價長程空中客運市場，致力打造出全球性的品牌。

　　費氏大膽預估，未來其歐洲長程航線的票價，將較任何其他業者所提供的最低水準再低50%到60%，從吉隆坡到倫敦的來回機票，只需要約200英鎊（約臺幣13,400元）。

3.盡全力控制成本

　　分析費南德斯的成功關鍵，在於他擅長管控成本及塑造品牌。費氏表示，他的哲學非常簡單：企業一定要先將成本管控好，然後才可以談營運。換言之，經營企業必須追求成本效益、能夠獲利及創造價值。他強調，成本管控是一種永無止盡的程序，成本若無法創造價值，就要受到抑制、被壓到最低或甚至去除。現在低價航空公司在營運上，就是儘量簡化航網及機上服務。以簡化航網為例，他傾向以點對點的模式取代樞紐輻射式，因為後者的成本龐大且效率較低，而前者則可減少為旅客安排聯航或行李轉機等昂貴花費。此外，他也傾向選擇次主流的機場作為起降點。

【案例23】森田藥妝：彰化小公司，年銷千萬片面膜傳奇

1. 「森田藥妝」的面膜目前是各大藥妝通路的明星商品，若以量計算，在臺灣開架式面膜每年五千萬片的市場中，森田約二成的市占率，是市場排名前3大。

2. 引進日本配方，走平價路線，一推出就紅。

   數十年來都在做批發販售的森田，第一次切入製造業。製造還不是難事，臺灣製造業很強，重點是要取得配方及原料。森田掌握日本市場資訊，他們選擇膠原蛋白做為原料，日本吃的、抹的，全都是膠原蛋白。森田透過人脈，請教化妝品相關行業的人，把生產技術轉移到臺灣代工廠。

3. 森田一開始就把產品定位為「國民面膜」，要走平價路線，民國90年第一次推出的面膜三片99元，當時市場尚無「開架式面膜」。專櫃品牌SK-II一片要二、三百元以上，森田的面膜具有價格優勢，且販售通路普及，第一年就賣出一萬片。

   平價策略奏效，加上強調產品日本配方以及技術研發，森田面膜終於打開了市場。

4. 為了保持優勢，森田加速新品研發速度，只要有新成分或成分升級的消息，森田就會主動告訴成分商，並協助將其商品化。永遠在市場找新產品、新配方、新通路，成為森田面膜維持市占率的主要關鍵。

5. 森田面膜一年有8～10項新產品，推出速度在開架品牌中算是很快的，而且總是能掌握最新潮流，好像日本流行什麼，森田都能很快的引進臺灣。

6. 森田表示，「別人不一定能掌握最新成分資訊，就算知道了也不一定拿得到，這就是我們的優勢」，為什麼資訊要跟這麼緊，這麼頻繁推出新品，就是要取得市場先機。

7. 森田會針對「鞏固基本盤」的明星產品持續升級，這些支撐森田品牌滿意度的明星產品，不是用毛利率去計較成本的。

   因此，森田有幾款長銷商品，如玻尿酸面膜，就是因為品質持續提升，回購率高，自民國96年熱賣至今，廠商仍不斷進貨。

   除了成分升級外，面膜本身的不織布服貼度也是經過數十次改良。

8.77年的森田老企業，歷經不斷轉型後，在面膜上找出兩岸新商機，讓這家老企業創造出一張嶄新面孔。

【案例24】美國3M公司以低價位產品策略，開發新興國家市場

我們在研發上投注更多經費。

我自己是工程師，學歷是工程博士，所以對研發很有興趣，我自己也一直在研發新品。就因這樣，我跟工程師們很親近，我希望啟發他們有更好的表現，我想因為這樣的親近互動，讓3M更團結了吧！

此外，如果產品分為三個等級：「好」、「更好」、「最好」，3M的等級一直都是「最好」的那一階級。

但現在我們會去做更多「好」、「更好」等級的產品，不會只做「最好」的產品，因為在一些新興國家的市場，例如：中國、印度、越南與俄羅斯，你必須要多開發一些價位較低、大眾訴求的產品，我們準備花20年來陪著這些國家的消費者一起成長，讓他們現在就有能力購買3M的產品，一旦他們有更高的消費力，自然會繼續愛用3M。

這的確是3M策略中的大改變。我們投注在低階產品的研發經費，不比高階產品來得少，在一些國家裡也會去購併別的公司，因為他們擁有我們所沒有的產品技術，種種努力就是要更貼近中低消費族群。

例如：美國研發、但銷往印度與中國的N95口罩就非常便宜，大約只有一般3M口罩的1/5價格。這是我們增加品牌價值的新策略：把產品賣到以前我們打不進去的市場。

【案例25】資訊3C連鎖店祭出特惠價活動，展開低價割喉戰

■ 會員招待會對上破盤促銷價

(1)2007年最激烈的3C通路業者割喉戰首日開打，燦坤3C全國門市單日狂賣5,000臺電視、3,500臺筆記型電腦、1,500臺冰箱；全國電子祭出破盤價優

惠，也吸引不少民眾搶購特價商品。

(2)燦坤3C於2007年最後一次大型促銷活動展開後，吸引不少上班族蹺班看貨搶購，結帳平均得排10多分鐘，不少人一次選購多款家電。燦坤3C公關經理賴季君表示，這是2007年最後一次特賣，折扣殺到最猛，連續3天都將推出更多破盤商品。

(3)全國電子也祭出滿萬元送白米2公斤或100元折價券，商品部副總謝維雄表示，破盤價商品不僅價格超低，還有5期零利率，再加上實用的白米，是2007年至今最好康的促銷。

【案例26】美國蘋果iPhone大降價，以刺激銷售

蘋果公司執行長喬布斯宣布，大幅降低iPhone手機售價200美元。

蘋果把原本售價599美元、記憶體8GB的iPhone，降為399美元，並準備停止售價499美元的4GB款式。蘋果6月29日推出iPhone，距今才2個多月，因此降價引起部分當初徹夜排隊搶購的忠實顧客不滿。

降價也引發市場對iPhone銷售可能已經減緩的疑慮。喬布斯表示，9月底前賣出100萬部iPhone的目標，仍可以順利達成。他說，降價是為刺激耶誕季銷售，且蘋果2007年將在歐洲推出iPhone，2008年則在亞洲上市。

賈弗瑞公司（Piper Jaffray）分析師曼斯特說：「降價的負面影響是影響獲利，因此被視為利空。不過等iPhone銷售未來幾季開始直線攀升，投資人就會很開心。」

【案例27】消費冷，錢櫃及好樂迪KTV降價衝業績

1.國內表演藝術及娛樂業進入冰河期

萬物齊漲、民間消費冷颼颼，藝文育樂活動首當其衝。三大男高音之一的卡列拉斯在臺開場，但售票不如預期。錢櫃、好樂迪兩大KTV業者也結束「8折大戰」後不再打折，但會調降原訂的價格。

近2年，表演藝術業者與娛樂業者可說是進入冰河時期。2006年有雙卡風暴，2007年又逢物價飆漲、民間消費力道持續緊縮，消費末端的藝文育樂業者，影響最為明顯。

2.為挽回直直落業績，全面展開8折活動

除了表演藝術票房不佳，2007年娛樂業也很不景氣。例如：KTV兩強錢櫃與好樂迪，2006年開始業績就直直落，為挽回頹勢，兩家業者2007年4月起展開全面8折的優惠活動。好樂迪高層透露，原本全面8折只規劃至6月底，但擔心折扣取消後，導致業績又開始下滑，於是兩家業者一延再延，8折優惠持續至11月底。

業者透露，消費者荷包愈看愈緊，8折優惠結束後，若直接恢復原價，恐會大幅衝擊業績，因此兩家業者已決定，會調整價格以吸引消費者。

3.直接降價5%～10%

好樂迪表示，推出8折優惠後，來客數已成長二成多，但毛利率卻變低，營收只較去年同期成長約一成。好樂迪下個月將結束8折優惠，調降原來價格5%至10%，等於消費者還是用9折至9.5折的價格歡唱。

錢櫃當時則表示，9月與10月來客數雖然都成長約二成，但每批客人的消費單價卻明顯下滑12%，下個月起不再提供8折優惠，但也會調降原價，目前調幅尚未明朗，2007年全年營收約達39.8億元。

【案例28】旺季不旺，主題遊樂區低價攬客

1.各種優惠措施出籠

遊樂區業邁入7月份，原是人潮洶湧的傳統暑假旺季，卻因國內經濟景氣欠佳，業者絲毫感受不到人氣熱絡景況，為招徠遊客，九族祭出下午2點後入園票價一律399元的低價戰術；月眉同樣也以400元超低優惠票做號召，但把入園時間提早至下午1點，更勝九族一籌；而泰雅渡假村做法更絕，結合冷泉、溫泉、機械遊樂設施、生態與泰雅文化祭「五合一」的旅遊產品，每人只要199元，使得2007年

夏遊樂區的低價大戰正式開打。

2.泰雅渡假村

打出15週年慶、門票一律199元玩到底的泰雅渡假村總經理李吉田表示，遊樂區產業冷颼颼，進入7月旺季不旺，與其每天坐等有限的遊客上門，不如主動發動低價促銷；這次祭出的199元超低價優惠措施，為泰雅渡假村首度嘗試，也是國內23家合法標章遊樂區中票價最低者，希望能拚出好業績，只要暑假檔期能增加5萬人入園，就可為泰雅渡假村帶進1,000萬元的營收。

3.九族文化村

九族文化村經理黃瑞奇認為，遊樂區打過低的價格戰，恐會讓消費者對其遊憩品質產生質疑，未來形象要翻升不容易，而遊樂區最終還是要回歸其玩樂內容，如果不能吸引人，再便宜也沒人要去。以九族為例，除了推出下午入園的399元優惠票外，2007年暑假檔期也特別禮聘巴西女郎前來表演熱情的森巴舞，讓消費者擁有便宜又超值的享受。

【案例29】國內航空北高航線打出破盤價

1.國內航空面對高鐵競爭，載客率全面慘跌

航空公司統計指出，2006年11、12月北高航線班機平均搭乘率為七至八成，現在已跌落至四成五。其他航線載客率更慘。航空業者表示，受產業大量外移、商務客銳減，以及整體大環境不佳的影響，航空載客率本來就逐年下滑。2007年1月高鐵通車後，挾其龐大的運輸能量與班次較多的優勢，又吸走相當多的旅客，雙方交鋒後，航空便節節敗退。

高鐵通車4個月，飛航臺北、臺中的華信即不堪巨額虧損於5月1日停航；高鐵通車7個半月，營運臺北、嘉義航線的立榮也宣布停飛；而臺北往來臺南、高雄航線也因旅客量減少三成，紛紛減班因應。

除了減班降低成本，為了挽回劣勢，航空公司也開始反守為攻，華信航空祭

出比高鐵還低的流血票價，其他航空公司也有意跟進，臺灣高鐵和航空公司的行銷戰再度開打。

2.華信、遠航北高航線，打出破盤價

航空公司與高鐵的市場戰爭愈打愈熱，華信及遠航近期紛紛降價與高鐵一搏，復興也跟進。

遠航上半年營業淨損2.46億元，稅前虧損2.82億元，稅後虧損3.11億元，每股稅後虧損0.56元。

遠航曾先後兩次發動降價動作，吸引同業跟進。目前華信主動發動攻勢，北高線喊出比高鐵便宜100元的破盤價，北高線龍頭遠航第二天隨即跟進，降價範圍擴及北南線，打出北高、北南線與高鐵同價的號召。

對遠航而言，近幾年國內市場萎縮，積極將運力移轉至濟州線，目前濟州線班次已超越北高線，國內航線營收只占遠航35%。陳尚群認為，遠航以這35%和其他國內航線比重較高的同業一搏，遠航的籌碼還是相對較大。

3.航空公司因應對策：往外走

長期來看，航空業還是難以和高鐵抗衡，尤其是高鐵逐漸步入成熟期後，西部航線勢必得再降價，估算2007年國內營收比僅占全部營收的30%，求生之道就是往外走。

近年來遠航大力經營韓國濟州島中轉中國，已有上海、北京、瀋陽、杭州四條航線，年底將再開闢青島、無錫兩條航線，並新開日本包機航線，以增加載運量。

立榮航空公關主任陳麗萍表示，目前推出的階段性網路優惠票價，只是希望載客率不要再滑落，但並非長久之計，所以近年來立榮全力推動離島觀光和小三通接駁運輸，現又計畫開闢臺中往返香港及胡志明市包機。

儘管航空公司的因應策略是往外走，但也未全面放棄國內航線，隨著海外拓點陸續出現成效，吃下定心丸後，航空公司開始投入更多資源在國內市場。航空業者指出，降價促銷只是第一波，後續會視市場反應，進行更多調整。

4.高鐵與航空公司北高線比較

項　目	高　鐵	國內航空	優　勝
平時價格（元）	1,490	1,390（華信）	航空
平均花費時間	約90到120分鐘	約120分鐘到150分鐘	高鐵
聯外交通	從左營到市區，趕時間須搭計程車	機場到市區交通便利，可搭公車或計程車	航空
套裝方案（元）	高鐵來回車票加國賓住宿4,690元	立榮來回機票加國賓住宿4,088元	航空

資料來源：《經濟日報》，2007年9月24日。

【案例30】阿瘦皮鞋週年慶，買2雙鞋5.7折起，吸引消費者搶購

　　為搶特價57元的A.S.O阿瘦皮鞋新款窩心鞋，婆婆媽媽們瘋狂搶購，預定上午8點在忠孝門市才開放排隊，沒想到前晚11點就有人來卡位，正式排隊後不到30分鐘，100個名額就搶光。

　　A.S.O阿瘦皮鞋慶祝57週年，推出特價57元限量百雙鞋，2016年10月1日起至11月16日推出優惠，祭出不限款式、價格等，第2雙下殺5.7折，VIP可再享第一雙7.6折。

　　代言人隋棠也出席擔任一日店長，她透露因為阿瘦的鞋子太好穿，還推薦給同劇組的男女演員穿著，而她秋冬也跟著阿瘦續約。

　　阿瘦在不景氣中仍持續成長，據了解，阿瘦已經決定明年將至中國設點，準備將臺灣品牌帶往對岸。

（資料來源：《聯合報》，2009年10月29日。）

【案例31】4G低價吃到飽，各電信公司延後退場

　　(1)電信三雄4G吃到飽殺價戰繼續開打，中華電信、台灣大宣布699元4G低價吃到飽再延期，遠傳也隨後跟進，宣布698元4G吃到飽資費大復活，中華

電信表示，699元優惠將延至本月15日，台灣大及遠傳則無確切退場日期。

⑵電信三雄700元有找的低價4G上網資費方案從2016年8月開打，原本2016年10月底要退場，但電信三雄陸續宣布優惠延期，第二次可能退場時間則為2017年1月初，這次再次宣布延期，2016年以來已經連續上演三次「要退，卻不退」的「狼來了」劇碼。

⑶4G市場競爭激烈，電信三雄資費戰雖傷害營收獲利，但為留住客戶，也為搶別人客戶，陷入沒人敢退的態勢，即使遠傳已經率先在上月22日結束698元資費優惠，2月底中華電信及台灣大的699元方案在通訊行通路也暫停收單，但仍不敵競爭壓力，相繼宣布低價吃到飽方案續行。

⑷中華電信確定將699元資費方案優惠到期日從2月28日延到3月15日，「大七喜」月付777元，首年4G吃到飽的費率，延長至4月4日。

⑸台灣大則表示，699元資費方案何時退場，將視市場競爭狀態而定。

遠傳則宣布因應市場狀況與消費者需求，宣布重啟698元升級4G上網吃到飽專案。

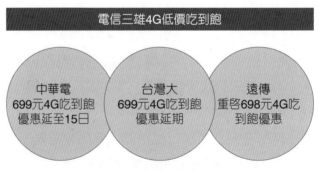

資料來源：各業者

（資料來源：《經濟日報》，2017年3月2日。）

【案例32】中華電信推出4G上網吃到飽低價499元方案

⑴中華電信再為市場投下震撼彈出乎市場意料之外，宣布閃推月繳499元4G上網吃到飽方案而且不限速，創該公司推出4G服務以來、最低價吃到飽資費。

由於遠傳及台灣大也只在網路門市推出499元吃到飽、但限速21Mbps，不限速須月繳599元，中華電這次在數位門市大推499元不限速吃到飽，反撲台灣大、遠傳味道濃，也顯示鄭優上任鞏固電信龍頭地位的決心。

⑵中華電繼3月1日丟出699元4G吃到飽延長到3月15日之後，為市場投下700元有找吃到飽退不了場的震撼彈之後，昨日再推499元「快閃」吃到飽資費，電信龍頭捍衛市占，近來的動作可說相當犀利。

這是中華電信4G服務推出以來最具競爭力的吃到飽資費，昨天下午5點30分一開放網路門市申請，立即網站塞爆。

⑶低價上網吃到飽煞不住，電信三雄原本計畫3月1日之後陸續結束700元有找的4G上網吃到飽資費，因為中華電信大打延長賽、台灣大跟進，率先將698元吃到飽資費暫停的遠傳電信，也被迫重啟698元吃到飽，宣告700元有找資費無法暫停。

⑷中華電信昨天加碼再推「閃推」499元吃到飽，雖然限期不到1日的申裝時間，但是，市場解讀不排除是中華電信為「長推」499元吃到飽方案試水溫。

低價4G上網吃到飽愈殺愈低，外資也愈來愈不賞臉，據統計，電信三雄自2016年8月推出700元有吃到飽資費以來，外資持續賣超，中華電的外資持股比率已從2016年8月時的24.92%，降至2日的17.46%，台灣大外資持股比率從34.3%，降至28.81%，遠傳外資持股比也從36.2%降至33.88%。

電信三雄2017年的財測目標，每股獲利也都比2016年來得低。

（資料來源：《工商時報》，2017年3月4日。）

三 廠商「高價策略」

【案例1】味全的行銷致勝策略往高價市場走，建立強勢品牌

1.目前已握有4大強勢品牌

這4大市占率高的強勢品牌，包括：

(1)味全高鮮味精：市占率85%。

(2)林鳳營高價鮮乳：市占率30%。

(3)每日C果汁：市占率65%。

(4)冷藏咖啡貝納頌：擠下左岸咖啡，居市占率第一。

2007年繼續推出25元高價的「絕品好茶」及「每日MSP牛奶」等。

2.未來行銷策略主軸：走向高價市場，建立強勢品牌

(1)切入25歲～39歲消費族群的高價市場區塊，只要有足夠的區隔市場量，就可以做。

(2)反之，若從中低價位區塊切入，會陷入價格激烈競爭的紅海區，未來想再向上調高，將會很困難。再從消費者端看，有些商品類的低價市場已經不見且退出市場。例如：追求好品質的鮮奶，只剩味全、光泉及統一等三大品牌。消費者普遍認為「貴就是好」，只要不要太貴，超過消費者的臨界點即可存活。

(3)強勢品牌的效益

　①對公司：是永續經營的根基，且有助於提升內部士氣，並且為公司創造比較好的利潤。

　②對消費者：可以反映出比較好的品牌忠誠度及價值。這個價位使消費者願意付出較高價格來買，隨著市占率愈高，根基即愈穩，不易被擊倒。

　③對通路商：較有強制力量，平起平坐，避免被人宰割。

3.價格策略

味全切入高價區塊的定價策略，是採取比主要競爭對手，高出約15%的價格。

例如：一般鮮奶乳賣75元，林鳳營則賣85元。

例如：一般冷藏即飲咖啡賣25元，味全貝納頌則賣30元。

【案例2】男性高價保養品瞄準型男荷包

1.男性保養品專櫃，每年成長15%

美妝集團臺灣萊雅旗下法系品牌蘭蔻，始終以「女性肌膚諮詢專家」的定位自居。

但業者嗅到男性愛美一族勢力崛起，2007年首度推出男性專業保養系列，臺灣分公司更已爭取到上市，成為亞洲第一個上市的市場。

蘭蔻品牌協理蔣喆敏指出，近2、3年來，臺灣專櫃保養品的男性系列業績，以每年15%至20%速度成長，業績每年攀升，讓總公司選擇臺灣作為男性系列亞洲上市的首站。

2.價格不便宜

蔣喆敏說，以前年長的男性不特別注重打扮，現在年輕男生愛漂亮，尤其是臉部保養品。為與同集團的碧兒泉區隔，蘭蔻主攻30歲以上的男性族群，價位較貴，市場上最貴的立體緊膚霜，50毫升售價2,400元。

業者並發下豪語，要當男性保養品界的「亞曼尼」，還與BMW異業結合，贊助保養品給BMW新車上市邀請VIP的試乘活動。

【案例3】寬庭、僑蒂絲推出百萬高價寢具，業績持續成長

1.頂級寢具，愈貴賣得愈出色

臺灣兩大頂級寢具品牌寬庭與僑蒂絲，同時舉辦新品發表會，端出百萬寢具拚場，鎖定貴婦豪客。業者均表示，2007年上半年的業績仍持續成長15%到20%，相較整體零售市場持續衰退，頂級寢具業者反而逆勢成長。

頂級寢具的買氣不墜，愈貴的賣得愈出色。寬庭引進一雙要價近萬元的手工訂製家居鞋，一季可賣出200雙；僑蒂絲代理的義大利頂級寢具品牌Frette要價600萬元的金吉拉皮草披毯，已吸引5位豪客下單訂製，甚至還有人要求加大尺寸，價格上看千萬元之譜。

2.頂級寢具不只是高價奢華，更須量身打造、匠心獨運，才能彰顯獨特性

寬庭董事長陳靜寬說，頂級寢具市場已不再只是奢華、高價，消費者要的是「量身訂製」、「工匠技藝」，才能彰顯獨特性。寬庭2007年將專門幫教宗製鞋的義大利手工訂製家居鞋老師傅請到臺灣，推出要價高達189萬元的手工蕾絲寢具，須費時1年以上才能完成，是頂級寢具的「天花板價格」。

僑蒂絲總經理劉玉枝則表示，未來將引進價格攀高到200萬以上的皇室級寢具，不但有手工刺繡、蕾絲，床單上還有鑲鑽。僑蒂絲目前代理Frette和Wedgewood兩個頂級寢具品牌，目前以百貨公司專櫃為主，為了滿足頂級客戶的隱密購物需求，Frette也計畫開設獨立專門店，鎖定如北市大安區等結合文教與精品的商圈，希望尋找百坪左右的空間，能陳列所有Frette的產品。

【案例4】統一超商推出高價商務便當

統一超商挑戰便當的高價位，推出定價80元、鎖定商務市場的全新商品，主要配合便利商店深耕小商圈的經營特性，在大臺北地區提供預購外送的服務，不僅擴大便當的銷售範圍，也更加強化統一超商社區服務中心的形象。統一超商鮮食部部長吳茂源指出，臺灣便當市場的個人化即食便當市場開發已久，但預約便

當市場仍沒有被深耕,該公司參考日本行之有年的預約便當概念,在機關團體有限的預算中,提供精緻超值的便當,藉以開發另一塊市場空白區。

【案例5】昂貴,不是問題——100元有機豆腐,一天賣出50個

1.有機食品商機浮現,再貴都有人買

「一個賣100元的有機豆腐,新光三越臺中店每天可以賣出50個」。代理有機豆腐的香菇王董事長王義郎,道出有機豆腐熱賣的現況。他認為現代人重視養生,對有機食品及不含防腐劑的食品,即使再貴都有人會買。

香菇王是國內知名進口食品代理商,引進日本及歐美等地高價位知名品牌食品達20年後,由於臺灣消費者愈來愈重視養生及有機食品,香菇王近年來業績大幅成長,印證養生及有機食品的商機浮現。

王義郎說,癌症的發生,除環境因素及生活壓力外,食品好壞更是關鍵,因此養生之道首重食品,要吃得好且吃得無負擔,尤其避免防腐劑,才有益健康。

2.最貴的食品及最便宜的食品都賣得最好

香菇王最近大賣的食品就是從日本引進的有機豆腐,每個重量僅300公克,從日本空運來臺,全程採10℃低溫保鮮,售價高達100元,足足是一般菜市場販售豆腐價格的10倍,但都有忠誠的消費者購買。

王義郎指出,通常最貴的食品及最便宜的食品賣得最好,價格便宜自然有人買;但價格貴的話,一方面是品質較好,另方面則是強調有機及養生,消費者為吃得安心及健康,即使貴一點還是會買。

【案例6】飲料加量加價,挑戰更高價格帶

1.容量從250c.c.→375c.c.→500c.c.→600c.c.

時序進入盛夏,炎熱的天氣帶動飲料銷售量快速成長,2012年飲料市場出現

容量之爭，800c.c.大容量的寶特瓶飲料崛起，比市場主流的600c.c.多出33%、價格貴了16%至45%，要挑戰更高的價格帶，爭取成為新的霸主。

早年飲料的容量大多是250c.c.至375c.c.，包裝材質是鋁箔包；生活500出現，鋁箔包容量拉高至500c.c.，期間則有350c.c.的鋁罐，後來又出現500c.c.的寶特瓶，但在統一茶裏王進一步主打600c.c.茶飲料後，曾造成500c.c.容量維他露御茶園的壓力。

2.容量800c.c.出現，目標鎖定男性客層

臺鹽推出海洋深層水主打800c.c.容量，在容量加大及價格相對便宜下，順利打開市場；統一也跟進推出800c.c.容量的鹼離子海洋深層水，2007年光泉也打出兩款O$_2$有氧飲料，未來至少還有兩家業者推出800c.c.大容量飲料。

大容量飲料的出現，與目標客層愈分愈細有關。800c.c.主要是鎖定男性客層，與超商業的主流客層相同，並將價格拉高至30元左右，有別於目前的600c.c.茶飲料售價20元至25元，等於加量又加價，但也可反映業者成本。

【案例7】日月潭汎麗雅酒店，帶動平價奢華度假新主張

1.一夜二食，絕對超值

汎麗雅酒店擁有211間客房，是日月潭風景區內量體最大的飯店。因為大，所以汎麗雅酒店除了房型多樣，更把都會飯店（City Hotel）的商務樓層（Executive Floor）概念導入了度假旅館中，預算有限的旅客，可以選擇下榻低樓層的客房中，追求享受的朋友則可以住在「飯店中的飯店」（Hotel within Hotel）。總經理何信記表示，高檔樓層的年平均房價約1.1萬元，而一般客房年均價則約7,000元左右，這價錢包含早、晚（或午）餐，所以折算下來，並不如外界想像得高不可攀。

何信記表示，汎麗雅酒店是以早餐400元、晚餐800元的計價配套，亦即一個人住一晚、吃兩餐等於1,200元，若以二人同行每房7,000元的平均房價計算，則純房間賣價只要4,600元。以飯店全新的硬體與服務而言，這種價位說起來其實不

貴，這也就無怪乎中信觀光對於汎麗雅如此有信心了。

2.美食是汎麗雅酒店的強項

行政主廚唐文浚為汎麗雅開出的菜單很大器，為了讓客人嚐到有別於都會飯店的美味，各廳主廚將曲腰魚、阿薩姆紅茶、龍鬚菜、潭蝦等日月潭特有食材入菜。在西式自助餐廳的餐檯上，連早餐都有近百道菜餚可以選擇。賞湖中餐廳的套餐，含水果甜點共10道菜，且全都是手工現做，絲毫不含糊。

扛著「中信辜家」的旗號，汎麗雅酒店的餐飲真的很強，饕客可以在此吃到道地的精緻料理，也可以試試主廚研發的創意美食，吃完會為主廚不厭精細的作工感到驚豔。

例如：晚餐中的一道「佛跳牆」，主廚一盅一盅的燉，湯頭是用土雞、火腿與海鮮熬了足足8小時而成，裡面放了金牙翅、鮑魚、花椒、人參鬚、紅棗、銀杏與大香菇等10餘種食材。難能可貴的是，這些材料事前全都去了骨、渣，所以食用時儘管可以大快朵頤，不須利用牙、舌或是嘴唇過濾雜質。

汎麗雅酒店總經理何信記表示，汎麗雅總共用了44位廚師，食材成本平均超過40%。

3.溫泉是汎麗雅的一大特色

到日月潭度假也有溫泉可以泡了！

溫泉是中信觀光旗下新品牌汎麗雅酒店市場區隔策略中，一項很重要的武器。為了營造與日月潭周邊截然不同的度假情趣與況味，「水」在汎麗雅酒店中是一個非常重要的主題。除了穿著泳衣的大眾湯、裸湯，以及房內的私湯外，這個全新的飯店還規劃25公尺長的4線水道泳池，以及超大的水療池。

【案例8】有錢人理髮4,000元不嫌貴

聯電榮譽董事長曹興誠、前立委洪奇昌、偶像團體S.H.E等最愛的髮型屋EROS，店老闆ANDY親自操刀剪髮要價新臺幣4,000元，加上2,000元的VIP包廂費，剪髮一次就得花上6,000元。

號稱亞洲最大的髮型屋EROS占地400坪，只設39個座位，還附設四間VIP室。ANDY說：「藝人或是企業家在做頭髮時，不喜歡受到干擾，VIP室有單獨的沖水設備跟洗手間，可保有隱私，常常訂不到房間。」

「撇開藝人不說，企業家剪髮需要的是環境，他們不需要複雜的髮型，只要符合身分與方便打理就好。」從洗髮到剪髮，ANDY要花上1個半小時跟客人溝通，很多客人都跟著ANDY幾10年，從2,500元剪到現在4,000元，燙髮更要12,000元，「我的客人來這裡都不會問價錢，因為他們吃一頓晚飯就不見2萬元。」

【案例9】Lexus 400萬名車高價銷售仍成長

客人才走進Lexus展示中心，就有專人端上濃茶、手工餅乾跟Häagen-Dazs冰淇淋，請入隱密性高的內間賞車。展示中心外停滿名車，業務員忙碌地跑來跑去，近2年車市不景氣，在這裡絲毫不見端倪。

「2012年車市整體衰退12%，但是Lexus銷量反而增加了2%。」和泰汽車公關經理楊湘泉撫著最頂級的LS460車身說：「這臺本來預期1年銷量大概800臺，但上市才6個月就超過了。」

以往Lexus雖在頂級房車中銷售不惡，但因缺乏單價300多萬元的商品，這個頂級市場一直被雙B獨占。直到去年底引進LS460系列之後，仗著車長超過5米、又有號稱世界第一的八速自排變速箱，Lexus才首次敲開由賓士S-Class系列和BMW7系列專享的「老闆級市場」。

楊湘泉說：「2016年2月LS460系列的銷售量，比賓士S系列加上BMW7系列的銷量還要高。」雙B打不過一臺LS460，楊湘泉說：「這臺車372萬元的最陽春款，反而賣得不好，因為這些大老闆們大多有司機幫忙開車，所以喜歡有加長的LS460L，一臺至少新臺幣400萬元起跳。」

【案例10】統一企業：中國市場捨棄價格戰，改打價值戰

1. 結束與康師傅的流血大戰，統一中控今年改以一碗人民幣10元等高價產品搶市，終於由黑翻紅，除虧轉盈，同時推升其高價泡麵在市場市占率達

33%，居中國市場之冠。

2. 打開統一中控半年報，今年前半年毛利率37%，稅後得利達人民幣7億元，年成長幾乎翻倍，更創下統一進中國市場23年紀錄。

3. 統一中控最新戰法，是向「短期做到業績、中長期吃毒藥」時的「價格戰」說不！

   「殺價是最沒有技術、最不需要專業的策略」，統一中控發現，過去20年，中國消費者口袋的錢已增加20倍，加上市場供過於求，低價生意模式已經過去了，不會再打價格戰。而是鎖定前20%的金字塔頂端，約近3億人口，朝價值型產品轉型，才會有贏的機會。

   裡子、獲利能力更重要，不再做對毛利沒貢獻或負貢獻產品了。現在，統一中控泡麵及飲料二大產品的定價及毛利率，分別要超過人民幣5元及4元，以及35%及40%，才能通過新產品開發的門票，否則直接淘汰。

4. 統一中控認為，人民幣3元的產品難以做出好產品，所以公司率先推出10元的泡麵，用產品升級滿足消費者所得增加的需求，光是給陽春麵不夠，他要牛肉麵。

5. 在做高價產品轉型策略前，為了確保市場能接受這樣的價位，除了靠全新設計的雙研發團隊PK機制，背後還有一群「九〇後評審團」協助把關。

   今年，統一中控把研發團隊人員擴編到翻倍的110人，同時一分為二，讓雙研發團隊彼此競爭，爭取自己提案的新產品開發機會能脫穎而出。

6. 再來，為了讓新產品開發更切中在地消費者的心，通過內部研發團隊PK過關的新產品，從產品概念、包裝、口味、定價等所有開發環節，全部都由1990年以後出生大學生參與提供意見。

7. 統一中控今年事業經營，關注指標優先改為利潤第一、毛利第二、第三才是營業額。

8. 統一中控認為自己是中國泡麵及飲料的第二，如果市場晴空萬里，統一中控則是市場挑戰者，永遠沒有贏的一天。若能提供對消費者更有價值的產品及服務，機會遠大於風險。統一中控有一個夢想，即是所提供產品及服務，要讓消費者覺得和市場第一的康師傅是不同的兩家公司，才算是真正轉型成功！

【案例11】寵愛之名：臺灣面膜女王，在中國賣贏SK-II的秘密

1. 寵愛之名自創品牌面膜一片要價近400元臺幣，這個價位比美知名品牌SK-II，近三年來至少二度超越香奈兒，雅詩蘭黛等品牌，創臺北101百貨公司保養品類母親節檔期銷售業績第一名，並年年穩居臺灣康是美醫美類保養品銷售冠軍。

2. 寵愛之名去年營收逾23億元，年成長率超過3成，創業12年來，該品牌每年營收成長至少3成。

   全球營收占比4成的面膜，是該品牌最主力產品，在中國甚至賣贏SK-II。

3. 寵愛之名第一個不同，是一開始創業就走高價品牌，不走開架便宜路線，歐美專櫃品動經常花數千萬甚至上億元，找國際巨星代言行銷，讓過去臺灣美妝保養品牌較無高價空間，寵愛之名則靠獨家材質與美白、抗皺等原料配方開發，做出產品口碑與區隔。

4. 更聚焦產品力，是寵愛之名政策二個不同，產品力一定是最優先的。寵愛之名認為，任何品牌第一次能用行銷吸引消費者購買，但消費者買了一次，願不願意買第二次就是產品力的責任。

   代工生產時最重成本，往往美白、抗皺等保養功效的關鍵成分，劑量少到有如只添加一滴香精，寵愛之名則堅持產品效果，添加的劑量至少是其他同業產品的五倍。另外，關鍵成分玻尿酸，也堅持由德國默克等歐美大廠提供，以確保純度100%，亦即，多花錢在最源頭的原料把關。

   除了在產品力下足功夫，更幸運的是，藝人大S在《美容大王》免費主動推薦寵愛之名，並形容該產品讓大S從衛生紙進階到日光燈，意思是皮膚除了白還會發亮，從此一夕爆紅。

5. 逐漸累積的品牌效益，6年前吸引頂級美妝通路絲芙蘭主動找寵愛之名進中國市場，又成了另一品牌成長曲線。目前生物纖維面膜全球賣逾800萬片，回購率高達9成。

6. 去年，該品牌首度進駐天貓網購平臺，首日業績1,000萬元，比其他國際或中國當地美妝保養品牌賣一年的金額還多，其中，生物纖維面膜更打敗2.7萬個品牌，摘下最受歡迎國際單品獎。

今年，又找到中國百貨專櫃總代理合作夥伴美緹，擴展專櫃通路，計畫一年後在中國拓展120家專櫃，成為目前中國存貨商場專櫃唯一臺灣醫美品牌，除了中國，更計畫在其他亞太地區擴展。

7. 從價格、定位、產品內容、通路銷售，寵愛之名都選擇與眾不同的路；保持研發競爭力，朝跨國品牌發展，正是寵愛之名下個階段的挑戰。

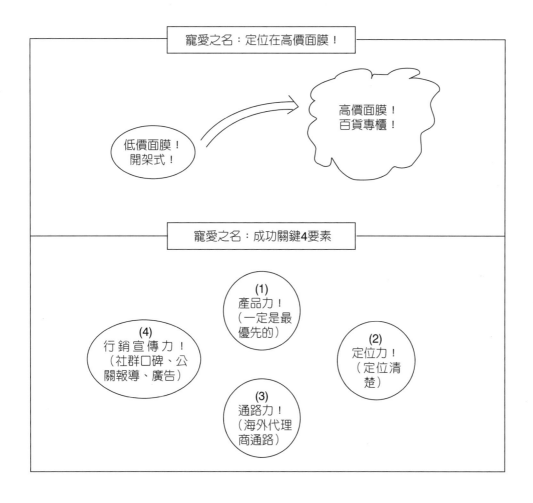

四　iPhone：高定價心理學

（一）售價突破臺幣5萬元

2018年9月13日，美國蘋果公司如期發表最新一代iPhone機種，今年最大的創新卻不在功能與外型，而是價格，其中最貴的一款機種（iPhone XS Max），售價竟突破5萬元臺幣。

美國財星雜誌評論，蘋果沿用了去年的致勝策略：提高售價。

回顧2017年推出iPhone X。儘管銷量不佳，但是更高的平均銷售價格，卻讓iPhone部門營收大增，今年策三季機較去的同期成長20%，今年以來股價成長近30%，更成為美國史上第一個市值突破1兆美元的企業。

明明手機市場已停滯成長，競爭也更加激烈，為何蘋果仍不怕嚇跑消費者，還要挑戰高價呢？

（二）提防中庸陷阱，鎖定超級用戶創造超級高階！

首先是外部環境。當手機市場停止成長了，平均銷售價格提升是大獎所趨，並非是發生在蘋果身上。

根據IDC報告，2018年全球手機出貨量略有下滑，但均價成長了10%。這是因為目前手機市場新機用戶變少，大部分都是換機用戶，消費者換機時，會趨向買更好的產品。當所有品牌廠商不斷提升手機均價，自然會對領導品牌形成壓力。價位如果沒有往上走，那就很容易往中庸方向靠。

另一方面，則是蘋果自身的轉型。蘋果正從硬體公司轉變為軟體公司，2016年蘋果8成毛利來自硬體，2020年時硬體毛利只剩6成，其他來自應用軟體服務。增加手機入手門檻，有助於蘋果確保這些用戶能夠拉抬服務部門營收。

蘋果用戶忠誠度已高達9成，因此蘋果目的不在吸引新客戶，而是在舊客戶身上操作，藉由廣泛分布的產品線，從500美元到1,000多美元，將利潤最大化。

蘋果是在穩定的用戶規模中，試圖挖深老客戶的口袋。蘋果並不想在市場飽

和之後，走向殺價競爭。

　　但在什麼狀況下，企業才能順利抬高價格呢？

（三）兩優勢讓它敢變貴，用戶黏著度高、產品夠特殊！

　　提升價格的第一個前提是，產品或服務本身要有極高的用戶黏著度。例如：蘋果用戶具有忠誠度高，且對價格敏感度不高，此時刻意維持高價，或者提高售價，與競爭產品拉出區隔就有意義。

　　第二個前提是產品具有特殊性、獨特、唯一的。

（四）拉長產品線，更好推！

　　值得注意的是，蘋果並非一味提高售價，在創造新的價格點時，一方面其他產品線、價格區間也變得比以前更寬廣。

　　假如蘋果產品只剩下4、5萬元，當然危險。過去蘋果發新機種之後，前一代機種就不太出貨，現在則不同，前二年機種都還持續販售。雖然大家抱怨蘋果手機一年比一年貴，但因產品線拉長，從二萬多到五萬元皆有，反而更好賣了。

　　蘋果手機在臺灣市占率目前已升到25%。蘋果的高定價策略能走多久？專業分析師認為，價的提升有限，量的成長空間才是品牌長期目標，但短期來看，在蘋果沒有找出更好的策略，吸引大量換機人潮之前，價格還可能持續成長。等待5G手機問世，競爭格局才又會出現另一番變化！

本個案重要關鍵字

1. 用戶黏著度高！
2. 產品夠特殊、獨特、唯一！
3. 用戶忠誠度高達9成！

4. 挖深老客戶口袋！

5. 產品源與價格區間很寬廣！

6. 提防中庸陷阱！

7. 鎖定超級用戶，創造超級高階！

8. 挑戰高價位！

9. 從硬體收入轉向軟體服務收入！

10. 不走向殺價競爭！

12 促銷定價、多元化定價、價值行銷、規模經濟與成本控管、漲價策略

一 廠商「促銷定價策略」

【案例1】車商年底衝業績，頻頻施出砍價促銷

1.國產車現金購車折價幅度2～10萬，進口車議價空間擴大5～40萬元間

　　國內各汽車製造廠及代理商面臨年關將屆、新舊年式車型交替，必須衝高銷售量及出清庫存的壓力，最近頻頻砍價促銷，國產車現金購車折價幅度從2萬至10萬元；進口車議價空間擴大至5萬至40萬元。

2.和泰汽車及裕隆日產汽車降價活動

　　國內汽車市場龍頭和泰汽車原本希望經銷商約束業務代表任意砍價的行動，但礙於向日本豐田汽車承諾2007年至少販售10萬8千輛汽車的壓力，也只好睜一隻眼閉一隻眼，放任經銷商將YARIS掀背車現金購車議價幅度拉大至2萬元。

　　裕隆日產基於MARCH過不了四期環保法規，為了衝高年底銷售業績，放任經銷商業務代表這2個月猛找人頭掛新中古車，現金購車可折價3萬元、日產X-TRAIL運動休旅新車折價空間7萬元，TIIDA、TEANA及BLUEBIRD三款轎車現金議價空間，則依照車型從3萬至7萬元不等。

3.德國BMW、賓士、紳寶、福斯、奧迪及JAGUAR汽車的降價活動

德國BMW汽車臺灣總代理汎德公司最近宣布調漲2007年9月生產、11月到港的2008年式BMW汽車平均調漲7萬元，漲幅1.99%，為出清99輛2007年式320i車款，改變原先150萬元、60期零利率促銷方案，改包裝為頭期款31萬元、之後每月支付25,000元，若選擇現金購車則可折價12萬元。臺灣賓士經銷商因2007年中有全新賓士E系列助陣，允許經銷據點主管授權C系列最多給3萬元議價空間、E系列為5萬元、S系列最大議價幅度也只有8萬元。

商富為出清2007年式紳寶汽車，現金折價10萬元再享100萬、24期零利率貸款，若以現金購車，全部折價約13萬元。標達日前祭出福斯全車系降價1.5%促銷方案，最近還首度針對GTi車款開辦60萬60期零利率。德國奧迪汽車臺灣總代理利奔國際指出，為出清2007年式A41～8T車款，10月起祭出送市價25萬元空力套件，現金購車再折價18萬元，但最近已縮減為15萬元。JAGUAR臺灣總代理為促銷XJ-6長軸車款；最近以短軸版售價329萬元就可以買到售價363萬元長軸版車款，相當於折價34萬元。

【案例2】週年慶促銷活動及降價帶動業績旺，超出原預估目標

1.週年慶發揮強大吸金力

百貨集團週年慶噴出買氣，新光三越預期在壓軸的臺北站前店登場後，13間店週年慶的總業績可望上看150億元，較目標增加6%以上。遠東百貨則更發揮吸金功力，3天前週年慶已達陣，也帶動全年營收增溫，可望破200億元。

2.新光三越全年營收可突破600億

百貨業拚業績，已形成大者恆大的局勢。擁有分店規模優勢的連鎖百貨業中，最大檔期週年慶開紅盤，讓第四季業績增溫。龍頭新光三越至今週年慶的業績為110億元，在天母店、新竹店、臺南西門店及臺北站前店等業績加入後，業者預估，2007年週年慶業績上看150億元，超出預估的141億元。

新光三越百貨販促部協理洪炳棟表示，大店信義新天地週年慶已結束，業績達43億元，比預算多4億元。天母店週年慶開跑12天，就做到4.7億元，超出原訂20天達4.6億元的目標。

新光三越前10月營收473.29億元，較2016年同期減少16.74億元。由於週年慶可望超出目標，洪炳棟預估，全年營收應可突破600億元，超越去年的597億元。

3.遠東百貨全年營收創新高

遠百週年慶則是提前達陣，達成38億元的目標，壓軸店的週年慶將到2007年12月10日結束。業者預估，整個週年慶檔期業績可達45億至46億元，較2016年同期大幅成長25%至30%。

遠百前十月營收161.24億元，較去年同期增加8.77億元。由於週年慶業績大增，預估全年營收可突破200億元，創歷年新高。

【案例3】耶誕節到，品牌折扣戰掀起熱潮

耶誕節的腳步趨近，品牌折扣戰的熱潮也開始掀起，從2折到8折不等，業者希望藉此刺激消費者添購新裝的欲望，帶動年終業績。

Bazaar世界名牌過季商品折扣店舉辦週年慶到月底。永三企業公關吳佳芯表示，包括Vivienne Westwood、Marlboro Classics、Lyle和Scott、Miss Sixty、GUESS、Blumarine等9～10個世界各地品牌，從2折到8折不等。

俊嶽企業代理的Hedgren Diesel、KANGOL、Elle、Levi's、Playboy、Travel gear、MLB等品牌，進行5天的全面4折起活動。俊嶽公關劉美君表示，另有部分商品打2折，以及單一價商品190元起，但消費須滿3,000元才能刷卡。

代理日本知名設計師川久保玲的品牌團團（TUANTUAN Boutique）則配合誠品週年慶，從2007年12月6日至2008年1月6日，推出川久保玲系列7折起活動。團團公關郭佩玲表示，只要用7折的預算，就能擁有川久保玲設計的作品，機會難得。

【案例4】促銷型價格策略刺激買氣

■滿千送百、滿萬送千、10期零利率分期付款引客上門，刺激買氣

2007年百貨週年慶各家特色是延長促銷期45天以上，此外週年慶必須配備「全館滿千送百、精品滿萬送千」等招數，微風廣場等則延長零利率分期，從一般的6期零利率延至10期，更令人意外的是，超市也打出折扣戰與滿千送百活動，業界一片誓師「流血促銷」，就為了衝出最好成績。

【案例5】美國耶誕節促銷折扣戰開打

■各零售商提前開打，搶商機

景氣冷颼颼，為搶得2007年年底購物季市場先機，美國零售業者紛紛祭出各種促銷手段。部分業者甚至等不到「黑色星期五」，提早在感恩節當天就點燃折扣戰戰火，網路購物尤其是主戰場。

電子零售商電腦美國公司（COMP USA）和連鎖量販店BJ批發俱樂部（BJ's Wholesale Club），2007年連續第2年把營業時間從「黑色星期五」（23日），提早到感恩節當天（22日）。精品玩具連鎖店FAO Schwarz公司也選擇從這天起衝刺年終購物季業績。

提早開門搶錢的零售業者不只上述這三家，服飾零售業者蓋普（GAP）、玩具連鎖商店KB Toys公司、JC Penncy等十多家零售商，2007年10月23日清晨開始推出折扣商品，過去只有折扣商、雜貨零售業者和24小時便利商店會提前打折扣戰。

【案例6】黑貓探險隊採用免費取閱，集體廣告策略

1.免費刊物第3期即可損益平衡，全靠廣告收入

統一速達曾在2003年出版《黑貓探險隊各地特產專刊》。全書集結108家各地

特產，發行6萬冊，售價88元，大約3個月就賣出約8成。

與日本大和運輸合作引進宅配服務的統一速達，6年來一向沿用日方的「宅急便」品牌。2007年起，統一速達為了深耕第二個服務品牌「黑貓探險隊」，主動與「非網路族」的消費者互動，決定定期出版美食情報誌雜誌，並且採取「集體廣告，免費取閱」的策略。

統一速達總經理黃千里指出，4月號推出試刊號，印量7萬本，在4,000多家統一超商提供免費取閱，不到1週就被拿光了。第二本創刊號6月23日上市，印量增加為9萬本，平均每家統一超商門市分配約20本，上架才3天，就幾乎快被拿完了。

有了前二次的成效，各地商家對這本雜誌興趣大增，莫不希望成為報導或推薦的對象，甚至付費刊登廣告，異業策略聯盟的提案也不斷上門。8月推出的黑貓探險隊美食情報誌，「不但頁數增加，廣告也大增」，黃千里指出，「發行量將再往上拉高15萬份。預估第三本即可損益兩平。」

2.免費刊物對業務拓展有幫助

統一速達營業暨行銷支援部部長洪尚文指出，「以目前廣告訂單進展來看，廣告已經排到12月號了。」情報誌內容規劃，充分掌握季節性、主題性、生活提案三大原則，則是吸引廠商踴躍參與的主因。

企業一想到出版免費刊物，難免會擔心成本支出與回收的問題。洪尚文指出，定期大量印製免費刊物，看起來沒有發行收入，成本支出不小，但是，從經營策略上考量，黑貓探險隊對統一速達的宅急便服務而言，是開創第二品牌、經營第二條通路，對核心業務有相輔相成的作用，更重要的是，可以讓服務進一步升級。

【案例7】萊爾富 *Hi!Lady* 預購季刊雖免費，但卻賺錢

2007年3月起，萊爾富便利商店把門市的免費預購季刊*Hi!Lady*改版，鎖定16到35歲的女性，聚焦經營，以生活提案式的編輯手法，展現保養品、面膜、女性內衣、流行服飾等女性商品的用途、價格等訊息，提高可讀性與實用性，結果每

期印刷5萬多本，1週左右就被拿光，預購訂單卻可持續一季之久，薄薄一本雜誌，每期進帳數百萬元。

【案例8】北京媒體業也推出「免費」地鐵捷運報

1.北京獨家「免費」地鐵報出爐發行

繼上海、南京、廣州、天津等城市相繼推出地鐵報後，北京也出現第一份免費的地鐵報。

打著「京城獨家地鐵報」的招牌，北京娛樂信報2015年10月27日正式轉型，進軍地鐵報市場，希望提供晨間白領通勤族一份「短小精幹」的新聞和生活資訊，並藉由目標鮮明的讀者群，開發出深具消費潛力的廣告市場。

北京娛樂信報社長畢昆表示，從2006年5月開始，社方高層即著手地鐵報的調查研究，醞釀轉型成地鐵報。之所以要改變經營型態，是因為考慮到北京這種有著1,000萬多人口的大都市，已有10份都市報；市場趨於飽和，但是各家報紙的特色並非十分突出，唯有差異化經營，才有機會創造利潤。

2.免費報紙內容，須適合年輕上班族口味

根據規劃，2015年，地鐵完工里程可達到500多公里，設計承載北京交通客流量的50%以上，預估每日客流量600萬人次以上。地鐵是一個封閉的區域，早上7點到9點30分，尖峰客流量大；旅客是以上班族為主，因此，報紙的內容必須適合年輕上班族的口味。

畢昆說，地鐵報新聞內容，包括：國內和國際要聞、娛樂新聞、地鐵部落、地鐵沿線有關的吃喝玩樂資訊，或是文化消費、職場招工資訊，完全為上班族量身打造。此外，還包含一些純娛樂的內容，供乘客在車上解悶打發時間。

二　廠商「多元化定價策略」

【案例1】美國蘋果iPod產品的多元化定價

■ 新iPod系列產品價格與規格

品　　名	IPod Nano	iPod Classic	iPod Touch
①價格（美元）	149/199	249/349	299/399
②記憶容量（GB）	4/8	80/160	8/16
③儲存歌曲（首）	1,000/2,000	2萬／4萬	1,750/3,500
④螢幕尺寸（吋）	2	2.5	3.5
⑤大小（長寬厚，吋）	2.8×2.1×0.3	4.1×2.4×0.5	4.3/2.4/0.3
⑥重量（公克）	49.2	140/162	120
⑦電池使用時數	5	5/7	4.5
⑧無線功能	無	無	有

資料來源：路透，2007年9月7日。

【案例2】不同價格的產品組合策略
——麥當勞超值早餐、中餐、晚餐

　　最高明的定價方法是就是找到「一組」能夠依據時間、顧客特性、消費數量與產品形式的差異，而所有不同的價格。

　　全球速食業龍頭麥當勞就打造了一個完美的價格結構。麥當勞根據時間的不同，針對早餐、中餐與晚餐三個不同時段，推出不同價位與產品組合的餐點。

　　在上午10點半以前供應的49元「超值早餐」，包含一份主餐（漢堡、貝果或鬆餅）再加上一杯30元飲料。從11點半到14點間供應的「超值午餐」，套餐價從79元起跳，餐點內容包括主食、薯條與飲料。雖然超值午餐和超值全餐的餐點完全相同，但中午時段的價格卻硬是降了16元到20元，就是想搶攻想省荷包的上班

族與民眾。

其他像是主打兒童族群的「快樂兒童餐」、單點價格統統不超過39元的「天天超值選」、訴求親朋好友多人共用的「快樂分享餐」，以及「晚餐第二套半價」的各式產品組合與優惠，也都是為了符合各種顧客與需求差異的價格結構。

【案例3】羅蘭公司高價與平價市場通吃

1.羅蘭執行長打造高價精品江山

精品服飾集團Polo Ralph Lauren公司在其他對手頻頻遇到瓶頸時，業績還能繼續成長，這都要歸功於董事長兼執行長羅蘭（Ralph Lauren）的策略成功，才能穩住他一手打造出的精品江山。

羅蘭向來不惜巨資，以奢華炫麗的廣告，打造出獨一無二的品牌形象。景氣好的時候，Polo的廣告上曾赫然見到一個價值9,286美元（約新台幣30.6萬元）的桃花心木製高腳櫃，羅蘭本人也為一套3,000美元（近新台幣10萬元）的西裝親自上陣，當起服裝模特兒。

2.Polo平價市場也賣得好

但和路易威登（LVMH）、Gucci、Prada等同業不同的是，Polo也做中產階級和大眾市場的生意。在美國的暢貨中心和折扣商店，Polo的銷售額可達7.5億美元。

Polo在Kohl's折扣商店銷售Chaps品牌服飾，男士襯衫一件僅49.95美元（約新臺幣1,650元），一件麻長褲79美元。從2016年起，Polo還針對大眾市場推出平價服飾和家飾用品，在600家潘尼百貨公司（J. C. Penney）銷售American Living的產品。

Nicole Miller公司執行長寇海姆表示，羅蘭簡直已成為時尚界的意見領袖。他很早就敢砸大錢打廣告，引領美國精品時尚界的趨勢和看法。

不論你是在梅西百貨（Macy's）或好市多買一件Polo的襯衫，Polo衫的精品形象永遠不會改變。

這種能跨越價格天平兩端的本事，乃是拜羅蘭投入大量心血經營高檔商品的形象所賜。Polo每年會在紐約舉辦兩次大型的時尚秀，讓RRL、RLX、Polo Sport、Rugby甚至是Chaps等品牌，同樣雨露均霑。

3.Polo Ralph Lauren小檔案

成立時間	創辦人	總部所在地	行　　業	2006年度營收	2006年度純益	員工數
1967年	羅蘭	紐約	精品服飾業	4,295億美元	4億美元	1.4萬人

【案例4】家樂福強打3種不同定價的自有品牌產品

1.自有品牌重新定位，區分低、中、高價3條產品線，並努力提升品牌價值感

民生用品漲價消息頻傳，許多製造商喊漲之際，量販店自有品牌商品卻反其道而行，趁機力推低於市價2～3成的自有品牌。家樂福宣布，自有品牌重新定位，分成低、中、高價3條產品線，投資上千萬元提升品牌價值感，希望提高自有品牌5%業績。

家樂福花1年時間進行市場調查，並找專業品牌包裝公司，將自有品牌改頭換面。家樂福全國自有品牌經理傅振邁說，根據調查結果，消費者對「家樂福」品牌比對「No.1」更有信心，因此將最低價的「No.1」以家樂福超值商品取代。

家樂福重新調整自有品牌後，依照價格與品質將產品分成三大區塊，並以紅、白、金3種顏色區分，總品項數超過2,000項以上。最便宜的是紅色家樂福超值商品，價格比領導品牌便宜2～3成；兼具低價與品質的是白色的家樂福商品，便宜10%到15%；新規劃的金色家樂福精選商品，則不打價格戰，訴求品質。

2.自有品牌營收目標提高到2成

傅振邁說，以往只有低價與中價自有品牌時，自有品牌商品營業額占總營收1成，希望調整後，讓占比提高到20%。

【案例1】宏碁acer新機型強打杜比音響

1.「有杜比，最動聽」的新特色

宏碁新款NB將正式登場，臺灣宏碁行銷副總經理張敬仁表示，下旬起到8月為止，宏碁將砸下超過7,000萬元的廣告行銷預算，一舉打響新款NB「有杜比，最動聽」的特色。而2007年第一季市調單位Gartner統計的臺灣市占率，雙A差距拉近僅餘3個百分點，臺灣宏碁總經理林顯郎也提高分貝，為了超越華碩，宏碁2007年會在過去不如華碩的12吋機種上下工夫，推出首款3萬元以下12吋商用NB。

2.請來國外BMW設計團隊設計

宏碁日前將商用、消費機種設計分開，在消費機種上，請來車廠BMW設計團隊設計Gemstone概念NB，在臺上市銷售，張敬仁表示，包括電視、平面廣告等行銷費用，宏碁編列超過7,000萬元預算，在最新消費性NB市調結果出爐後，發現消費者對NB音響最不滿意，因此，宏碁除了設計新外觀外，還將主打在消費NB上搭載的杜比音響。

【案例2】臺灣麥當勞創造出新的附加價值

1.建立「方便平臺」

臺灣麥當勞斥資上億元，整合陸續推出的「為您現做」、「得來速」、「24小時營業」、「早上6點供應早餐」等服務，建構臺灣速食連鎖產業首見的「方便平臺」（Convenient Platform），並在大臺北地區提供外送服務。

臺灣麥當勞總裁李明元表示，這是麥當勞因應臺灣人生活樣態，進而有邏輯、有系統的服務。李明元希望藉由此一方便策略，能將「速食」提升到「舒

食」，使麥當勞總營收成長10%。

2.一整套的價值創新方案，強化核心競爭優勢

麥當勞的方便策略是一整套的價值創新方案，而且是在一套完整的邏輯系統架構下逐步推動。包括食材新鮮現做、增加得來速點餐服務據點、將早餐供餐時間提早到上午6點並增加產品選擇，以及24小時門市服務與此次的歡樂送服務，都是在此一邏輯架構下，並透過麥當勞既有的核心競爭優勢逐步發展落實。

【案例3】國內大飯店推出擁有個人管家的頂級商務客房服務

為營造奢華感，去年國內飯店業者紛紛展開新一波客房改裝計畫，將部分客房更改為房價較高、擁有個人管家的頂級商務客房。

例如：臺北遠東的豪華閣、君悅嘉賓軒、晶華大班樓層、臺北凱撒的大亨樓層、神旺尊爵會館、六福和喜來登的行政貴賓樓層等。這些頂級商務樓層，不論設備和服務都大幅提升，還有專屬的用餐與休閒空間，有助帶動業績。

1.遠東大飯店及晶華大飯店

以遠東豪華閣為例，除設備頂級的客房外，還有專屬房客使用的豪華閣貴賓廊，提供無線寬頻上網、祕書等服務。晶華的大班也不遑多讓，19樓有專屬的Lounge，每位入住大班樓層的房客，都配置一位受過多職能訓練的私人管家，照料住宿期間房客的所有需求。

2.臺北喜來登大飯店

臺北喜來登飯店擁有業界首創「行政管家」專屬部門，並訓練20位專業行政管家，提供一對一服務。而私人管家服務的門檻也大幅下降，入住該飯店16、17、18樓的行政樓層，國人房價從7,000元起、外籍商務客房從7,900元起，就配置一位管家。

私人管家服務項目從最基本的洗衣、燙衣、整理行李、切水果、調飲料，到預錄電視節目、訂位（餐廳、機票、演唱會、訂車服務、高爾夫球場）、介紹吃

喝玩樂等。

【案例4】好市多挑動您的購物慾望

1.好市多成功祕訣：不斷推出新產品，誘發消費者購買

1983年好市多在西雅圖開設第一家量販店，多年來逐漸茁壯成長，如今全球賣場超過500家，2006年度銷售額創下589.6億美元的新紀錄。好市多是量販業最大的一股勢力，競爭對手沃爾瑪旗下的山姆俱樂部，全球共有670個據點，銷售額約400億美元。

好布多財務長賈蘭提說，一般食品雜貨店陳售約4萬種商品，沃爾瑪賣場提供約10萬項商品，好市多只買4,000種商品。他說：「我們絞盡腦汁猜想顧客真正想要什麼。」

好市多成功的祕訣在於誘發消費者的衝動購物行為，因為這家量販店只賣時下最吃香、最時髦以及最暢銷的商品，包括蘋果iPod音樂播放機、兒童午餐的起司條以及最新款服飾。

不久前，史耐德女士與念大學的女兒，喜出望外地在納許維爾的好市多分店找到Ugg長筒靴、Smashbox化妝品，以及Seven牛仔服飾。

賓州大學華頓學院教授赫奇說，好市多會依照季節、銷售量等因素出清和補進商品。因此，顧客會三不五時上門逛逛，看看有無新奇商品上架，不會只在想買必需品時才去，赫奇說：「顧客看到想要的東西，可能會立即購買，因為下次再來時，可能已經沒貨了。」

2.不斷變換商品的驚喜感，人們就是在找尋這種心理報酬

不斷變換商品的驚喜感，也是多好市精心策劃的購物經驗。資深副總裁班諾里爾說：「我們希望顧客每來一趟，就會看到數百種與上次不同的商品，從而製造出尋寶的氣氛。」

《購物：我們喜愛它的原因以及零售商如何創造終極顧客經驗》的作者丹席格（Pamela N. Danziger）指出，心理因素強烈影響購物行為。顧客看到大減價或

出清商品，會有悸動的感覺，好市多就是利用這種心理大發利市。她說：「在好市多購物是一項消遣……人們就是在找尋這種心理報酬。」

3.公司對廠商議價省下的錢，回饋給消費者，真正做到低價

丹席格表示，好市多的盈餘有一大部分來自會員繳交的年費，會員愈多，該公司議價力就愈強，並能將省下的成本回饋顧客。顧客買得愈多，就愈覺得繳納的會費值回票價，因為這筆錢已分攤到他們購買的商品上。

【案例5】麥味登早餐連鎖店用價值競爭超越價格競爭

1.要增加更多附加價值，享受精緻早餐的感受

為了在競爭激烈的早餐市場中勝出，國內前五大連鎖早餐品牌麥味登，正積極展開價值提升的工程。資泰實業副總經理王友嘉指出，過去早餐市場屬於價格競爭市場，未來將走向價值的競爭，麥味登的策略除了要讓顧客吃飽吃好之外，更要享受更多的附加價值。

王友嘉指出，麥味登全臺加盟門市約1,400家，現在的發展重心，不再以店數擴充為主，而是門市品質的提升，將門市提升為新精緻早餐的門市。新精緻早餐門市的操作概念，主要是讓顧客來店用餐，也能享受像在咖啡店消費的環境，因此，除了店格視覺、裝潢等換新之外，還推出健康精緻餐飲，及門市人員服務等級的提升。門市也加裝冷氣、播放音樂，讓顧客在吃早餐之餘，也能享受在門市看書報雜誌或聊天的環境。

2.未來決勝點在於價值競爭，使客單價提升

王友嘉指出，過去早餐市場屬於價格競爭，但目前的決勝點，在於價值競爭，除了滿足顧客基本吃的需求之外，還要提升能給顧客的附加價值。麥味登改採新精緻早餐概念操作後，顧客消費的客單價從原本35元至45元，提升至50至60元。而一般早餐店生意，約7成是做外帶，3成是內用，改採新精緻早餐概念操作，提供顧客更舒適的用餐環境後，現在內用的比例也提升至5成。

對於一家門市而言，要讓顧客有消費價值提升的感受，除了門市裝潢、消費環境、商品內容之外，更要注重服務的升級，這攸關顧客的消費感受，當同業間的硬體和商品競爭到最後都差不多之際，最後的決勝點，就在於服務人員的服務水準。

【案例6】浪琴錶，限定錶款策略，創造好業績

1.限定錶款已占全年四分之一業績

為打破業界低迷的買氣，鐘錶大廠出招搶客人，不是走低價策略，就是打限量市場，出奇制勝締佳績。

每年鐘錶大展登場發表年度新款後，各地分公司只能在年底前癡癡的等錶到貨。在目前這個空檔期，全球最大鐘錶集團斯沃琪瑞錶旗下的浪琴錶為衝業績，推出只在臺灣銷售的地區限量錶款，2007年邁入第3年，業績明顯成長，引起香港、日本、新加坡等地分公司也想仿效。

浪琴錶副總經理張正勳指出，2017年臺灣限定錶款已占品牌全年營收的四分之一。但2005年僅占六分之一、2006年提升到五分之一，每年都有顯著增長。

2.林志玲、郭富城代言的限定錶款受歡迎

浪琴2007年再接再厲推出兩款臺灣限定彩繪錶；其中影星郭富城代言的男錶限量100只、每只16.8萬元的鯉魚躍龍門；名模林志玲代言的女錶為牡丹的花開富貴，限量150只、每只10.8萬元。

四 其他定價策略

【案例1】懷舊演唱，依對象定價，票價可調高

1.四、五年級生肯花高價買票

這幾年各大金控集團旗下的銀行貴賓理財中心拚命搶客戶，尤其是300萬以上的白金理財客戶群，理財顧問們每天都在找這群客戶的蹤跡，結果他們在演唱會現場找到這群有錢人。所以，這幾年各大金控老闆都願意花錢贊助演唱會，爭取客戶的好感度。

從安迪威廉、保羅安卡、奧莉薇亞紐頓強、費玉清、蔡琴、鳳飛飛、萬芳&趙詠華、姜育恆或是民歌歌手群等明星演唱會，都見到主力觀眾群是在四、五年級生，甚至於三年級生像個歌迷般，跟著臺上的明星輕打拍子跟著哼唱著。

這群4、50歲族群的資深偶像歌手，現在非常受到中年觀眾的歡迎，平均一張票價1、2,000元，對於四、五年級生來說一點都不貴，非常肯花錢買票，通常最貴的2、3,000元，甚至6,000元票價區最快賣完，和年輕偶像歌手演唱會總是最便宜的最快賣完，很不一樣。

2.每次演唱會都開出紅盤

這群肯花錢聽演唱會的中年人就成為各大演唱會主辦公司的金礦，只要能夠喚起中年人青春回憶與美好時光的歌手，不管目前在世界哪個角落，都會被找出來重新登臺，而且票房都還不錯。像當年的玉女偶像歌手林慧萍回臺灣演唱五場，票價從800到3,600元。跨世代的天后蔡琴11月30日到12月1日的臺北演唱會，早在5月就開始賣票。

「懷舊」已成一種熱門生意。糖果娛樂的楊智傑表示，在演唱會市場中，四、五年級生算是隱性消費群，現在隨著當年他們的偶像技癢復出，這些有財力的消費者也站出來了。

這也是為何費玉清、蔡琴、鳳飛飛、林慧萍等人的演唱會不管票價開得多

高、場次多少，都會開出紅盤。

【案例2】定價策略與新產品連動——阿瘦皮鞋案例

1.提供最佳品質

2002年，阿瘦皮鞋總經理羅榮岳感受到競爭情勢的激化，也意識到身為臺灣皮鞋零售業第一品牌，應該脫離保守經營格局，於是展開一連串的創新與變革。

對鞋，阿瘦訴求「真善美」與「新」。真，代表貨真價實，絕不用假皮製造，堅持實實在在的品質；善，以好穿為基礎，加上親切的門市服務，讓顧客賓至如歸；美，創新的商品理念加上具美感的款式與研發連結，跟上時尚潮流；新，最具體的實例就是「阿瘦抗震健走鞋」，不僅結合時尚流行，更與健康結合，採專利球狀緩衝氣室體，利用空氣在氣室體內所產生的彈力，增加步行時的推進力，並運用奈米遠紅外線顆粒及共振技術產生的磁波能量，讓腳部保持乾爽，減少行走壓力。

2.拉高價格目標

提高產品單價約1,000元，為避免顧客無法接受，利用每季推出新品時，一次調高數百元，逐漸將價格提高至目標價位。

【案例3】小包裝食品更暢銷

■健康意識抬頭，小包裝食品反而好賣

消費者的健康意識抬頭，許多零食廠商推出熱量100大卡的小包裝食品，大受歡迎，每年市場規模突破200億美元。消費者藉小包裝來控制口腹之慾，廠商也樂得發現，產品分量變少，反而賺得更多。

糖果、餅乾、洋芋片、巧克力條，這些美國人愛吃的零食，現在都搶著推出小包裝。Pepperidge Farm食品公司零食部門副總賽門認為，小包裝零食市場很容

易再成長1倍，因為能幫消費者吃少一點，又很容易計算熱量。

Information Resources市調公司發現，百大卡的小包裝零食，去年銷售額增長28%，而整體零食市場僅成長3.5%。這顯示有些美國消費者的確受夠了特大包的食物。美國最大的連鎖餐廳之一T. G. I. Friday's已推出所謂的「適量適價」餐點，這種減量餐幫助Friday's異軍突起，在美國連鎖餐廳整體業績衰退時逆勢成長。

就概念而言，小包裝零食非常單純。廠商只需把現有產品改成小包裝，然後以原本的價格或是加價出售。而美國消費者似乎並不在意拿一樣的錢買較少的零嘴。食品市調集團Hartman所做的調查顯示，29%美國人願意付較高的價錢買小包裝食品。

【案例4】畸零尾數定價策略——蘋果iPod最新功能款機

在升級iPod系列方面，喬布斯宣布售價79美元的iPod Shuffle將有更多顏色可供選擇；另推出兩款較薄、螢幕較大（2吋彩色）、可玩遊戲的iPod Nano，記憶體分別為4GB、8GB，售價149美元和199美元。蘋果將在iTunes線上商店銷售更多款遊戲。

蘋果也把用於iPhone的觸控螢幕技術移轉到iPod，推出新款iPod Touch，配備3.5吋彩色螢幕、機殼更薄，且可連接Wi-Fi網路。兩款記憶體8GB和16GB的iPod Touch，都可觀看YouTube的影片，和以蘋果的Safari瀏覽器上網，售價分別為299美元和399美元。

【案例5】網購聖誕禮品300款99元起

因應將到來的聖誕節，購物網站近期推聖誕商品。PChome商店街146家名店開賣，超過300種商品99元起，免運費；除有明星成龍、陳孝萱曾購買的同款手工拼布泰迪熊6.7折外，還有打開後一星期、全身會長滿毛的老鼠香皂特賣。

購物網站PChome商店街公關主任楊璿說，2007年商家更多、加工部分商家推24小時送禮服務，商品從聖誕大餐到聖誕彩妝，應有盡有，不少明星喜愛的拼布泰迪熊，原價780元，限量20隻以520元的6.7折價出售；還有打開後一星期，全身

會長滿毛的老鼠香皂，原價259元、特賣199元；另有精緻的聖誕蛋糕，原價280元下殺至5.7折、160元。

【案例6】差異化經營奏效，興農超市逆勢成長

1.每月新品上市至少10～20%，許多商品只在興農超市才買得到

在中部地區擁有32家連鎖直營店的興農超市，2007年前8月業績近20億元，較2006年同期成長約5%，若單以成長數字來看，幅度或許並不算大，但若與國內超市前8月整體業績平均萎縮20%來看，該超市不僅未受到景氣低迷衝擊，經營績效甚至呈現逆勢成長，興農超市總經理楊忠信透露，關鍵在於差異化策略奏效。

「興農超市每月新品上架10至20%，此舉代表也有10至20%的商品被淘汰出局」，楊忠信說，持續不斷地汰舊換新、引進更受歡迎的新商品，更重要的是，「差異化商品維持在總品項的15%至20%」；換句話說，「許多商品只有在興農超市才能夠買得到！」

2.有差異化，才能夠遠離價格競爭

楊忠信認為，愈是不景氣，業者愈要尋求差異化，才能在競爭激烈的市場中脫穎而出，就像興農超市一樣，藉由商品差異化，有別於一般超市，也因此找到屬於興農超市的生存空間。

五 規模經濟與成本控制

【案例1】85度C咖啡蛋糕加盟連鎖店案例

達到規模經濟化，成本自然下降，獲利即會出現。

在全臺擁有280家咖啡蛋糕連鎖加盟店的85度C集團，已成為本土咖啡龍頭品牌，去年光是咖啡、茶類等原物料的銷售量，就高達18億元，若換算成年產值，

保守估計約達31億元。

　　85度C之所以能在短短2年8個月裡，創造臺灣平價咖啡奇蹟，吳政學董事長認為，關鍵在於規模經濟。他說，85度C賣的是平價咖啡、蛋糕，所採用的原料卻都是進口的食材，剛開始營運時，其實是虧損的，單是人事成本就占了末端售價的32%，隨著連鎖加盟店不斷地拓展，到了現在，人事成本已降至7%。

【案例2】各通路業者使出省錢做法

1.物價不斷上漲，讓通路業者傷腦筋，只能朝內部節省成本

　　物價不斷上漲，但薪水調漲幅度卻不高，如何刺激消費增加利潤，讓國內零售、量販、百貨及餐飲傷透腦筋。業者指出，既然進貨成本降不了，只好從節省其他開銷、調整獲利模式下手，希望能在通貨上漲中，掙出獲利。

　　物價節節高漲，不只是消費者覺得不快樂，通路業者更是膽顫心驚。業者指出：不跟著漲，恐怕會影響獲利；但貿然漲價了，又怕影響消費者的購買意願。

2.全聯福利中心訂下節省成本10%策略

　　全聯福利中心2007年也訂下節省成本10%的策略，全聯福利中心總經理蔡建和說，到目前為止，全聯店數達350家規模，有足夠的量體和供應商可談更好的進貨價格。在營運上，將上下貨、收銀動線等全部規格化，加快作業速度，達到節省人力成本的目的，也是省錢的方式。

3.量販店降低採購成本

　　面對大型供貨商要求漲價的聲音，大潤發公關副理何默貞說，在物價上漲時，量販店更應該替消費者把關價格，因此會透過各種方式降低採購成本。例如：會在不同檔期和不同的業者談較低的價格，損失的毛利共同分攤，或由量販店自行吸收。

　　或者，當領導品牌不願降價時，量販店會退而求其次，主打第二名或自有品牌。不只如此，透過不同的採購管道也可達到降低成本的目的。

家樂福表示，量販店也可以直接向國外採購，跳過臺灣貿易商，直接節省成本。以家樂福來說，在法國母公司的支持下，部分國際品牌的產品透過全球採購策略，達到以量制價的效果，比起國內本土通路的價格更有競爭力。

【案例3】連鎖居家通路掀起漲風

1.為反映進價成本，家具、燈具、地毯調漲5%～10%

居家通路受到原物料漲價影響，2007年產品採購進價成本墊高，國內部分業者調漲家具、燈具、地毯等商品，調幅約在5%到10%左右。特力集團旗下的零售事業聯合採購因應，一年可省4、5千萬元。

據了解，包括瑞典IKEA宜家家居、本土的HOLA特力和樂與生活工場等連鎖居家通路，2007年因國際木材、塑料製品與銅鐵成本都漲了10%以上，採購成本增加，因此部分商品不得已反映成本，調漲5%到10%。

2.生活工場

目前店數規模最大的生活工場，2008年秋季新品調漲5%到10%左右，現有常態商品則維持原價。

生活工場總經理許宏榮說，為了因應原物料漲價，季節性商品採購量減半，只有50個品項，占全品項約一成。這個做法可有效控管採購成本。同時降低庫存壓力。

據了解，生活工場除了新品調漲外，宅配家具中的島國系列家具，也因為印尼原木價格攀高，在2007年8月的時候調漲價格。

瑞典IKEA宜家家具在國際採購優勢下，雖然仍能維持低價策略。不過，部分使用大量木材的家具，受到國際原木價格高漲，2008年新品上市時也調高廚房、臥室等家具的售價，漲幅約在5%。

3.IKEA

IKEA產品暨行銷總監譚慧潔說，IKEA擁有全球採購的支援，因此漲價的壓

力相對較低。不過，木材原料價格漲了以後就未跌，因此，才在2008年新品上市時微幅調漲價格。由於IKEA的家具全賴進口，國際油價飆漲也使得運費成本增加，這也讓臺灣IKEA面臨相當大的壓力。

4.聯合採購可降低成本

HOLA特力和樂也不諱言的表示，燈具、家具、地毯等商品採購成本都增加10%以上。

不過，2008年和樂與同集團的HOMY家具床墊、僑蒂斯寢具和B&Q特力屋等通路整合採購系統，發揮以量制價的效果，因此目前暫時未調漲價格。和樂估計，2009年採購平臺將可發揮更大效用，預計透過以量制價的方式採購，可讓毛利增加15%，每年採購成本也可減少4、5千萬元。

六 漲價策略

【案例1】統一因應成本增加開第一槍，鮮乳漲價6%

(1)國內鮮乳龍頭大廠統一瑞穗鮮乳零售價調漲，調漲幅度4%至6%。統一是本波國內鮮乳業者第一個漲價的，其他業者如味全、光泉、義美等暫不跟進。

(2)統一指出，過去2年調升3次生乳收購價格，且投資在牧場相關設備相當多，因此從2月27日起「出廠」價格調漲4%至6%，調整的項目包括瑞穗鮮乳、瑞穗極制低溫殺菌鮮乳及瑞穗調味乳系列，整體鮮乳品項數約50多種，調漲商品約20項。通路業者已收到漲價通知，也等幅調整零售價。

(3)國內生乳收購價格由農委會與業者、酪農、專家學者組成價格委員會制定，依照冬季、暖季、夏季三個不同季節，有不同的收購價格，目前夏季生乳收購價格尚未出爐，依照過去經驗，冬季是鮮乳產量高峰，收購價格應是最低，統一選在淡季喊漲，似乎是替夏季預作準備。

(4)統一指出，這次調漲出廠價格與季節因素無關，過去5年為使酪農有更合理

的生活保障，多次提高生乳收購價格，比起農委會制定的生乳收購價格還高，加上檢驗、友善飼養相關投資費用增加，整體成本增加幅度大於這次調漲，且這也是5年來首次調漲部分產品，並非全面漲價。

⑸目前統一仍穩固國內鮮乳市場龍頭，市占率約33%，味全則與光泉展開拉鋸戰，雙方在二、三名互別苗頭，市占率約在24%左右。

⑹鮮乳業者觀察，2016年國內鮮乳產值仍較前年成長約3.4%，在餐飲業對國產鮮乳需求增加下，2017年國內鮮乳產值有望突破百億元。

⑺國內四大鮮乳廠商產品價格狀況：

廠商	市占率	乳製品項	價格
統一	33%	瑞穗鮮乳、瑞穗極制低溫殺菌鮮乳、瑞穗調味乳旗下20支品項	調漲出廠價4～6%，超商零售通路售價上漲1～9元不等
味全	24～25%	味全鮮乳、林鳳營高品質鮮乳、味全調味乳、味全嚴選、ＡＢＬＳ優酪乳、LCA506	未調漲
光泉	24～25%	光泉鮮乳、乳香世家、晶球優酪乳	未調漲
義美	－	義美鮮乳	未調漲

（資料來源：《工商時報》，2017年3月2日。）

（資料來源：《經濟日報》，2017年3月2日。）

13 定價策略實戰寫真

一 平價奢華風與低價化已成為市場主流的定價模式

場景1 「平價奢華」風，是近年來的市場消費行為與行銷操作主軸方針。

場景2　國內在不景氣中，平價連鎖超市大受歡迎。例如：全聯福利中心或美廉社等。

場景3　美國出現1美元商店打入主流市場，連高所得國家也有M型社會消費的現象。

場景4　華碩推出低價筆記型電腦（7吋、8吋小尺寸）居然也很暢銷，臺灣及美國均如此。

場景5　中國大陸北京市也推出第一份的「免費」地鐵報紙。

場景6　華碩Eee PC（易PC）首度率先推出超低價的NBC（筆記型電腦），以零售定價399美元，在美國亞馬遜網站出售，結果非常暢銷。華碩採取了低價策略及畸零尾數定價法，使得Eee PC一推出就暢銷。

場景7　市場不景氣，100元剪髮店也出現了，生意也不錯，具有利基市場特色。

場景8　國內資訊3C連鎖賣場燦坤及全國電子，紛紛推出促銷活動及降價割喉戰。

場景9　零售業者自有品牌係採取委外OEM代工，因此毛利率較高。各大賣場近年來均加速推出自有品牌平價策略。

場景10 國內航空臺北到臺南航線採取低價促銷策略，1,000元有找，此顯見國內航空市場在高鐵衝擊下的市場低迷。

二　民生日用品因國際原物料價格上漲而調漲

場景11　由於原物料均上漲，使得速食麵品牌廠商成本也上漲，被迫調高價格，每包上漲2～3元。

場景12　受到麵粉及其他原物料上漲影響，媒體報導泡麵價格調漲消息，顯示廠商為保住利潤不得不調漲價格。

場景13　統一星巴克拿鐵咖啡因咖啡豆、糖等原物料上漲，也被迫反映成本而提高價格。

場景14　同上圖，國內代表性咖啡店星巴克要漲價，被媒體高度報導。

場景15　麥當勞產品由於國際原物料大幅上漲，也被迫做價格上的調漲。

場景16　歐洲進口高級車因歐元匯率升值，也要跟著調漲。不過，雙B車的買主大都是大老闆級或極高所得者，故對銷售應影響不大。

場景17　汽車市場也面臨不景氣，到了年底不得不降價出售，並避免舊款型車隔年沒人買。

場景18　連美國零售賣場也打折扣戰，看來折扣價促銷戰不只在臺灣而已。

場景19　液晶電視逐年降價，國產品大同LCD TV亦率先掀起價格戰，其他國內外廠牌也不得不跟著降價。

場景20　在促銷期間，國內前二大資訊3C賣場全國電子及燦坤3C也降價折扣力拚業績。

場景21　全國電子連鎖店舉辦連續5天的破盤價促銷活動。

場景22　有時候採取抽獎促銷策略替代降價，也是一種對策。

場景23　在市場不景氣下，錢櫃及好樂迪等KTV也紛紛採降價打折的促銷策略。

場景24　新光三越百貨公司信義館舉辦週年慶，有效吸引顧客。

場景25　屈臣氏打出85折優惠促銷活動，平面廣告畫面頗吸引人，這是折扣價格策略戰。

場景26　SONY產品在促銷活動期間，其定價也採取尾數定價法。

場景27　特力和家週年慶，推出7折起的折扣價格。

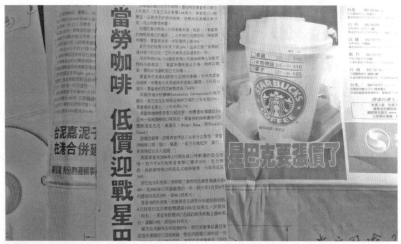

場景28　圖為新聞媒體報導統一星巴克要漲價，但麥當勞附屬咖啡產品卻不漲價，以低價迎戰高價的星巴克，市場競爭激烈可期。

場景29　連財經文化產品也推出促銷活動，凡訂閱《天下雜誌》1年，再送1年的優惠，即訂2年，只付1年的錢。

場景30　名牌家電舉辦特賣會活動，價格亦採取畸零尾數定價法。

場景31　資訊3C廠商也利用資訊月時間，採取折扣價策略，以低價誘因，衝刺年終的業績目標達成。

場景32　國內仕女鞋平價連鎖品牌推出週年慶促銷活動。

場景33　SOGO百貨公司週年慶，全館打出8折起的折扣價戰。

場景34　運動鞋品牌舉辦聯合特賣會，以全面3折起為號召力。

場景35　「加價購」策略也廣泛應用在廠商的各種促銷活動上。圖為班尼路服飾連鎖店推出購物滿990元，再加價99元，即可購得1隻聖誕哆啦A夢可愛公仔。

場景36　統一超商為慶祝設有現煮CITY CAFE的店超過1,000店，故有第2杯半價的促銷活動。

場景37　經常看到市價多少與福利價多少，但市價被劃掉，此均能引起消費者的重視。

場景38　市價96元與促銷價83元的對比，便宜13元。

場景39　市價為207元與促銷價為175元的對比，便宜32元。

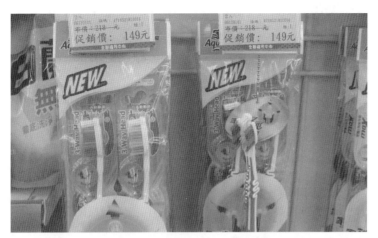

場景40　牙膏產品市價為218元，促銷價為149元。

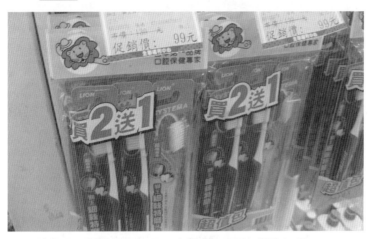

場景41　促銷價為99元，市價為130元，便宜31元。

場景42　摩卡咖啡的促銷價92元，市價為105元。

場景43　資訊月拚買氣，廠商利用各種促銷手法及價格策略，以提高業績。

場景44　美國地區液晶電視熱賣，有高價或低價取向的不同廠牌。

場景45　Yahoo奇摩拍賣網站的家電專區也利用低價吸客，受到年輕族群的歡迎。

場景46 量販店週年慶，大部分產品均有打折低價促銷，以吸引買氣。

場景47 景氣低迷中，曼都髮型也推出折扣價格戰。

場景48　LV名牌精品超高定價，並非完全以成本加成定價法，而是一種心理尊榮價值定價法，即使它的產品是如此高品質。

場景49　名牌精品GUCCI也是極高價位的心理尊榮價值定價法。

為了探索世界還是改造世界？

LOUIS VUITTON

場景50　LV的女性包包，最便宜的一個也要3萬多元。

場景51　百貨公司地下美食街的日式店面，產品定價不便宜，因為在高級百貨公司抽成高，故定價也比外面飲食店稍高。吃一個簡餐，算是高價位定價，一碗要價140元。

場景52　萬寶龍名牌精品除男性產品外，也有女性產品，但亦屬高價位的產品。

場景53　卡地亞（Cartier）珠寶鑽石非常昂貴。

場景54　dunhill男性名牌精品也是高價位。

場景55　臺北city'super是有名的高價位超市，與國內頂好、全聯是完全不同的產品及價格。

場景56　法國sisley是非常高價的化妝保養品。

場景57　統一企業出了高價位的Dr. Milker極鮮乳，也賣得不錯。顯示在M型社會下，高所得的消費者也不在少數。

場景58　佐丹奴平價服飾連鎖店，推出特惠價格的促銷策略，並採取畸零尾數定價法，每件從199元起。

場景59　漢堡王推出促銷策略的優惠券，刺激銷售。

場景60　某平價服飾連鎖店，推出特價品促銷活動。

場景61　某平價服飾連鎖店，推出299元促銷活動，其現場POP招牌廣告很吸引人。

場景62　家樂福大賣場與熊寶貝、白蘭品牌廠商合作推出促銷活動，定價採取畸零尾數定價法。

場景63　燦坤3C會員招待會震撼登場，亦採取畸零尾數定價法。

場景64　畸零尾數9字定價法到處可見。

場景65　畸零尾數9字定價法也應用在速食產品定價。

<u>場景66</u>　畸零尾數9字定價法，普遍在各零售場合見得到。如上圖的飲料食品即是。

場景67　利樂包裝的麥香紅茶，採取日常便利性產品定價，一包10元。像報紙售價一樣。

場景68　統一茶裏王保特瓶茶飲料產品，採取日常便利性產品定價法，每瓶20元，屬平價位，一般上班族認為便宜合理。

場景69　可口可樂罐裝一瓶20元，亦屬平價定價法。

【個案1】定價多元化含括大多數客層——哈肯舖麵包店定價 從20元～400元

你願意花多少錢買一個麵包呢？20元、50元、100元，還是超過1,000元呢？當市場上有著只要一個10元銅板就能買到的超便宜麵包，同時不乏飆破千元的頂級法國麵包，我們就可以發現「價值」才是決定消費者購買行為的關鍵。換句話說，消費者將依據這個麵包帶來的「價值」，選擇願意支付的金額。

「我們努力塑造價值，讓消費者感覺他們的每一分錢都花得值得！」曾以世界冠軍麵包——米釀荔香麵包，創下驚人的「秒殺」紀錄的哈肯舖麵包總經理黃銘誠強調，麵包業其實是服務業，麵包店老闆不能只顧做出好吃的麵包，卻不管消費者的消費經驗。

為了打造哈肯舖麵包的產品價值，黃銘誠透過3個階段，讓顧客感受到哈肯舖麵包的差異化：

首先，打造乾淨、舒適、具設計感的門市環境，讓顧客的第一印象很好。接著，在進入門市後，親切的服務人員與免費試吃服務，為顧客創造美好的購物體驗。最後，顧客在吃麵包時，能感受哈肯舖麵包的美味。

哈肯舖就憑著完美的定價策略，與準確的價值定位，在競爭激烈的麵包戰場上，開創出和同業截然不同的「平價奢華風」。

1.產品售價區間大，囊括所有消費族群

哈肯舖主打歐洲麵包，但歐洲麵包在臺灣一向屬於高單價產品，一個麵包動輒1,000元以上，客群多為金字塔頂端的消費者。但黃銘誠卻希望能打造出人人都

能買得起的歐洲麵包，因此他透過高明的議價能力與聘請本土優秀的師傅，節省了國外師傅的高額人事成本開支，將價格壓縮在民眾能輕易入手的範圍。

在傳統經濟學上的價格與需求曲線中，當價格愈高時，需求量就會逐步下滑；相對的，當價格開始下滑，需求量就會立刻衝高。因此，黃銘誠決定將原先動輒上千元的歐洲麵包價格，調降至低於400元的門檻，以衝高銷售量。像是由國內知名麵包師傅吳寶春所研發的世界冠軍麵包──「米釀荔香麵包」就價值400元，遠低於其他精品級的歐洲麵包。

「當定價低於一個門檻時，銷售量就會多出好幾倍。」黃銘誠強調，哈肯舖絕對不採取損人不利己的割喉戰價格，而是透過壓低毛利的做法，讓售價維持在消費者覺得合理、公司又能賺錢的價位。

除了高貴不貴的歐洲麵包之外，哈肯舖也生產許多臺灣民眾最熟悉的傳統麵包，像是菠蘿麵包與奶油麵包。哈肯舖把這些基本款的傳統麵包售價，壓到幾近成本的價格，讓消費者花20元就能買到由高級原料製成的菠蘿麵包。

「在傳統麵包的定價上，我們會採取所謂的『印象式』定價。」黃銘誠解釋，這是一種心理定價法，也就是消費者在購買前，在腦中已經有一個可用來參考的價格。20元的菠蘿麵包價格，對於絕大多數的消費者來說，都是可以接受的合理價格。

只要有了這幾款經典、且價格容易入手的傳統麵包，哈肯舖就能掌握大多數的消費者，不必擔心大家看到400元的「精品」麵包而望之卻步。

哈肯舖麵包的價格從20元到400元之間不等，想吃傳統麵包、預算不夠的消費者，可以購買20元的菠蘿麵包；喜愛口感扎實的歐洲麵包、而且預算較高的顧客，則可以消費上百元的「精品」麵包。這樣的定價策略，讓哈肯舖在能力所及的範圍內，服務了最多的顧客，因此單店的日營業額都高達13萬元以上。目前在臺北擁有3家分店的哈肯舖麵包，月營收已突破千萬元關卡。

2.準確定位每款麵包，打造最完美的售價

企業在訂定價格時，最忌諱的就是藉由緊盯競爭對手的價格，來決定自己的售價，如此一來，不僅可能讓自己陷於紅海價格混戰中，更將使公司的獲利蒙受不白損失。因此，想打造最完美的售價，就得針對旗下每個產品的市場功能準確

定位。

　　舉例來說，在公司銷售的產品組合中，要明確定位出哪些產品是「為了拉抬市占率」，哪種產品是「賺取高毛利」，哪種產品又是「塑造品牌形象」。為了拉抬市占率的產品，就可透過降價、折扣戰等策略，衝高銷售量。不過，如果是公司主要獲利來源的高利潤產品，這些產品的價位可就不能輕易降價，避免對公司損益造成可觀影響。

　　在哈肯舖的產品組合中，就明確將售價在20元至30元的基本款麵包，定位為拉抬市占率與「客單價」的商品，因此售價可以儘量壓低。在目前原物料價格不斷飆漲的年代，全臺灣幾乎沒幾家麵包店老闆願意用高價的天然發酵奶油來製作菠蘿麵包，大多數店家是採用價格不到一半的人造奶油，但哈肯舖卻堅持使用此高檔食材。

　　黃銘誠透露，天然發酵奶油已從2年前1箱／25公斤要價2,500元，飆漲至現在的5,000元天價。

　　但他們的菠蘿麵包從來沒偷工減料，也沒漲價一毛錢，原因在於這些基本款麵包根本不是哈肯舖用來賺錢的產品，因此價格可以不動如山。

　　而那些價格百元以上、高毛利的歐洲麵包，則被黃銘誠定位為哈肯舖的「金牛產品」，是公司最主要的獲利來源與品牌象徵，因此絕不能降價求售，以免損及品牌形象與利潤。

　　在原物料持續飆漲的龐大壓力下，哈肯舖之所以能堅持麵包不漲價，關鍵就在於黃銘誠擁有一套完善的因應策略。「我們透過持續研發、推出單價較高的『新產品』，來平衡掉被高物價侵蝕的微薄利潤。」新產品的毛利率會比基本款的麵包高出許多，因此能提升整體獲利率。

　　黃銘誠鼓勵旗下師傅不斷開發創新產品，厚植旗下高利潤的「金牛產品」品項，企圖以更多樣的歐洲麵包種類，吸引消費者購買高價位的精品麵包。對一般消費者來說，也只是多了其他新選擇，但他們仍買得到平價麵包，買賣雙方都能從中獲利。

3.加價購優惠＋免費試吃服務，成功提高「客單價」

　　除了主力產品麵包之外，哈肯舖還販售了果醬、飲料等非主力產品，　這些非

主力產品的利潤雖然沒有比麵包來得高，卻可以發揮「客單價」的驚人效果。

　　哈肯舖販售大約10款原價50元的冷、熱飲品，如果已購買麵包的消費者再加購飲料，就會享有「加價購優惠」（原價50元的飲料，可以用30元加購）。雖然飲料的成本占了售價75%左右，少了20元的加價購價格會嚴重侵蝕利潤，但「少賺一點錢」的結果，卻成功提高了客單價，讓整體銷售額與利潤都增加了。

4.哈肯舖麵包之所以能堅持麵包不漲價，關鍵在於他們透過持續研發、推出單價較高的新產品，來平衡掉被高物價侵蝕的微薄利潤

　　曾提出《長尾理論》的暢銷書作者克里斯・安德森（Chris Anderson）在《免費！揭開零定價的獲利祕密》一書中指出，「免費」本身，其實是一個最有效益的價格。在免費的背後其實代表了不少高超的商業策略，以及神奇的獲利公式。黃銘誠就巧妙運用了免費的力量，成功拉抬了麵包店的業績。

　　目前國內許多販賣高價精品麵包的店舖，幾乎從不讓顧客免費試吃，但黃銘誠卻堅持每天提供超過3,000元的麵包，讓顧客免費大口試吃。不少顧客看到高單價的麵包，難免會擔心花大錢卻買到口味不合的麵包，因此哈肯舖透過「免費試吃」的貼心服務，讓顧客不用擔心花大錢卻買到自己不愛吃的「地雷」麵包。哈肯舖也可透過顧客的當場試吃，獲得麵包在口味上是否需要改進的立即回饋。

　　《再貴也能賣到翻》作者村松達夫強調，如果商品價值無法立即發現，可以請顧客免費嘗試一下。如果能藉由免費體驗的方式讓顧客上癮，就可望成功擄獲客人的心。果然免費力量大！每天投資3,000元的免費試吃額度，已成功讓哈肯舖的業績大幅成長二至三成之多。

　　當國內不少業者仍舊身陷在紅海價格戰的廝殺中，同時被原物料價格漲勢壓得喘不過氣時，哈肯舖麵包卻善用完美的定價策略與訴求明確的價值定位，優雅地在麵包市場上開創與突圍。

（資料來源：謝佳宇，《管理雜誌》，第448期。）

問題研討

1.請問哈肯舖麵包店如何讓顧客感受到差異化？
2.請問哈肯舖麵包為何要將店內最高價的歐洲麵包定在400元內？理由何在？它們是如何做到的？消費者感受又如何？
3.請問哈肯舖麵包店的產品價位都在20元～400元之內，為什麼？
4.請問面對原物料高漲下，哈肯舖麵包店的應對策略為何？如何做到？
5.請問哈肯舖麵包店如何成功提高客單價？
6.總結來說，從此個案中，您學到了什麼？

【個案2】阿舍乾麵──針對不同通路，定價策略也要差異化

　　在網路團購市場寫下一頁傳奇的阿舍乾麵，以便宜好吃、方便包裝的形象，在國內市場打響了名號。阿舍乾麵的創業事蹟之所以富傳奇性，原因在於阿舍乾麵最初是在網路起家，主攻團購市場。儘管阿舍乾麵沒有任何實體店面，卻能創下年營業額超過新臺幣1億元的銷售佳績。

　　不同於目前市面上以熱水沖泡即可食用的泡麵，阿舍乾麵創辦人董建德開發出特殊的「快速麵條」，只要快煮短短1分鐘就可熟透，時間甚至比泡麵還快。

　　阿舍乾麵是採「單包裝」，再附上董建德自豪的獨門研發醬料，一包只賣新臺幣8元的低價，推出後立刻在網路上掀起搶購熱潮。阿舍乾麵的熱門程度，甚至到了「在網路下單半年後，才能拿到產品」的盛況，就連一向以國際時尚精品著稱的微風百貨，也都搶著入股阿舍乾麵。

1.需求遠大於供給，阿舍乾麵價格一路漲

　　然而，隨著阿舍乾麵的爆紅，它的定價策略卻開始亂了套。最初8元一包的乾麵，隨著熱賣程度加溫，價格也跟著水漲船高──從網購價12元、15元到零售價20元，甚至還有百貨通路販售5包119元的價格，等於一包乾麵將近24元。網路、百貨通路價格不一，價差甚至高達2倍，這樣的定價策略，也讓不少老顧客感到困

惑。

　　很多企業在面對市場供需出現矛盾、需求遠大於供給時，價格槓桿是解決市場供需矛盾的必要手段之一。但漲價後，廠商能否讓顧客感受到更好的「價值」、產品與服務，都是能否繼續留住客源的關鍵。

　　阿舍乾麵爆紅後，竟爆發工廠無照營業與醬料包「膨包」事件而被勒令停業。今年年初，又因為與微風的股權糾紛，而有「黑衣人」進駐臺南廠房的傳聞，也讓阿舍乾麵形象大受打擊。儘管爆出一連串負面消息，阿舍乾麵依舊大膽漲價。原先「平價美食」的定位，已在一連串漲價聲中，開始有了變化。

2.百貨通路走精品路線，主打金字塔頂端顧客

　　自從微風百貨入股後，阿舍乾麵就開始在實體店面販售，微風百貨也成了第一個零售點。今年2月阿舍乾麵在微風的首賣價格是20包350元，等於一包要價17元。過去阿舍乾麵訴求的「物美價廉」定位，似乎開始轉向「精品」乾麵靠攏。

　　產品要定多少價格，自然要由目標顧客族群與產品定位而決定。要讓消費者願意支付更多錢，廠商就得讓產品的價值也跟著提升。雖然在微風百貨販售的阿舍乾麵比網購價貴出好幾成，但顧客不必苦等大半年才能拿到產品，而且，微風販售的產品還有精美的提袋與包裝，再加上實體店鋪需要人事成本與租金費用，零售價自然比網購價貴出許多。

　　微風之所以敢定出這樣的價格，就是看準了不懂團購、且不想等待的高消費族群。因此微風百貨主攻的目標客群，自然和網路團購的族群截然不同。

3.網路訂購回歸最初定位，全面調降售價以挽救買氣

　　至於在阿舍乾麵官網與團購網站的價格，今年年初曾漲到15元之多，但在網友一片質疑聲浪下，阿舍乾麵開始做了讓步，從原先每包15元全面降價20%，變為每包12元，以維護其最初訴求的「平價美食」定位。

　　微風入股後的阿舍乾麵，近來更積極擴展在團購市場的版圖，今年8月就宣布要與中國人人網旗下最大社群團購網站「糯米網」策略聯盟。阿舍乾麵和糯米網結盟的第一個促銷活動，就推出了10包100元的超低價格。雖然消費者不能自由選擇口味，但下訂後一個禮拜就能自行前往指定地點兌換乾麵，因此創下了3天熱賣

4萬包的驚人業績。

　　阿舍乾麵近來在網路上主推「購買後自行前往門市領取」的方式，之所以能維持在一包10元左右的定價，關鍵就在「自取」方式讓阿舍乾麵省下將產品寄送到訂購者家裡的運費與處理費，因此能夠以低價回饋給消費者。

　　阿舍乾麵針對不同通路的差異化定價策略，正是前文所提「針對不同通路、不同顧客需求，而訂出各式價格組合」的高明定價方法。這種企圖滿足所有客群的差別定價，目前看來已漸漸被台灣消費者所接受。

（資料來源：謝佳宇，《管理雜誌》，第448期。）

問題研討

1. 請問阿舍乾麵為何要在微風百貨公司販售？價格如何？
2. 請問阿舍乾麵在網路上的定價為何？
3. 請問阿舍乾麵在不同通路採不同定價方法，為何能獲得成功？其理由為何？

【個案3】中國大陸白酒愈貴愈有人買

　　近來才因為產品價格飛漲，而被中國發改會約談的中國白酒雙雄──茅台與五糧液，又在中秋節檔期前夕宣布漲價訊息，一口氣要調漲價格二至四成之多，絲毫不在意中國官方近期力推抑制通膨、調整物價的宏觀調控政策。

1.白酒價格漲勢驚人，全力擁抱金字塔頂端族群

　　從8年前開始，五糧液旗下部分產品的價格就陸續上漲。當時，五糧液強調漲價並非為了獲取暴利，而是為了避免民眾喝到假酒，而將旗下產品更換新包裝，並採用最新的「三重防偽技術」

　　有了由內而外的三重防偽技術，五糧液的瓶身外觀不僅看起來更透明、有立體感，還顯現出高級白酒的貴氣。變身後的五糧液，已明顯讓消費者感受到產品的「加值」，因此即使得多掏幾張鈔票購買，消費者仍舊甘願買單。

一向是酒中貴族的白酒，價格原本就比一般酒類高出許多。茅台和五糧液為了進軍金字塔頂端市場，它們正積極透過大規模的漲價，要擺脫一般消費族群，成為名符其實的酒類精品。

以中國地區8月初的茅台售價來看，當時還能維持在1,099元人民幣的水準。但到了中秋節前夕，茅台價格已上揚至人民幣1,580元，在短短不到1個月內竟飆漲四成之多。愈接近中秋節，需求還會持續加溫，價格也跟著蠢蠢欲動。

2.破除價格與需求曲線！價格愈高，需求不減反增

傳統的需求與價格曲線中，價格愈高，需求往往會跟著減少；當價格愈便宜的時候，需求則會不斷攀升。但在奢侈品市場上，卻反其道而行，當價格愈高時，需求量與銷售量時常不減反增。

市場上之所以會發生「愈貴愈有人買」的情況，原因就在於這些「炫耀性商品」是象徵購買者的高級、稀有與身分地位，很多中國富豪甚至根本不在乎酒類的品質，「只要買最貴的就好」。因此當茅台與五糧液決心走向價格光譜的另一端時，「拉抬售價」就成了他們擺脫一般消費者、擁抱金字塔頂端顧客的手段。

今年中秋節檔期裡，中國白酒消費市場已呈現「兩極化」發展，價格愈高的茅台與五糧液賣得愈好，消費者根本不在乎價格究竟漲了多少。畢竟，奢侈品不僅是提供「使用價值」的商品，更是提供「高附加價值」的商品。

打造完美定價的第一個關鍵是，企業要為產品塑造一個獨一無二的價值。茅台、五糧液靠著漲價墊高品牌價值的做法，在中國消費市場「愈貴愈高級」的氛圍下，正好打中了許多不在乎價格、只在乎價值的中國富豪的心。

問題研討

1. 請問中國茅台及五糧液白酒為何能夠愈貴愈有人想買？是否經濟學理論被推翻？
2. 從此個案中，您學到了什麼？

結語：「定價管理」重點結論（戴國良老師）

1. 價格是行銷4P系統的一環，與其他3P是相互互動及關聯！（行銷4P：Product、Price、Place、Promotion）

2. 創造價值（create value）

   (1) 價格＝價值

   （價值愈大，價格愈高）

   (2) 獲利公式：

   V ＞ P ＞ C

   （價值 ＞ 價格 ＞ 成本）

   (3) 1　2　3　法則：

價	售	利
值	價	潤
多	多	多
1	2	3
倍	倍	倍

3. 定價最佳模式：

   (1) 傳統：

   價格＝成本＋利潤

   (2) 最新：

   價格＝成本＋利潤＋價值

4. 各種定價法：

   (1) 成本加成法（加成比率50%～100%）

   (2) 市場競爭定價法

   (3) 追隨第一品牌定價法

   (4) 習慣／便利定價法（報低飲料）

   (5) 促銷／特價定價法

   (6) 威望（名牌）定價法（名牌精品）

   (7) 尾數（心理）定價法（99.199）

   (8) 差別定價法（依時間、地點、對象不同）

   (9) 產品組合定律法

(10)產品生命週期定價法

(11)單一費率定價法

(12)儲值卡定價法

(13)一般區分的定價（①高價定價②中高價定價③平價定價④低價定價）

(14)M型消費社會區分：

　　‧高價（高端消費者）（右邊）

　　‧低價（低端消費者）（左邊）

5.影響定價因素：

(1)成本因素

(2)競爭者因素

(3)定位因素

(4)產品獨特性、差異化因素

(5)產品生命週期因素

(6)市場大環境因素

(7)消費者認知與需求因素

6.定價的策略性角色：

(1)影響營收及獲利角色

(2)競爭工具角色

(3)行銷對策角色

(4)定位角色

7.降低成本（cost down）：

(1)降低原物料成本

(2)降低勞工人力成本

(3)降低工商製造費用

(4)降低臺北總公司營業費用（管銷費用）

8.製造商品牌vs.零售商自有品牌：

　‧PB產品（Private-Brand）

· 較高毛利率

· 較高獲利率

· 省去中間商抽成（PB產品：7-11、全家、屈臣氏、家樂福、Costco、頂好、愛買）

9. 損益表公式：

營業收入

－ 營業成本

營業毛利

－ 營業費用

營業損益

± 營業外收支

稅前損益

10. 企業虧損原因：

(1) 營業收入偏低

(2) 營業成本偏高

(3) 毛利率偏低

(4) 營業費用偏高

11. 毛利率與獲利率

(1) 毛利率：30%～40%（平均／標準）

(2) 獲利率：5%～15%

12. Bu: Business Unit（責任利潤中心制度）

（分公司、各館、各店、各品牌、各產品線）

13. 損益平衡點（Break-even-point）

即：公司不賺不賠的狀態下、超越損益平衡點，就是開始賺錢了。

14. 規模經濟效益：（即規模經濟愈大，成本就會下降效益）

15. 高CP值、高性價比：

· 即物超所值感

· $\dfrac{performance}{cost} > 1$

16.新產品定價法：

  (1) 高價法（吸脂定價法）

    EX: iPhone手機

  (2) 低價法（滲透法）

    EX: 小米手機

17.定價策略（金字塔）

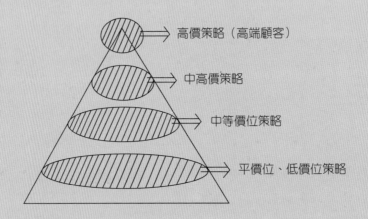

18.多品牌、多價位策略（高、中、低價位並進）

19.價格、價位可做為定位變數之用！

20.PLC（product life cycle）（產品生命週期與定價關係）

結語：學生期末分組報告內容說明

㈠請各組同學們實地及上網去蒐集下列定價策略，每一項至少3個實務案例，並略加分析說明。

1.廠商採取高價策略案例（5個以上）。

2.廠商採取低價策略案例（5個以上）。

3.廠商採取多元通路不同定價策略案例（2個以上）。

4.廠商採取促銷定價策略案例（5個以上）。

㈡請各組同學們實地到全聯福利中心零售場所，調查記錄至少10種消費品及5種品牌的定價各是多少，並比較它們那些品牌的價格誰高誰低？且略做分析說明。

例如：洗髮精產品；調查多芬、LUX、潘婷、飛柔、海倫仙度絲、花王等5種品牌不同包裝容量的價格各是多少。

㈢請各組同學們實地比較統一超商、家樂福及全聯福利中心至少10種以上相同品牌產品的不同售價？並略做比較分析。

㈣請各組同學們實地比較燦坤3C、全國電子及大同3C等3個資訊家電賣場，調查記錄至少10種以上相同品牌產品的不同售價？並略做比較分析。

㈤請各組選定一家知名公司或知名連鎖店，該公司的定價策略、目標消費族群、產品定位、品牌形象、差異化特色等做一個完整的連結分析說明。

例如：LV精品、Lexus汽車、85度C、Dior（迪奧）、SK-Ⅱ、佐丹奴、NET服飾、爭鮮迴轉壽司、全聯福利中心、統一超商、CITY CAFE、星巴克咖啡……等。

㈥各組報告：

1.均須交付Word版及PPT版各一份給老師。

2.盡可能要附現場照片。

3.每組報告時間20分～30分鐘。

4.每組以○○人～○○人為一組。

5.每組簡報人應著正式服裝上臺簡報。

6.每組簡報人至少要有2位以上，不可1人簡報到底。

7.期末分組報告成績占全部的40%。

本書結尾語——上帝腳印的故事

有一則上帝腳印的故事，故事的大意是：

有一個男人作夢，夢到自己和上帝兩人在海灘散步。他回顧一生時，回頭看看沙灘上的腳印，有時是兩個人，有時是一個人。然後，他看看自己過去行事曆時，發現腳印是一個人時，都是在最困難、最無助的時候。他就無奈的問上帝：「您叫我信仰，不是說會一路陪我走下去嗎？為何在我最困難的時候，都只有我一人的腳印，您到哪裡去了呢？」這時，上帝回答說：「傻孩子啊，您最困難、最悲傷無力的時候，是我背著您、抱著您，那時候的腳印，不是您的腳印，而是我的腳印啊！」

這則故事的主旨是，即使人在最困難的時候，上帝也不曾遠離，永遠與神同在之意，足以使人獲得安慰及支持的力量。

期盼在您閱讀完本書之後，也能有這種感覺。

戴國良
敬上

參考文獻

一、中文部分（按姓名筆畫排序）

1. 《突破雜誌》編輯群（2003），〈低價的衝擊──請您來當顧問〉，第240期，頁41～頁46。
2. *EMBA*雜誌編輯（2007），〈大馬亞航平價公式算出最大成功率〉，《經濟日報》，企管副刊，2007年11月5日。
3. 丁瑞業（2007），〈低價競爭不再是沃爾瑪的核心價值〉，《工商時報》，2007年8月24日。
4. 文及元（2007），〈別人降價，我漲價〉，《經理人》月刊，2007年4月號，頁97～頁99。
5. 王郁倫、楊子如（2007），〈宏碁：低價電腦不會缺席〉，《蘋果日報》財經版，2007年11月23日。
6. 王家英（2007），〈讓她愛上免費刊物也能賺錢〉，《經濟日報》企管副刊，2007年7月10日。
7. 朱正庭（2007），〈Yahoo奇摩家電專區低價吸客〉，《蘋果日費》消費版，2007年12月7日。
8. 朱新強（2007），〈味王強棒拉麵走高價路線一碗38元〉，《經濟日報》，2006年12月15日。
9. 何英煌（2007），〈網路自創品牌門檻低，牛爾、Kevin名利雙收〉，《工商時報》，2007年5月22日。
10. 吳國卿（2007），〈iPhone大降價，iPod升級〉，《經濟日報》，2007年9月7日。
11. 吳慧玲（2007），〈速食麵喊漲每包貴2～3元〉，《蘋果日報》財經版，2007年10月1日。
12. 吳慧玲、藍珮瑜（2007），〈3C割喉戰民眾蹺班搶〉，《蘋果日報》A16版，2007年11月17日。
13. 呂仁瑞（2007），〈如何訂出好價格〉，《工商時報》，2007年8月15日。
14. 李玉和（2007），〈家樂福打自有品牌〉，《經濟日報》，2007年7月20日。
15. 李玉和（2007），〈寬庭僑蒂絲百萬寢具拼場〉，《經濟日報》，2007年6月22日。
16. 李至和（2007），〈連鎖咖啡業，醞釀吹漲風〉，《經濟日報》，2007年6月8日。
17. 李至和（2007），〈連鎖居家通路吹漲風〉，《經濟日報》，2007年11月20日。
18. 李培芬（2007），〈挑戰價格屋頂，創造利潤空間〉，《經濟日報》，2007年11月24日。
19. 李察‧達凡尼（2007），〈價格與效益：發動超競爭的2個利器〉，《工商時報》經營報，2007年10月30日。
20. 李鐏龍（2007），〈壓低成本塑造品牌〉，《工商時報》經營報，2007年11月30日。
21. 沈美幸（2007），〈車商衝業績，咬牙砍價〉，《工商時報》，2007年11月28日。
22. 沈美幸（2007），〈和泰使出降價殺手鐧〉，《工商時報》，2007年3月21日。
23. 沈美幸（2007），〈搶液晶TV龍頭，大同掀價格戰〉，《工商時報》，2007年11月17日。
24. 拉斐‧穆罕默德（2007），〈產品價值才是定價的基礎〉，《經濟日報》企管副刊，經濟新潮出版社，2007年3月12日。

25. 林佑佑（2007），〈比市價貴17倍的冠軍米〉，《工商時報》，2007年10月2日。

26. 林育新（2007），〈定價革新與顧客搏感情〉，《經濟日報》企管副刊，2007年9月15日。

27. 林茂仁（2007），〈100元有機豆腐一天賣50個〉，《經濟日報》，2007年6月11日。

28. 林茂仁（2007），〈800cc飲料以量取勝夠man〉，《經濟日報》，2007年5月14日。

29. 林茂仁（2007），〈省錢大作戰，通路業節省內部開銷〉，《經濟日報》，2007年7月22日。

30. 林茂仁（2007），〈麥當勞要漲價，大麥克套餐115元〉，《經濟日報》，2006年8月23日。

31. 林婉翎（2007），〈產品價值升3倍〉，《經濟日報》，2007年9月10日。

32. 林陽助（2007），〈支付的是價格，得到的是價值〉，《突破雜誌》241期，頁81～頁83。

33. 林聰毅（2007），〈好市多，挑動您的購物慾望〉，《經濟日報》企管副刊，2007年2月14日。

34. 林聰毅（2007），〈雀巢、聯合利華搶進窮人市場〉，《經濟日報》，2007年6月6日。

35. 邱莉玲（2007），〈買45元送60元的咖啡行銷學〉，《工商時報》，2007年6月13日。

36. 邱馨儀（2007），〈味全光泉統一鮮奶下月變貴〉，《經濟日報》，2007年7月16日。

37. 姚惠珍、張嘉伶（2007），〈不景氣，平價連鎖超市大受歡迎〉，《蘋果日報》財經版，2007年12月6日。

38. 姚舜（2007），〈2小時1,500元價格崩盤，臺北Motel新招應變〉，《工商時報》，2007年9月21日。

39. 姚舜（2007），〈日月潭汎麗雅酒店帶動平價奢華渡假新主張〉，《工商時報》經營報，2007年9月22日。

40. 姚舜（2007），〈麥當勞將速食提升到舒食層面〉，《工商時報》，2007年6月29日。

41. 姚舜（2007），〈晶華酒店口福堂小兵立大功＋中間定價〉，《工商時報》，2007年10月25日。

42. 洪凱音（2006），〈3,000元商務卡祭出高年費〉，《經濟日報》，2006年9月14日。

43. 洪曉夏（2007），〈統計概率下的產品定價，保費是怎麼訂出來的〉，《管理雜誌》第392期，頁92～93。

44. 洪曉夏（2007），〈掌握顧客情報，根據消費型態定價〉，《管理雜誌》第390期，頁94～95。

45. 洪曉夏（2007），〈價格最佳化，營利最大化〉，《管理雜誌》第391期，頁90～91。

46. 徐毓莉（2007），〈麥當勞早餐漲5元，麥香魚69元〉，《蘋果日報》財經版，2007年12月9日。

47. 袁顥庭（2007），〈資訊月大打價格戰〉，《工商時報》，2007年12月2日。

48. 高迪、鄭心媚（2007），〈M型消費旺兩端〉，《壹周刊》，2007年8月16日，頁68～73。

49. 張嘉倫（2007），〈臺灣平價咖啡，大陸掀加盟潮〉，《經濟日報》，2007年11月28日。

50. 張鴻（2007），〈太古可口可樂多通路定價法〉，《經理人》月刊，2007年4月號，頁89～91。

51. 莊春發（2007），〈從通路結構徹底管理菜價問題〉，《工商時報》經營知識版，2007年9月11日。

52. 莊富安（2007），〈旺季不旺，遊樂區低價攬客〉，《工商時報》，2007年7月1日。

53. 莊文康（2007），〈低價高規格數位相機超夯〉，《蘋果日報》財經版，2007年12月9日。

54. 陳怡安（2007），〈價格尾數、特價及新產品標示對消費者行為之影響〉，國立政大企管碩士論文，2004年7月，頁5～15及頁89～94。

55. 陳怡君（2007），〈百貨業搶攻M型兩端客層〉，《經濟日報》，2007年11月20日。

56. 陳怡君（2007），〈服飾保養品瞄準型男荷包〉，《經濟日報》，2007年5月21日。

57. 陳怡君（2007），〈微風搶進高價外燴市場〉，《經濟日報》，2007年9月10日。

58. 陳怡君（2007），〈新光三越遠百週年慶業績旺〉，《工商時報》，2007年11月28日。

59. 陳怡君（2007），〈鐘錶廠高低調衝買氣〉，《經濟日報》，2007年7月19日。

60. 陳芳毓（2007），〈你少賺了多少錢〉，《經理人》月刊，2007年4月號，頁70～75。

61. 陳芳毓（2007），〈美國費林百貨自動降價定價法〉，《經理人》月刊，2007年4月號，頁83～86。

62. 陳彥淳（2007），〈百元店風潮，從日本吹到臺灣〉，《工商時報》，2007年3月14日。

63. 陳彥淳（2007），〈康師傅去年大賺70億〉，《工商時報》，2007年4月24日。

64. 陳彥淳（2007），〈統一超商進軍商務便當市場〉，《工商時報》，2007年4月6日。

65. 陳彥淳（2007），〈量販店大削供應商〉，《工商時報》，2007年4月12日。

66. 陳家齊（2007），〈小包食品暢銷廠商獲利變胖〉，《經濟日報》，2007年7月9日。

67. 陳順吉（2007），〈天王級技術＋平民化價格＝商機無限〉，《工商時報》經營知識版，2007年4月21日。

68. 彭漣漪（2007），〈平價奢華正in，時尚毫不遜色〉，《中國時報》焦點新聞版，2007年7月16日。

69. 曾麗芳（2007），〈85度C吳政學董事長寫下平價咖啡傳奇〉，《工商時報》經營知識版，2007年4月11日。

70. 曾麗芳（2007），〈差異化奏效，興農超市逆勢成長〉，《工商時報》，2007年9月29日。

71. 曾麗芳（2007），〈高價策略訴求小眾〉，《工商時報》經營知識版，2007年9月20日。

72. 曾麗芳（2007），〈張嗣漢在量販業投出一片天〉，《工商時報》經營知識版，2007年11月21日。

73. 曾麗芳（2007），〈臺中市大飯店進入戰國時代〉，《工商時報》，2007年6月21日。

74. 黃仁謙（2007），〈五星級飯店，侍候您當老爺〉，《經濟日報》，2007年6月19日。

75. 黃仁謙（2007），〈北海道昆布鍋平價策略奏效〉，《經濟日報》，2007年8月8日。

76. 黃仁謙（2007），〈吃到飽餐廳新趨勢小而廉〉，《經濟日報》，2007年5月21日。

77. 黃仁謙（2007），〈朱榮佩打造飯店平價奢華風〉，《經濟日報》，2007年6月17日。

78. 黃彥達（2005），〈價格競爭是網路行銷的宿命〉，《突破雜誌》第241期頁77。

79. 黃啟菱（2007），〈錢櫃好樂迪降價衝業績〉，《經濟日報》，2007年11月15日。

80. 黃智銘（2007），〈美國耶誕網購，華碩易PC低價NB最紅〉，《工商時報》，2007年11月16日。

81. 黃麟明（2006），〈建構價值導向行銷管理〉，《管理雜誌》第372期，頁208～頁212。

82. 楊文琪（2007），〈NCC原則同意MOD基本收視費每月89元〉，《經濟日報》，2007年10月19日。

83. 萬君暉（2007），〈瑞軒液晶電視在美國大賣〉，《經濟日報》，2007年11月28日。

84. 葉益成（2006），〈以價值作為定價基礎〉，《工商時報》，2006年9月10日。

85. 廖玉玲（2007），〈羅蘭奢華、平價市場通吃〉，《經濟日報》，2007年5月6日。

86. 廖玉玲譯（2007），〈美耶誕購物折扣戰提早開打〉，《經濟日報》，2007年11月23日。

87. 齊立文（2007），〈折扣戰略的4種運用〉，《經理人》月刊，2007年4月號，頁80～82。

88. 齊立文（2007），〈定價策略的3個重點〉，《經理人》月刊，2007年4月號，頁76～80。

89. 劉典嚴（2006），《定價策略》，普林斯頓國際出版社，2006年1月。

90.劉典嚴（2007），〈產品該賣多少錢〉，《突破雜誌》第245期，頁104～106。

91.劉怡伶、閻蕙群譯（2000），《定價聖經》，藍鯨出版社。

92.劉芳妙（2007），〈復興國內航空北高線半價〉，《經濟日報》，2007年9月27日。

93.劉芳妙（2007），〈華信遠航北高線打出破盤價〉，《經濟日報》，2007年9月24日。

94.劉益昌（2007），〈麥味登用價值競爭超越價格競爭〉，《工商時報》經營知識版，2007年8月6日。

95.劉益昌（2007），〈價錢不是問題，價值與樂趣才是關鍵〉，《工商時報》經營知識版，2007年1月30日。

96.劉揚銘（2007），〈奧多比組合商品定價法〉《經理人》月刊，2007年4月號，頁93～95。

97.劉聖芬（2007），〈零售巨擘沃爾瑪雄風不再〉，《經濟日報》，2007年10月4日。

98.蔡明田、莊立民（2007），〈阿瘦皮鞋構築101願景〉，《經濟日報》，2007年7月16日。

99.鄭君仲（2007），〈如何為新產品定價〉，《經理人》月刊，2007年4月號，頁100～101。

100.鄭君仲（2007），〈產品生命週期定價法〉，《經理人》月刊，2007年4月號，頁104～106。

101.鄭君仲（2007），〈競爭者降價，怎麼辦〉，《經理人》月刊，2007年4月號，頁102～103。

102.藍珮瑜（2007），〈網購聖誕商品300款99元起〉，《蘋果日報》財經版，2007年12月15日。

二、英文部分（按英文字母排序）

1. Anderson, E. T. & Simester, D. I. (2003), "Effects of $9 Price Endings on Retail Sales: Evidence from Field Experiments," *Quantitative Marketing and Economics*, Vol. 1, pp. 93-110.

2. Bearden, W. O., Lichtenstein, D. R., & Teel, J. E. (1984), "Comparison Price, Coupon, and Brand Effects on Consumer Reactions to Retail Newspaper Advertisements," *Journal of Retailing*, Vol. 60, pp. 11-34.

3. Blattberg, R. C., & Wisniewski, K. I. (1989), "Price-Induced Patterns of Competition," Marketing Science, Vol. 8(4), pp. 291-309.

4. Brenner, G. A. & Brenner, R. (1982), "Memory and Markets, or Why Are You Paying $2.99 for A Widget?" *Journal of Business*, Vol.55, pp. 147-158.

5. Coulter, K. S. (2001), "Odd-Ending Price Underestimation: An Experimental Examination of Left-to-Right Processing Effects," *Journal of Product and Brand Management*, Vol. 10, No.5, pp. 276-292.

6. David M. Feldman (2005), Making Cents of Pricing, *Marketing Management*, pp. 20-25.

7. Eric V. Roegner (2005), pricing gets creative, *Marketing Management*, January/February, pp. 25-30.

8. Gendall, P., Holdershaw, J. & Garland, R. (1997), "The Effect of Odd Pricing on Demand," *European Journal of Marketing*, Vol. 31, pp. 799-814.

9. George E. Cressman Jr. (2006), Fixing Prices, Marketing Management, September/October, pp. 33-37.

10. George E. Cressman R (2004), Customer driven pricing strategies help harvest profit, *Marketing Management*, March/April, pp. 34-40.

11. Gerald E. Smith & Thomas J. Vagle (2005), Pricing the Differential, May/June, pp. 28-32.

12. Jay E. Klompmaker & William H. Rodgers (2003), Value, not Volume, *Marketing Management*, May/

June, pp. 45-50.

13. Kathleen Seiders (2004), From price to purchase, *Marketing Management*, November / December, pp. 38-43.

14. Krishna, A., Briesch, R., Lehmann, D. R., Yuan, H. (2002), "A Meta-Analysis of the Impact of Price Presentation on Perceived Savings," *Journal of Retailing*, Vol. 78, pp. 101-118.

15. Monroe, K. B. (1973), "Buyers' Subjective Perceptions of Price," *Journal of Marketing Research*, Vol. 10, pp. 70-80.

16. Schindler, R. M. & Kibarian, T. (1993), "Testing for Perceptual Underestimation of 9-Ending Prices," *Advances in Consumer Research*, Vol. 20, Association for Consumer Research, Provo, UT. pp. 580-585.

國家圖書館出版品預行編目資料

定價管理／戴國良著. -- 五版. -- 臺北市：
五南, 2020.10
　　面；　公分
　　ISBN 978-986-522-308-3（平裝）

1.商品價格

496.6　　　　　　　　109015247

1FQC

定價管理

作　　者 ─ 戴國良

發 行 人 ─ 楊榮川

總 經 理 ─ 楊士清

總 編 輯 ─ 楊秀麗

主　　編 ─ 侯家嵐

責任編輯 ─ 鄭乃甄

文字校對 ─ 黃志誠

封面完稿 ─ 姚孝慈

出 版 者 ─ 五南圖書出版股份有限公司

地　　址：106台北市大安區和平東路二段339號4樓

電　　話：(02)2705-5066　　傳　　真：(02)2706-6100

網　　址：http://www.wunan.com.tw

電子郵件：wunan@wunan.com.tw

劃撥帳號：01068953

戶　　名：五南圖書出版股份有限公司

法律顧問　林勝安律師事務所　林勝安律師

出版日期　2008年 7 月初版一刷
　　　　　2011年10月初版四刷
　　　　　2012年10月二版一刷
　　　　　2014年 3 月二版三刷
　　　　　2015年10月三版一刷
　　　　　2017年 9 月四版一刷
　　　　　2020年10月五版一刷

定　　價　新臺幣490元

經典永恆・名著常在

五十週年的獻禮——經典名著文庫

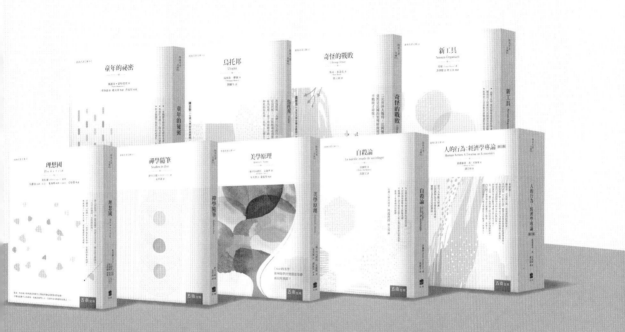

五南，五十年了，半個世紀，人生旅程的一大半，走過來了。

思索著，邁向百年的未來歷程，能為知識界、文化學術界作些什麼？

在速食文化的生態下，有什麼值得讓人雋永品味的？

歷代經典・當今名著，經過時間的洗禮，千錘百鍊，流傳至今，光芒耀人；

不僅使我們能領悟前人的智慧，同時也增深加廣我們思考的深度與視野。

我們決心投入巨資，有計畫的系統梳選，成立「經典名著文庫」，

希望收入古今中外思想性的、充滿睿智與獨見的經典、名著。

這是一項理想性的、永續性的巨大出版工程。

不在意讀者的眾寡，只考慮它的學術價值，力求完整展現先哲思想的軌跡；

為知識界開啟一片智慧之窗，營造一座百花綻放的世界文明公園，

任君遨遊、取菁吸蜜、嘉惠學子！